PAULINE GAGNON

WAS KOMMT NACH DEM HIGGS-BOSON?

TEILCHENPHYSIK, LARGE HADRON COLLIDER UND CERN VERSTÄNDLICH GEMACHT

PAULINE GAGNON

WAS KOMMT NACH DEM HIGGS-BOSON?

TEILCHENPHYSIK, LARGE HADRON COLLIDER UND CERN VERSTÄNDLICH GEMACHT

Übersetzt aus der französischen Originalfassung von
Claudia-Elisabeth Wulz, Österreichische Akademie der Wissenschaften

VERLAG DER
ÖSTERREICHISCHEN
AKADEMIE DER
WISSENSCHAFTEN

Übersetzung aus dem Französischen mit freundlicher Genehmigung von Éditions MultiMondes

ÉDITIONS MULTIMONDES

Titre original: Qu'est-ce que le Boson Higgs mange en hiver?
par Pauline Gagnon

Bibliografische Information der Deutschen Nationalbibliothek
Die Deutsche Nationalbibliothek verzeichnet diese Publikation in der Deutschen Nationalbibliografie, detaillierte bibliografische Daten sind im Internet über http://dnb.d-nb.de abrufbar.

Die verwendete Papiersorte in dieser Publikation ist DIN EN ISO 9706 zertifiziert und erfüllt die Voraussetzung für eine dauerhafte Archivierung von schriftlichem Kulturgut.

The paper used in this publication is DIN EN ISO 9706 certified and meets the requirements for permanent archiving of written cultural property.

ISBN 978-3-7001-8683-0
Satz/Layout: Andrea Sulzgruber, Wien
Druck: Prime Rate, Budapest
https://epub.oeaw.ac.at/8683-0
https://verlag.oeaw.ac.at
Made in Europe

Für Marion Hamm und Claudia-Elisabeth Wulz.

Ohne sie hätte es dieses Buch niemals auf deutsch gegeben.

Danksagung

Ich weiß nicht, wie es Ihnen geht, aber was mich betrifft, lese ich gerne die Danksagungen in Büchern, um einen Eindruck zu bekommen, was der Autor oder die Autorin so durchlebt hat. Da es sich um mein erstes Buch handelt, hatte ich vor allem Angst, mich isoliert zu fühlen, nachdem ich CERN nach 19 Jahren verlassen und mich 500 Kilometer weit entfernt niedergelassen hatte, um mich dieser Aufgabe zu widmen. Dank der unglaublichen Unterstützung, die ich von meinen Kollegen sowie Freunden und Freundinnen erhalten habe, trat das genaue Gegenteil ein. Sogar als ich ganz alleine an meinem Schreibtisch saß, waren sie virtuell und elektronisch an meiner Seite, indem sie ein oder mehrere Kapitel Probe lasen oder mir ihre Ratschläge und Ermutigungen zukommen ließen. Sie machten es so gut, dass ich letztlich eher den Eindruck hatte, dass es eine Teamarbeit war. Für mich, die es gewohnt war, mit Tausenden anderen am ATLAS-Experiment zu arbeiten, war das beruhigend. Es überrascht mich auch nicht wirklich, denn den meisten meiner Kollegen und Kolleginnen liegt es wie mir am Herzen, das Glück zu teilen, an einem so einzigartigen Abenteuer beteiligt zu sein wie jenem, das sich zur Zeit am CERN abspielt.

Mein herzlicher Dank gilt zuallererst meiner Kollegin Dr. Claudia-Elisabeth Wulz von der Österreichischen Akademie der Wissenschaften, die freundlicherweise dieses Buch in ihrer Freizeit und mit viel Geduld ins Deutsche übersetzt hat. Ein dickes Lob für ihren Einsatz!

Besonders möchte ich Sylvie Brunet, Natalie Garde, Narei Lorenzo und Pascal Pralavorio (in alphabetischer Reihenfolge) dafür danken, dass sie praktisch das ganze Buch gelesen und mir wertvolle Ratschläge und Anregungen betreffend Form und Inhalt gegeben haben. Dass ich auf sie zählen konnte, war entscheidend. Mehrere andere Kollegen, Kolleginnen, Freunde und Freundinnen haben ebenfalls die wissenschaftliche Richtigkeit des Inhalts und die Verständlichkeit des Textes eines oder mehrerer Kapitel überprüft. Ich bin Alexander Arbey, Thomas Cocolios, Michael Doser, Monica Dunford, Louis Fayard, Jules Gascon, James Gillies, Geneviève Guinot, Vincenzo Iacoliello, Marumi Kado, Penny Kasper, Clara Kulich, Nazila Mahmoudi, Sophie Malavoy, Giampiero Mancinelli, Django Manglunki, Markus Nordberg, Marie-Claude Pugin, Yves Lagacé, Pierre Savard und Andrée Robichaud-Véronneau sehr dankbar, dass sie sich die Zeit genommen haben, alles zu lesen und mir ausgezeichnete Verbesserungsvorschläge unterbreitet zu haben. Ihre großzügige Hilfe und ihre Unterstützung waren herzerwärmend. Dank ihnen ist der Text viel flüssiger und die Wahrscheinlichkeit höher, dass er keine Fehler enthält. Sie haben mir kostbare Zeit ihrer Abende, ihrer Wochenenden und sogar ihrer Ferien geschenkt, um mir zu helfen. Ich bin ihnen unendlich dankbar.

Judita Mamuzic und Sudeshna Banerjee haben mir Unterstützung, Ratschläge und Hilfe bei der Verfassung des Anhangs über Mileva Marić gegeben. Ich danke auch Kate Kahle, dass sie von Anfang an an dieses Projekt geglaubt und mir bis zu seiner Vollendung geholfen hat. Ich schulde ebenfalls allen jenen sehr viel, mit denen ich während der Mittagspausen über Skype gesprochen habe.

Spezieller Dank gilt meiner Mutter für ihr Larousse-Wörterbuch, ihre Bescherelle-Grammatik und dafür, dass sie mir ihre Vorliebe für gute Arbeit vererbt hat. Ein großes Dankeschön gebührt auch meiner Partnerin Marion Hamm für ihre Geduld, ihre Liebe und die vielen Anregungen, vor allem wenn sie darauf bestand, dass ich den Computer stehen lasse, um an der frischen Luft neue Energie zu schöpfen. Sonst würde ich sicherlich wie ein Higgs-Boson mitten im Winter aussehen.

Pauline Gagnon

Kapitelzusammenfassungen

Obwohl sich das Standardmodell unglaublich bewährt, hat es mehrere Unzulänglichkeiten: Es kann zum Beispiel weder die Schwerkraft noch die dunkle Materie erklären. Man braucht also offensichtlich eine umfassendere Theorie, die auf dem Standardmodell aufbauen könnte, die aber viel weitreichender sein müsste. Eine gängige Theorie, genannt Supersymmetrie oder SUSY, ist plausibel und faszinierend. SUSY hat alles, um uns zu gefallen. Sie baut auf dem Standardmodell auf, vereinigt die Materiebausteine mit den Kraftteilchen und enthält ein neues Teilchen, das ein idealer Kandidat für die dunkle Materie sein könnte. Ihr größtes Problem ist, dass sie bislang noch nicht entdeckt wurde. Gibt es also noch eine Chance, dass diese Hypothese richtig sein könnte? Oh ja!

All diese Forschung hat ihren Preis. Ist sie es wert? Meine Antwort lautet ohne zu zögern: Ja! Dank der Grundlagenforschung hat die ganze Menschheit eine bessere Kenntnis der materiellen Welt um uns. Das ist schon sehr viel, aber sie bringt uns noch viel mehr, wenn man den zusätzlich anfallenden Nutzen einbezieht. Wissenschaftliche Aktivitäten schaffen hoch ausgebildetes Personal. Diese Leute tragen in vielerlei Hinsicht zur Entwicklung der Gesellschaft bei. Der ökonomische und technologische Nutzen durch die Grundlagenforschung macht sie sogar auf kurzfristige Sicht zu einer der besten Investitionen überhaupt.

Tausende Forscher arbeiten ohne direkte Aufsicht zusammen. Es steht ihnen frei zu entscheiden, wo und wie sie arbeiten wollen. Funktioniert das wirklich? Tatsächlich arbeiten die großen Kollaborationen in der Teilchenphysik auf diese Art und Weise. Ein solches Managementmodell fördert Kreativität, persönliche Initiative und Selbstverantwortung aller Beteiligten. Es beruht lediglich auf dem Interesse aller, das Experiment zu einem erfolgreichen Abschluss zu bringen. Von einem ähnlichen Modell könnten auch viele Unternehmen profitieren.

Einführung

Fast jeder hat schon vom Higgs-Boson und vom Large Hadron Collider (LHC) des Europäischen Laboratoriums für Teilchenphysik CERN gehört. Aber wer kennt sich damit schon wirklich aus? Und wo stehen wir heute? Was sind die nächsten Herausforderungen in der Teilchenphysik? Was könnten die nächsten großen Entdeckungen sein? Wenn Sie besser verstehen wollen, woraus alle Materie rund um uns besteht, wie Grundlagenforschung heute durchgeführt wird und wie der aktuelle Stand der Teilchenphysik ist, wird dieses Buch Ihre Neugier befriedigen.

Es wurde unter Verwendung möglichst einfacher Begriffe geschrieben und richtet sich an alle Interessierten, keineswegs nur an Spezialisten. Es versucht, das Higgs-Boson zu erklären und die Welt der Teilchenphysik allen zugänglich zu machen, die von ihr fasziniert sind. Ein gutes Maß an Wissbegierde sollte dafür genügen. Mathematische oder andere wissenschaftliche Vorkenntnisse sind nicht nötig. Fortgeschrittene Studenten werden hier auch das „große Bild" finden, das so oft aus den Augen verloren wird, wenn man sich erst einmal spezialisiert hat.

Dieses Buch lässt viele historische oder mathematische Details beiseite, um – wie ich hoffe – nur das Wesentliche hervorzuheben. Wir Physiker und Physikerinnen haben nämlich oft die Tendenz, eine Thematik durch unsere Versessenheit auf Präzision unklar zu machen. Dieses Buch zielt vielmehr darauf ab, für jedermann zugänglich zu sein. Es gibt darin weder Gleichungen noch komplizierte Rechnungen und Formeln. Jeder und jede mit einem Mindestmaß an Interesse kann es somit ohne große Anstrengung lesen und die Leidenschaft begreifen, welche die Tausenden auf diesem Forschungsgebiet tätigen Wissenschaftler und Wissenschaftlerinnen antreibt.

Trotzdem wollte ich auch alle Details liefern, die sich wissbegierige Menschen mit Recht erwarten können. Diese findet man separat in Infoboxen, um die Lektüre für diejenigen, die sich mehr für das Gesamtbild interessieren, zu erleichtern. Es gibt darüberhinaus viel Spezialliteratur, die es allen Wissensdurstigen erlaubt, ihre Kenntnisse zu vertiefen.

Dieses Buch richtet sich primär an Leserinnen und Leser, die einfach wissen möchten, wozu die der Forschungsfinanzierung gewidmeten Teile ihrer Steuergelder verwendet werden. So können auch Sie von dem außergewöhnlichen Wissen profitieren, das sich aus der Teilchenphysikforschung ergibt. Falls Ihnen die Befriedigung, die Welt, die uns umgibt, besser zu verstehen nicht genügend Rechtfertigung für die enormen in die Forschung investieren Summen ist, schildert ein Kapitel den eindrucksvollen wirtschaftlichen und sozialen Nutzen der Grundlagenforschung.

Wenn Ihnen also ein Absatz zu schwierig erscheint, halten Sie einfach bis zum nächsten Abschnitt durch. Die Komplexität erhöht sich während des Laufs des Buches nicht. Jedes Kapitel kann prinzipiell unabhängig von den anderen gelesen werden. Und wenn Sie einmal den Faden verlieren, was gelegentlich unvermeidbar sein wird, finden Sie am Ende jedes Kapitels eine kurze Rekapitulation des Wesentlichen. Diese Zusammenfassungen erlauben es auch, einen Abschnitt oder sogar ein ganzes Kapitel zu überspringen, wenn Sie möchten. Ich hoffe, dass so alle Spaß am Lesen haben werden, seien es wissbegierige Pensionisten und Pensionistinnen oder Studenten und Studentinnen der Naturwissenschaften, oder einfach meine Freunde und Freundinnen und deren Nachbarn oder Nachbarinnen.

Das Buch beginnt mit einer Erläuterung der Ziele der Teilchenphysik und einer Beschreibung der Welt der Elementarteilchen. Dann geht es direkt zu den einzigartigen Eigenschaften und der Rolle des Higgs-Bosons. Anschließend lernt man, wie am LHC Teilchen produziert werden und wie Physiker und Physikerinnen sie nachweisen. Dann machen wir einen Riesenschritt und gehen vom unendlich Kleinen zum unendlich Großen, wobei wir feststellen müssen, dass alle derzeitigen Erkenntnisse in der Teilchenphysik nur 5 Prozent des Inhalts des Universums erklären können. Alles Weitere bleibt noch zu entdecken, was den Schluss nahelegt, dass eine neue, umfassendere Theorie das aktuelle Standardmodell bald ersetzen könnte.

Der Erfolg der physikalischen Experimente beruht auf einer auf der Welt einzigartigen Art der Zusammenarbeit. Das Leitungsteam jedes Experiments koordiniert die Aktivitäten eher gemäß vordefinierten Prinzipien als durch Aufzwingen von eigenen Ansichten oder Ausgabe von Befehlen. Als Folge davon arbeiten Tausende Wissenschaftler aus mehreren Dutzend Ländern höchst autonom, ohne direkte Vorgaben oder Überwachung, vereint nur durch ein gemeinsames Ziel – zu verstehen, wie die materielle Welt funktioniert. Diversität wird zum Synonym für Kreativität. Die Teilchenphysik hat jedoch durch die Einbeziehung von mehr Personen verschiedener Rassen, Geschlechter, sexueller Ausrichtung und körperlicher Fähigkeiten noch viel zu gewinnen.

Das Buch endet mit der nahen Zukunft und versucht darzulegen, welche großartigen Entdeckungen die Teilchenphysik in den nächsten zehn oder zwanzig Jahren machen könnte. Es ist sehr wahrscheinlich, dass wir am Beginn einer großen wissenschaftlichen Revolution stehen. Ich hoffe, dieses Buch stellt sicher, dass Sie dabei nicht auf der Strecke bleiben, sondern Ihnen dessen Lektüre ermöglicht herauszufinden, was es mit dem Higgs-Boson und anderen wichtigen Fragestellungen der heutigen Physik auf sich hat.

KAPITEL 1

Woraus besteht die Materie?

Was sind die kleinsten Teile der Materie und was hält sie zusammen, um die gesamte sichtbare Materie rund um uns bilden zu können? Das Ziel der Teilchenphysik ist es, genau diese Fragen zu beantworten. Dieser Zweig der Physik ist darauf ausgerichtet, die kleinsten unteilbaren Körner der Materie zu bestimmen und ihre Wechselwirkungen zu erforschen.

Stellen Sie sich einen Moment lang vor, die gesamte materielle Welt rund um Sie wäre aus Legosteinen aufgebaut (Abbildung 1.1). Wenn ich Ihnen die gleiche Frage stellte – was sind die kleinsten Teile der Materie? – wäre die Antwort ganz einfach. Es würde genügen, verschiedene Gegenstände auseinanderzunehmen und so die kleinsten Teile sichtbar zu machen. Die grundlegenden Bauelemente einer aus Legosteinen aufgebauten Welt wären also leicht zu erkennen. Man könnte alles aus diesen elementaren Teilen aufbauen. Ähnliches gilt für die wirkliche Materie: Sie setzt sich ebenfalls aus „elementaren Steinen" zusammen. Allerdings sind diese kleinsten, unteilbaren Teilchen

Abbildung 1.1: Wenn alle Materie aus Legosteinen aufgebaut wäre, würden die Elementarteilchen so aussehen. Jedes Teilchen würde aus einer Kombination dieser Grundsteine bestehen. In Wirklichkeit ist es genau so, jedoch sind die Bausteine viel schwerer zu sehen.

Quelle: Pauline Gagnon

für unsere Augen unsichtbar. Außerdem ist es fast unmöglich, Materie in ihre kleinsten Bausteine zu zerlegen.

Die Frage nach den kleinsten Bestandteilen der Materie ist nicht neu, und viele haben sie sich im Lauf der Zeit gestellt. Vor 2500 Jahren haben zwei griechische Philosophen, Leukipp und sein Schüler Demokrit, im Prinzip richtig vorhergesehen, dass die gesamte Materie aus Atomen und dem leeren Raum besteht. Im Altgriechischen bedeutet atomos „untrennbar" oder „unteilbar". Leider glaubten die Wissenschaftler des 19. Jahrhunderts vorschnell, diese elementaren Bausteine gefunden zu haben. Der Begriff wurde fälschlicherweise den Atomen zugeordnet, von denen man heute weiß, dass sie teilbar sind.

Die kleinsten Bausteine der Materie

Was sind also die wirklich fundamentalen Teilchen in der physikalischen Welt? Mit der realen Materie ist es natürlich schwieriger als mit einem Universum aus Legosteinen, da man ihre kleinsten Teile nicht leicht sehen kann. Jedoch ist genau das den Physikern und Physikerinnen in den Physiklaboratorien gelungen. Die Materie besteht sehr wohl aus Atomen. Jedoch sind diese nicht fundamental. Auch Atome sind zusammengesetzte Teilchen, wie in Abbildung 1.2 gezeigt wird. Sie besitzen einen Atomkern, der seinerseits Protonen und Neutronen enthält, umgeben von einer Wolke von Elektronen, die ihn umkreisen.

In einem Atom befindet sich hauptsächlich leerer Raum. Um ein Atom zu veranschaulichen, stellen Sie sich den Atomkern als Objekt Ihrer Größe vor. Die Elektronen hätten dann gerade einmal die Ausdehnung eines Haares und würden sich in etwa 20 Kilometern Abstand befinden. Woraus besteht also die

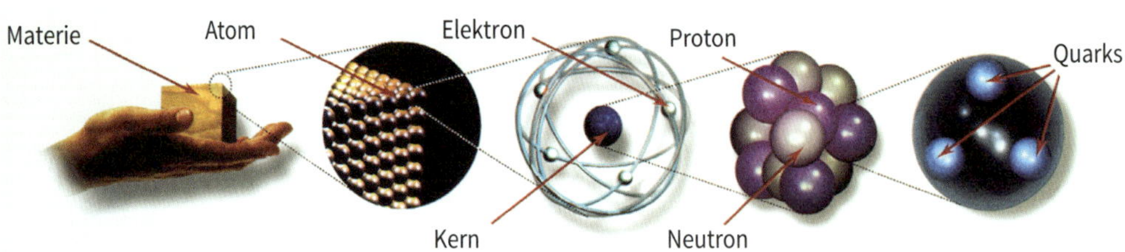

Abbildung 1.2: Die Materie besteht aus Atomen. Im Inneren der Atome sind nur Quarks und Elektronen fundamentale Teilchen, die nicht weiter in kleinere Bestandteile zerlegt werden können. Die Neutronen und Protonen enthalten Quarks.

Quelle: CERN

Materie? Hauptsächlich aus Vakuum und einigen fundamentalen Teilchen. Was hält diese zusammen und warum scheint uns die Materie doch nicht so leer?

Die Atome bestehen also aus weiteren Teilchen. Sogar Protonen und Neutronen sind nicht unteilbar: Sie bestehen aus Quarks und Gluonen, die erstere zusammenhalten. Letztendlich sind also die wirklich unteilbaren Teilchen im Innersten der Materie die *Quarks* und die *Gluonen*. Wir werden auf die Gluonen in Kürze zurückkommen.

Die elektrische Ladung

Eine der bekanntesten Eigenschaften der Elementarteilchen ist die elektrische Ladung, da sich diese nicht nur in subatomaren Dimensionen bemerkbar macht, sondern auch auf unserer Größenskala. Die elektrische Ladung des Elektrons ist −1, also negativ, und dieser Wert stellt die Basiseinheit dar. Die Ladung des Elektrons ist die Grundlage der Elektrizität. Der elektrische Strom ist nichts anderes als die Bewegung von Elektronen in einem elektrischen Leiter.

Der Strom ähnelt sehr dem Fließen von Wasser in einem Bach. Die Elektronen in Bewegung sind wie Wassertröpfchen, von denen jedes eine elektrische Ladung von −1 besitzt. Die Gesamtmenge an Wasser, die pro Sekunde fließt, bestimmt den Durchfluss. Ebenso definiert die Gesamtzahl der pro Sekunde fließenden Elektronen die Stromstärke, die man in Ampere oder Coulomb pro Sekunde misst. In Einheiten von Coulomb, macht die Ladung eines Elektrons gerade einmal $1{,}6 \times 10^{-19}$ aus, also 0,00000000000000000016 Coulomb. Ein Strom der Stärke von 1 Ampere entspricht dem Durchfluss von sechs Milliarden Milliarden von Elektronen pro Sekunde. Die Spannung beziehungsweise die Potenzialdifferenz stellt den Höhenunterschied dar: Je höher das Gefälle eines Bachs ist, desto mehr Energie erlangt das Wasser.

Man hat lange geglaubt, dass die Ladung des Elektrons die kleinstmögliche Ladungseinheit sei. Nun besitzen aber die Quarks Ladungen, die Bruchteile dieser Einheit sind, und zwar ein oder zwei Drittel davon. Warum? Man weiß es nicht, genau so wenig wie man weiß, ob es Teilchen mit der Hälfte der Ladung eines Elektrons gibt.

Die elektrische Ladung ist auch einem strikten Erhaltungsgesetz unterworfen: Bei einem Zerfall, bei dem sich ein instabiles Teilchen in mehrere andere Teilchen umwandelt, muss die Summe der Ladungen der erzeugten Teilchen exakt gleich der Ladung des ursprünglichen Teilchens sein. Ein neutrales Teilchen kann in zwei Teilchen zerfallen, von denen das eine positiv und das andere negativ geladen ist. Ein negativ geladenes Teilchen kann in ein negativ geladenes und ein neutrales Teilchen zerfallen. Niemals wird man elektrische Ladung verschwinden sehen.

Rezept für Protonen und Neutronen

Die Protonen und Neutronen sind aus Quarks aufgebaut. Man erhält ein Proton durch Kombination von zwei *up*-Quarks mit einem *down*-Quark. Die *up*-Quarks haben eine elektrische Ladung von 2/3, also zwei Drittel der Ladung eines Elektrons, und die *down*-Quarks haben eine Ladung von −1/3. Das Proton, das aus den Quarks *up* + *up* + *down* zusammengesetzt ist, hat somit die Ladung +2/3 + 2/3 −1/3, also insgesamt +1. Ein Neutron enthält ein *up*-Quark und zwei *down*-Quarks; man erhält somit +2/3 −1/3 −1/3 = 0. Es ist also folglich elektrisch neutral.

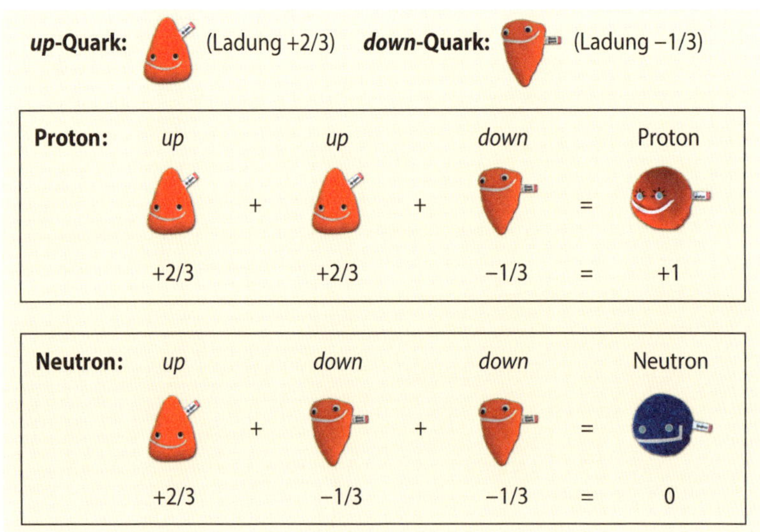

Abbildung 1.3: Man erhält Protonen und Neutronen aus Kombinationen von *up*- und *down*-Quarks.

Quelle: Pauline Gagnon und ©Particle Zoo

All dies ist in Abbildung 1.3 dargestellt, mithilfe von Plüschtierchen aus dem „Teilchenzoo" von Julie Peasley, einer Schneiderin, die zur Tierwärterin avancierte, seitdem sie den Teilchenzoo gegründet hat. Die Idee dazu kam ihr nach einem öffentlichen Vortrag über Teilchenphysik. Ich werde also von Zeit zu Zeit ihre Teilchenfiguren zur Illustration meiner Ausführungen verwenden[1].

Atome und Moleküle

Die Zahl der Protonen im Atomkern bestimmt die Beschaffenheit eines chemischen Elements (Wasserstoff besitzt zum Beispiel ein einziges Proton, während Eisen 26 und Uran 92 hat). Diese Zahl nennt man Ordnungszahl. Ein Atom enthält die gleiche Zahl von Protonen und Elektronen und ist somit elektrisch neutral. Ein Atom, das eines oder mehrere seiner Elektronen verloren hat, nennt man ein Ion.

Durch Hinzufügen einer kleineren oder größeren Zahl von Neutronen erhält man die verschiedenen Isotope ein und desselben Elements. So enthält etwa jedes der drei Isotope des Elements Kohlenstoff 6 Protonen, unterscheidet sich aber durch die Anzahl der Neutronen – 6, 7 oder 8. Das stabilste und das am häufigsten vorkommende besitzt 6 Protonen und 6 Neutronen. Man kennzeichnet es als ^{12}C, um anzuzeigen, dass es aus 12 Nukleonen besteht. Der Ausdruck „Nukleon" (aus dem Lateinischen *nucleus*) bezeichnet sowohl Protonen als auch Neutronen, also die Teilchen, die man im Atomkern findet. Somit nennt man das Kohlenstoffatom mit 8 Neutronen Kohlenstoff 14 oder ^{14}C. Es ist radioaktiv. Das bedeutet, dass der Atomkern instabil ist und einem bestimmten Schema folgend in kleinere, langlebigere Atome zerfällt.

Kohlenstoff 14 wird zur Datierung von Pflanzen und Tieren in der Archäologie verwendet. Er entsteht, wenn kosmische Strahlen Stickstoffatome treffen. Ein lebender Organismus nimmt immer eine wohldefinierte Mischung von ^{12}C und ^{14}C auf. Sobald er aber stirbt, nimmt die Menge an Kohlenstoff 14 im Organismus ab, da dieser radioaktiv ist und sein Bestand nicht mehr nachgefüllt wird. Da man weiß, dass es ungefähr 5730 Jahre braucht, bis die Hälfte der ^{14}C-Atome zerfällt, kann das Alter einer Probe durch die verbliebene Menge an Kohlenstoff 14 festgestellt werden.

1. Man kann diese kleinen Plüschteilchen auf ihrer Webseite kaufen: http://www.particlezoo.net

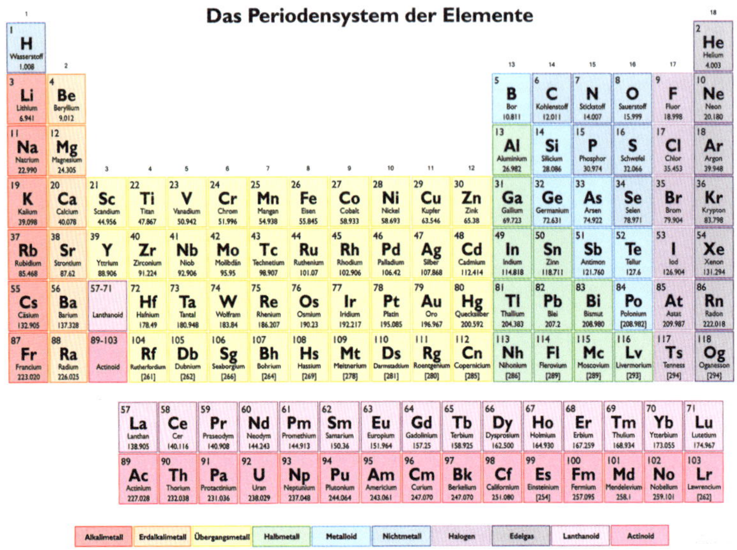

Abbildung 1.4: Man erhält alle chemischen Elemente durch Kombination von Protonen und Neutronen in bestimmten Proportionen und Hinzufügen von gleich vielen Elektronen wie Protonen.

Quelle: Todd Helmenstine, sciencenotes.org

Die Atome

Protonen, Neutronen und Elektronen reichen aus, um alle Atome zu bilden, welche die 118 chemischen Elemente des Periodensystems ausmachen (Abbildung 1.4). Diese 118 chemischen Elemente können sich untereinander in verschiedenen Verhältnissen zu Molekülen, also gebundenen Atomen, verbinden. Atome und Moleküle machen die Gesamtheit der sichtbaren Materie, die wir um uns beobachten aus, und zwar sowohl auf der Erde als auch in den Sternen und allen Galaxien.

In den Atomen bewegen sich die Elektronen in Bahnen um den Atomkern, so ähnlich wie ein Schleuderstein am Ende einer Schnur, die wir um unseren Kopf kreisen lassen. Wenn man die Schnur loslässt, fliegt der Stein geradlinig weg. Die Schnur übt also eine Kraft auf den Stein aus, die ihn kontinuierlich zu uns zurückholt und ihn dadurch zwingt, um uns zu kreisen[2].

2. Diese Analogie hat allerdings ihre Grenzen. Die „Länge“ der Schnur in einem Atom ist *gequantelt*, was bedeutet, dass sie nur bestimmte Längen einnehmen kann.

Das Elektron wird ebenfalls von einer unsichtbaren „Schnur" auf der Bahn rund um das Atom festgehalten. Diese Schnur ist die Anziehungskraft zwischen der positiven Ladung der Protonen des Atomkerns und der negativen Ladung der Elektronen. Diese Kraft wirkt wie die Schnur der Steinschleuder. Ähnliches gilt auch für Planeten, die um die Sonne kreisen. In diesem Fall liefert die gravitationelle Anziehung der enormen Massen von Materie die nötige Kraft. Die Kräfte fungieren also als unsichtbare Schnüre, die die Elementarteilchen oder viel schwerere Objekte wie die Planeten auf ihren Bahnen halten. Wir kommen gleich darauf zurück.

Fassen wir zusammen: Die *up*- und *down*-Quarks bilden die Protonen und Neutronen, die sich ihrerseits zu Atomkernen verbinden. Wir brauchen nur noch die Elektronen hinzuzufügen, dann erhalten wir Atome. Durch Variieren der Zahl der Protonen entstehen die 118 Elemente des Periodensystems. Wenn wir weiters all diese Atome in verschiedenen Verhältnissen kombinieren, erhalten wir die gesamte materielle Welt, die uns umgibt. Alles Sichtbare kann somit aus einem riesigen Baukasten bestehend aus Elektronen sowie *up*- und *down*-Quarks zusammengebaut werden.

Das Standardmodell

Es gibt heutzutage ein sehr präzises theoretisches Modell, das die Bausteine der Materie und die zwischen ihnen wirkenden Kräfte beschreibt. Es hilft uns bei der Klassifizierung aller bis heute beobachteten Teilchen gemäß ihren Eigenschaften. Dieses Modell entstand aus der engen Zusammenarbeit zwischen Experiment und Theorie. Die in Laboratorien gemachten Entdeckungen dienten den Theoretikern und Theoretikerinnen als Basis für eine logische und kohärente Darstellung der materiellen Welt. Die experimentellen Beobachtungen trugen dazu bei, verschiedene Theorien zu bestätigen oder auszuschließen. Die theoretischen Hypothesen haben ihrerseits beigetragen, richtungsweisend für die Forschungsvorhaben der Experimentatoren und Experimentatorinnen zu sein..

Das gegenwärtige theoretische Modell der Teilchenphysik heißt *Standardmodell*. Es beruht auf zwei ganz einfachen Ideen, die in gewissem Maße seine Grundprinzipien sind:

- Erstes Prinzip: Die gesamte Materie besteht aus fundamentalen Teilchen.
- Zweites Prinzip: Diese Teilchen wechselwirken miteinander, indem sie andere Teilchen austauschen.

Nach etwa einem Jahrhundert an Forschungen auf dem Gebiet weiß man heute, dass es in der Natur 12 fundamentale Teilchen oder 12 „Materiekörner" gibt (Abbildung 1.5). Diese Teilchen gehören zu zwei Familien oder Unterkategorien: *Leptonen* und *Quarks*. Diese Kategorien erlauben es uns, die Teilchen entsprechend ihren Eigenschaften zu klassifizieren.

Die Leptonen

Das bekannteste der sechs Leptonen ist das Elektron. Weitere Leptonen, das Myon und das Tau, sind dem Elektron sehr ähnlich, aber viel schwerer. Diese Leptonen haben eine elektrische Ladung von −1.

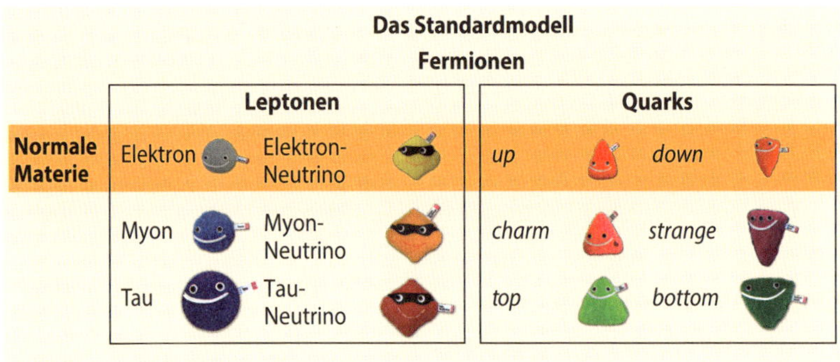

Abbildung 1.5: Die zwölf fundamentalen Bausteine der Materie: sechs Leptonen und sechs Quarks. Interessanterweise reichen die *up*- und *down*-Quarks sowie die Elektronen aus, die gesamte Materie aufzubauen.

Quelle: Pauline Gagnon und ©Particle Zoo

Das Elektron, das Myon und das Tau sind mit drei Neutrinos assoziiert: dem Elektron-Neutrino, dem Myon-Neutrino und dem Tau-Neutrino (man spricht von drei *Neutrino-Flavors* beziehungsweise „Geschmacksrichtungen"), welche die Familie der Leptonen vervollständigen. Diese Familie enthält also drei *Generationen* von Leptonen. Eine solche Zusammenfassung von Teilchen innerhalb einer Generation manifestiert sich durch die Bildung von Paaren. Jedes Mal wenn ein Elektron erzeugt wird, entsteht auch entweder ein Elektron-Neutrino oder ein Antielektron, ein Teilchen, das auch *Positron* genannt wird.

Das Gleiche gilt für Myonen und Taus: Jedes wird von seinem eigenen Neutrino begleitet. Man beobachtet beispielsweise niemals die Erzeugung eines Taus gemeinsam mit einem Elektron-Neutrino. Das Elektron und sein Neutrino besitzen beide eine Eigenschaft, die *Elektronzahl*, und diese ist sowie die elektrische Ladung einem Erhaltungsgesetz unterworfen. Das eine Teilchen trägt eine bestimmte Flavor-Ladung, das andere die entgegengesetzte. Wenn die Masse eines Neutrinos genau null wäre, würde diese Flavor-Ladung strikt erhalten bleiben, so wie die elektrische Ladung. Jedoch ist dies nicht immer der Fall (siehe Infobox). Der Name der Neutrinos bedeutet „kleines Neutron", denn wie die Neutronen besitzen sie keine elektrische Ladung, sind aber viel kleiner.

Das Neutrino ist ein elektrisch neutrales Teilchen, das sehr wenig mit Materie wechselwirkt. Ein Beispiel: Jede Sekunde werden in der Sonne 70000 Milliarden Elektron-Neutrinos produziert, die jedes Quadratzentimeter der Erdoberfläche treffen. Aber von all diesen Neutrinos wechselwirkt nur eine Handvoll mit einem Atom der Erde. Die anderen fliegen durch sie hindurch, ohne anzuhalten oder Guten Tag zu sagen!

Die Masse der Neutrinos

Man glaubte lange, dass die Neutrinos keinerlei Masse hätten. Erst die Beobachtung des eigenartigen Phänomens der *Neutrino-Oszillation*, also beispielsweise der Umwandlung eines Elektron-Neutrinos in ein Myon-Neutrino, erlaubte den Schluss, dass die Neutrinomasse nicht null sei. Dieses Phänomen ist tatsächlich nur möglich, wenn Neutrinos eine Masse haben. Folglich bleibt der Flavor einer Neutrinoart nicht immer erhalten. Da ihre Masse sehr klein ist, sind die Verletzungen dieser Regel aber selten und man kann sie nur beobachten, wenn die Neutrinos große Entfernungen zurücklegen.

Raymond Davis, einer der Pioniere der Neutrinoforschung, war der erste, der von der Sonne kommende Neutrinos nachweisen konnte. Mithilfe eines sehr großen unterirdischen radiochemischen Detektors in einem Bergwerk in Minnesota (USA) stellte er einwandfrei fest, dass nur ein Drittel der Neutrinos, die man aufgrund des theoretischen Modells, das die Energieerzeugung in der Sonne beschreibt, erwarten würde, die Erde erreicht. Er hatte ungefähr dreißig Jahre lang geforscht, um diese Tatsache zu etablieren. Seine Arbeiten wurden mit einem Teil des Nobelpreises für Physik 2002 ausgezeichnet.

Es war jedoch ein Experiment des tief in einem Bergwerk im Norden Ontarios (Kanada) gelegenen Neutrinoobservatoriums Sudbury (SNO), das gezeigt hat, dass sich in Wirklichkeit ein Teil der von der Sonne emittierten

Elektron-Neutrinos auf ihrem Weg zur Erde in Myon- oder Tau-Neutrinos umwandelt. Dieses *Oszillation* genannte Phänomen erklärt das scheinbare Verschwinden der solaren Neutrinos, da der Detektor von Raymond Davis nur Elektron-Neutrinos nachweisen konnte – die einzige Art, die in der Sonne produziert wird. Der SNO-Detektor verwendete hingegen schweres Wasser, eine Substanz, welche die Beobachtung aller drei Neutrino-Flavors möglich macht. Das Phänomen der Oszillationen war schon zuvor in Japan mit „atmosphärischen" Neutrinos gesehen worden, die erzeugt werden, wenn kosmische Strahlen Teilchen der Atmosphäre der Erde treffen.

Der SNO-Detektor konnte den Nachweis erbringen, dass die Anzahl der gemessenen Neutrinos mit allen drei Flavors sehr wohl der Anzahl der von der Sonne erzeugten Elektron-Neutrinos entspricht. SNO hat somit zweifelsfrei festgestellt, dass Neutrinooszillationen existieren und Neutrinos somit auch eine Masse haben. Ihre Masse ist jedoch so klein, dass man bislang noch nicht imstande war, diese zu messen. Immerhin weiß man aber, dass sie nicht null sein kann. Es gibt keine größeren Schelme als Neutrinos!

Trotz alledem fordert diese Tatsache das Standardmodell heraus, da dieses ursprünglich den Neutrinos die Masse null zugeordnet hat. Das Hinzufügen von Neutrinomassen ist jedoch nicht trivial, da die Neutrinos derartig speziell sind. Sie sind die einzigen Bestandteile der Materie, die keine elektrische Ladung besitzen. Was für eine Art von Teilchen ist also ein Neutrino? Ein Elektron ist nicht identisch mit seinem Antiteilchen, dem Positron, da ersteres eine negative Ladung trägt, und letzteres eine positive. Das Neutrino ist jedoch ungeladen. Es kann somit sein eigenes Antiteilchen sein. Es wäre somit das einzige Fermion des Standardmodells mit dieser Eigenschaft. Was bedeutet das? Wenn ein Neutrino sein eigenes Antiteilchen ist, könnte es sein, dass der Mechanismus, der einem Teilchen Masse verleiht, sich von dem für normale Teilchen unterscheidet. Außerdem suggeriert die Tatsache, dass Neutrinomassen so klein sind, etwas Einzigartiges. Es stellen sich mehrere Fragen.

Wie wir im Kapitel 6 sehen werden, liefern Neutrinos einen von mehreren Hinweisen auf Unzulänglichkeiten des Standardmodells, sodass es naheliegend ist, ein neues Modell zu entwickeln. Die Physik der Neutrinos ist eine eigene Sparte der Teilchenphysik, und ganze Bücher sind ihr gewidmet. Ich gehe hier nicht weiter in die Tiefe, aber Interessierte können zum

Beispiel das Buch *Neutrino Hunters* von Ray Jayawardhana zu Rate ziehen, herausgegeben von Scientific American / Farrar, Straus und Giroux 2013.

Trotz allem bewegen sich Neutrinos nicht schneller als das Licht. Die Meldung aus dem Jahr 2011 zu diesem Thema hat sich als unrichtig herausgestellt. Denn nichts kann sich schneller als mit Lichtgeschwindigkeit fortbewegen, außer Gerüchte!

Die Quarks

Zusätzlich zu den Leptonen gibt es eine zweite Familie von Elementarteilchen, jene der Quarks. Es gibt von ihnen sechs Sorten oder *Flavors:* Wir haben schon die *up-* und *down-*Quarks kennengelernt, die man in den Protonen und Neutronen findet, aber es gibt auch das *charm-*Quark und das *strange-*Quark, sowie die Quarks *top* und *bottom* (urspünglich *truth* und *beauty* genannt). Diese Namen wurden ihnen ein bisschen aus Jux gegeben, aber auch, weil am Anfang die Wissenschaftler, die sie entdeckten, nicht verstanden, warum es so viele geben sollte und wie sie sich unterscheiden. Das Quark, das als drittes entdeckt wurde, das *strange-*Quark, verdankt seinen Namen seiner überraschend langen Lebensdauer.

Wie bei den Leptonen bildet jedes Quarkpaar eine *Generation*. Es gibt somit drei Generationen von Quarks und drei Generationen von Leptonen. Die Teilchen der zweiten und dritten Generation haben die gleichen Eigenschaften wie die der ersten, sind aber viel schwerer. Das *top-*Quark ist das schwerste aller Elementarteilchen. Seine Masse ist 185 mal so groß wie die eines Protons. Das Proton ist seinerseits 1836 mal so schwer wie ein Elektron. Diese ungeheuren Massenunterschiede sind noch immer ein Rätsel.

Es weiß auch niemand, warum die Quarks und Leptonen in drei Generationen auftreten, oder warum die erste Generation alleine zur Bildung der Atome und folglich aller normaler Materie um uns ausreicht. Stellen Sie sich einen Satz Legosteine vor, bestehend aus sehr verschiedenen Steinen, von denen manche keinen offensichtlichen Zweck haben! Das sind einige von mehreren offenen Fragen, die Physiker und Physikerinnen zu klären versuchen.

Abgesehen von Myonen, die in den kosmischen Strahlen vorkommen, findet man keine Teilchen der zweiten oder dritten Generation in der Natur. Diese Teilchen haben nur kurz nach dem Urknall existiert, aber heute ist das Universum zu abgekühlt, sodass nicht genügend Energie für deren Erzeugung zur Verfügung steht[3]. Man kann sie aber alle künstlich im Laboratorium erzeugen. Deshalb weiß man auch, dass sie existieren.

Die Kraftteilchen

Erinnern Sie sich noch an das zweite Grundprinzip des Standardmodells? Die fundamentalen Teilchen wechselwirken miteinander, indem sie andere Teilchen austauschen, die Überträger von *Kräften* sind – die unsichtbaren „Schnüre", die ich vorhin erwähnt habe. Diese Teilchen haben bestimmte Eigenschaften, sodass sie der großen Gruppe von *Bosonen* genannten Teilchen zugeordnet werden müssen, während die Bausteine der Materie, die Leptonen und die Quarks, alle *Fermionen* sind (siehe Infobox weiter unten).

Es ist der Austausch dieser Kraftteilchen, der bewirkt, dass Teilchen jene Kräfte erfahren, die mit ihnen assoziiert sind. Das geschieht in ähnlicher Weise wie im Fall von zwei Eisläufern, die nebeneinander laufen. Wenn einer dem anderen einen Schneeball zuwirft, spürt dieser die Stoßwirkung, die ihn aus der Bahn wirft. Ebenso verspürt der erste Läufer einen Rückstoß und weicht auch von seiner ursprünglichen Bahn ab. Sie können es selbst ausprobieren: Ziehen Sie ein Paar Schlitt- oder Rollschuhe an und vergnügen Sie sich damit, einen schweren Gegenstand loszuschleudern. Wenn Ihre Schuhe praktisch keinen Widerstand oder keine Reibung erfahren und wenn Sie sich nicht den Hals brechen, werden Sie diesen Rückstoßeffekt spüren. Der gleiche Effekt tritt auch beim Schießen mit einem Gewehr auf.

Die fundamentalen Kräfte

Es gibt vier fundamentale Kräfte: die starke Kraft, die elektromagnetische Kraft, die schwache Kraft und die Schwerkraft. Die *starke Kraft* ist die stärkste von allen, aber sie wirkt nur auf sehr kleinen Entfernungen und nur zwischen Quarks. Diese Eigenschaft unterscheidet übrigens Quarks von Leptonen. Das Austauschteilchen (Abbildung 1.6) der starken Kraft ist das *Gluon*, ein masseloses Teilchen, das, wie schon sein Name vermuten lässt, die Quarks „zusammenklebt". Diese Kraft ist stark genug, um die Quarks in den Protonen und Neutronen zusammenzuhalten und die elektrische Abstoßung von Protonen untereinander zu verhindern (siehe unten). Ihre Reichweite ist nur wenig größer als die Radien

3. Wie wir im Kapitel 2 sehen werden, gibt es eine Äquivalenz von Masse und Energie. Teilchen können erzeugt werden, wenn genügend Energie zur Verfügung steht.

von Neutronen oder Protonen, aber sie genügt für deren Zusammenhalt innerhalb des Atomkerns. Die Reichweite entspricht somit ungefähr der Größe eines Atomkerns[4], also 10^{-15} m oder 0,000000000000001 Meter.

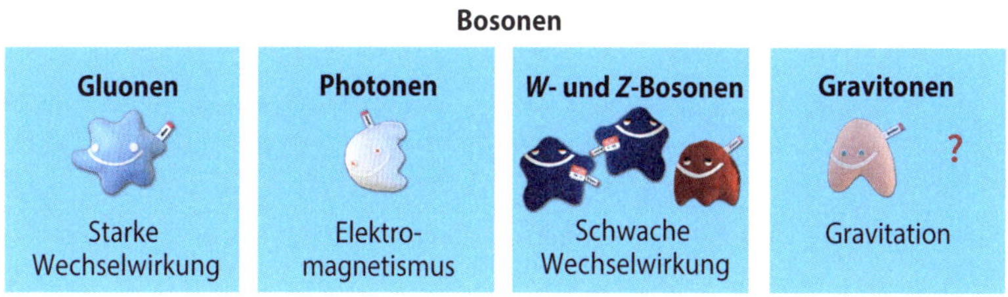

Abbildung 1.6: Die sechs mit den fundamentalen Kräften assoziierten Bosonen. Die anderen Teilchen erfahren die Wirkung jener Kraft, die zu dem ausgetauschten Boson gehört.
Quelle: Pauline Gagnon und ©Particle Zoo

Die zweitstärkste Kraft ist die *elektromagnetische Kraft*, die von Photonen übertragen wird. Zwei elektrisch geladene Teilchen spüren die Präsenz des jeweils anderen durch Austausch von Photonen. So entsteht Anziehung oder Abstoßung zweier elektrischer Ladungen, je nachdem ob sie entgegengesetzt oder gleich geladen sind.

Diese Kraft, die nur auf elektrisch geladene Teilchen wirkt, spielt im Leben eine wichtige Rolle. Wie wir gesehen haben, sind die Atome praktisch leer. Ohne die elektrische Abstoßung der Elektronen in den Atomen Ihres Sessels und jenen des Untergrundes, auf dem er steht, würden Sie geradeaus durch den Fußboden fallen. Die Atome sind mehr oder weniger leere Räume, aber die abstoßende Kraft der von den Elektronen verursachten elektrischen Felder an ihrer Oberfläche bewirkt, dass uns alles gefestigt und solide erscheint. Man kann sich die Funktionsweise dieses elektrischen Feldes plausibel machen, indem man sich vorstellt, dass an den Atomen Federn angebracht wären. Um zwei Atome sehr nahe aneinander zu brin-

4. Zur Vereinfachung benütze ich hier die wissenschaftliche Schreibweise: Um einen Zeitraum von 10^5 Jahren umzurechnen, nimmt man eine 1 und fügt 5 Nullen hinzu, was 100 000 Jahre ergibt. Wenn die Hochzahl negativ ist, handelt es sich um einen Bruch. Um zum Beispiel 10^{-5} Sekunden umzurechnen, geht man von 1,0 aus und verschiebt das Komma um 5 Stellen nach links. Man erhält 0,00001 Sekunden, was einfacher zu sagen ist als ein Hundertstel einer Tausendstelsekunde.

gen, muss man diese Federn zusammendrücken. Je mehr sie komprimiert werden, desto mehr Widerstand werden sie ausüben, was die Annäherung der beiden Atome immer schwerer macht. Das Resultat ist, dass die gesamte Materie, die ein Konglomerat von Atomen ist, solide und undurchdringbar scheint, obwohl sie hauptsächlich aus leerem Raum besteht.

Die *schwache Kraft* ist für den Zerfall von Teilchen und die Radioaktivität verantwortlich. Sie wird durch drei Bosonen vermittelt: die Bosonen W^+ und W^-, welche geladene Teilchen sind, von denen das eine positiv und das andere negativ geladen ist, sowie das Boson Z^0, das elektrisch neutral ist. Diese Kraft wirkt sowohl auf Leptonen als auch auf Quarks. Sie ist ebenso die einzige Kraft, die auf Neutrinos wirkt, abgesehen von der Schwerkraft, die für diese Teilchen aufgrund ihrer winzigen Masse praktisch vernachlässigbar ist.

Letztendlich gibt es die *Schwerkraft* oder *gravitationelle Kraft*, die es Ihnen erlaubt, in diesem Moment gemütlich zu sitzen oder zu liegen, außer natürlich, falls Sie das Buch an Bord der internationalen Raumstation lesen[5], in der Schwerelosigkeit herrscht. In einer Entfernung von 400 Kilometern von der Erde beträgt die in der Station wirksame Schwerkraft etwa 90 Prozent des Wertes an der Erdoberfläche. Diese Kraft wirkt auf die Station wie die Schnur einer Steinschleuder. Sie hält sie konstant auf ihrem Orbit und verhindert, dass sie tangential wegfliegt. Die Anziehungskraft der Erde bewirkt, dass die Station wie im freien Fall ständig in Richtung Erdmittelpunkt fällt, was einen Zustand der Schwerelosigkeit erzeugt. Trotz allem ist die Schwerkraft noch immer die mysteriöseste aller Wechselwirkungen. Auf der Skala eines Quarks ist sie 10^{41} mal schwächer als die elektromagnetische Kraft, also 100 000 000 000 000 000 000 000 000 000 000 000 000 000 mal kleiner.

Verglichen mit den anderen Kräften ist sie so schwach, dass ihre Auswirkungen auf Teilchenmaßstäben unbedeutend sind und sie die Elementarteilchen praktisch nicht beeinflusst. Es bedarf sprichwörtlich astronomische Mengen an Materie, um ihre Wirkungen zu spüren. Um sich die Unterschiede der Stärken der Schwerkraft und der elektromagnetischen Kraft zu veranschaulichen, erinnern wir daran, dass ein einfacher kleiner Magnet ausreicht, der gravitationellen Anziehung der ganzen Erde entgegenzuwirken. Dies erklärt, warum man leicht an einer Kühlschranktüre kleine mit Magneten

5. Wenn dies jemals zutreffen sollte, nehmen Sie bitte mit mir Kontakt auf!

versehene Objekte anbringen kann. Diese fundamentale Eigenschaft der Materie ist für das florierende Geschäft der Erzeuger von Kühlschrankmagnetsouvenirs auf der ganzen Welt verantwortlich!

Die Schwerkraft ist die einzige Kraft, für die man noch kein Überträgerteilchen gefunden hat. Aber vielleicht nicht mehr lange! Das Experiment LIGO hat die erste direkte Entdeckung von Gravitationswellen im Februar 2016 bekanntgegeben (siehe http://paulinegagnon3.wixsite.com/boson-in-winter/single-post/2016/02/11/A-faint-ripple-shakes-the-whole-World). Jedoch hat diese Entdeckung lediglich die Existenz dieser Wellen im klassischen Sinne etabliert, ihr Quantencharakter wurde noch nicht erforscht. Wenn sich die Gravitationswellen so wie die elektromagnetischen Wellen als quantisiert erweisen, müsste man auch sie mit Kraftteilchen assoziieren, die Gravitonen genannt werden und vielleicht am LHC entdeckt werden könnten. Jedenfalls erlaubt dieser wichtige Durchbruch den Astronomen, in Zukunft das Universum nicht nur mithilfe elektromagnetischer Wellen (sichtbares Licht, Radiowellen, Röntgenstrahlen etc.), sondern auch mit Gravitationswellen zu erforschen. Wer weiß, vielleicht werden wir bald mehr über die allerersten Augenblicke des Universums wissen, denn nichts behindert die Ausbreitung solcher Wellen. Das Echo des Urknalls ist in den Gravitationswellen, die bis heute unser Universum durchlaufen, verewigt.

Fermionen und Bosonen

Die Bausteine der Materie, die Leptonen und die Quarks, sind alle *Fermionen*, während die Kraftüberträger *Bosonen* sind. Diese Teilchenarten sind nach zwei berühmten Physikern benannt, dem Italiener Enrico Fermi und dem Inder Satyendra Nath Bose, die ihre Eigenschaften untersuchten. Diese Klassifizierung ist weit mehr als nur eine einfache Namensgebung – sie entspricht dem vollkommen verschiedenen Verhalten dieser zwei Teilchensorten., die unterschiedlichen statistischen Gesetzen gehorchen. Die Fermionen folgen den sogenannten Fermi-Dirac-Regeln und die Bosonen den Bose-Einstein-Regeln, jeweils benannt nach den beiden Physikern, die sie begründet haben. Die zwei Teilchenarten haben unterschiedliche Werte des Spins. Der *Spin*, genau so wie die elektrische Ladung oder die Masse, ist eines der Merkmale von Elementarteilchen. Er steht für die

Größe des Eigendrehimpulses, er ist also ein Maß für die Rotationsbewegung der Teilchen um ihre eigene Achse.

In der Welt des unendlich Kleinen ist alles „quantisiert". Dies bedeutet, dass bestimmte Größen wie die Ladung, der Spin oder die *Farbe* (die Eigenschaft, die bewirkt, dass sie der starken Kraft unterworfen sind) der Quarks nur gewisse wohldefinierte Werte annehmen können, zum Beispiel 1 oder 1/3 oder auch 1/2. Nur Vielfache dieser Grundwerte, auch *Quantenzahlen* genannt (daher auch der Name „Quantenphysik"), sind erlaubt. Die möglichen Werte sind wie die Stufen einer Treppe: Sie können auf der ersten oder zweiten stehen bleiben, aber nicht dazwischen. Wenn jede Stufe 20 Zentimeter hoch ist, kann Ihre Höhenposition nur einem Vielfachen des Wertes 20 Zentimeter entsprechen.

Quantenzahlen stellen also die diskreten (nicht kontinuierlichen) Werte dar, die bestimmte Größen annehmen können. Die Materieteilchen, die *Fermionen*, haben Spinwerte von 1/2 und zwei mögliche Ausrichtungen: nach oben, +1/2, oder nach unten, −1/2. Die Kraftteilchen, die *Bosonen*, haben ganzzahlige Werte wie 0, 1 oder 2. Jede Teilchengruppe gehorcht anderen statistischen Gesetzen. Die unumgängliche Regel für Fermionen lautet: Zwei identische Fermionen können sich nicht am selben Ort im gleichen *Quantenzustand* befinden, also in einem Zustand, in dem all ihre Quantenzahlen identisch sind. Dies nennt man das *Pauli-Verbot*.

Wenn man zwei Elektronen an ein und dieselbe Stelle bringen möchte, etwa im Inneren eines Atoms, muss mindestens eine ihrer Quantenzahlen unterschiedliche Werte haben. Von allen Quantenzahlen kann nur der Spin verschiedene Orientierungen haben, eine nach oben, eine nach unten, also +1/2 oder −1/2. Dies impliziert, dass sich maximal zwei Elektronen auf einem atomaren Orbit befinden können, da es nur zwei mögliche Spinrichtungen gibt. Die Atome haben deshalb mehrere Schalen, um alle ihre Elektronen unterbringen zu können. Die Folgen davon sind enorm, da alle chemischen Reaktionen gemäß dieser Anordnung der Elektronen in verschiedenen Bahnen ablaufen.

Hingegen gibt es keinerlei Einschränkungen für Bosonen im gleichen Quantenzustand. Diese Eigenschaft erklärt das Phänomen der

Supraleitung. Was ist das? Es handelt sich um einen Zustand, in dem der elektrische Widerstand in einem Leiter völlig verschwindet. Ein Supraleiter leitet somit den Strom unendlich lange. Wenn Ihr Elektrorasenmäher supraleitend wäre, bräuchten Sie ihn nur einmal anzustecken, um Strom einzuspeisen. Auch abgesteckt würde er dann ewig weiterlaufen. Dieses Beispiel hat allerdings seine Grenzen. Sicher würde der Strom unendlich lange weiter fließen, aber der Rasenmäher würde durch die Reibung der Drehteile Energie verlieren. Um Supraleitung zu beobachten, muss man alles je nach Material auf Werte zwischen −150 °C und −273 °C abkühlen, was überhaupt nicht praktisch wäre... Glücklicherweise, denn sonst würde das Leben im Sommer durch ständig laufende Rasenmäher zur Hölle werden!

Ein Elektronenpaar bildet ein Boson, denn zwei halbzahlige Spins ergeben als Summe einen Gesamtspin von 0 oder 1, je nachdem ob sie gleich oder entgegengesetzt ausgerichtet sind. In einem Supraleiter können somit alle Elektronenpaare identisch sein, mit exakt gleichen Quantenzahlen, wie es für Bosonen erlaubt ist! Man kann also zwei Paare beliebig austauschen. In einem Supraleiter können alle Elektronenpaare ihre Positionen ohne jedwede Reibung und somit ohne jeden elektrischen Widerstand ändern. All dies ähnelt sehr an tanzende Paare. Wenn alle sich während eines Walzers in die gleiche Richtung bewegen, stoßen die Paare nicht zusammen.

Kommen wir aber zu unseren Bosonen zurück: Warum haben die Materieteilchen halbzahlige Spinwerte und die Kraftteilchen ganzzahlige? Wir wissen es noch nicht. Dieser seltsame Unterschied könnte durch die Supersymmetrie erklärt werden, wie wir im Kapitel 6 sehen werden.

Und was ist mit der Antimaterie?

Jedes Materieteilchen hat ein Gegenstück in Form von Antimaterie. So ist etwa das Antiteilchen des Elektrons das *Positron*. Dieses hat die gleiche Masse wie das Elektron, aber seine Quantenzahlen (elektrische Ladung, Spin[6] und andere) sind entgegengesetzt. Sogar elektrisch ungeladene Teilchen haben ihre Antiteilchen. Ein Antineutron besteht aus zwei *down*-Antiquarks und einem *up*-Antiquark. Ein Neutrino könnte sein eigenes Antiteilchen sein, dies ist aber wissenschaftlich noch nicht gesichert. Wenn zum Beispiel ein Elektron auf ein Positron trifft, vernichten sie sich gegenseitig und es bleibt nur die ihnen entsprechende Energie übrig. Genau so ist es mit allen Quarks und allen Leptonen: Sie haben alle ihre Antiteilchen.

Bei den Experimenten im Laboratorium wird praktisch stets ebenso viel Materie wie Antimaterie erzeugt, so als ob beide gleichwertig wären. Man findet hingegen um uns herum fast keine Antimaterie. Es gibt ein wenig davon in der kosmischen Strahlung, aber nur in winzigen Mengen. Man misst auch im Laboratorium, dass die Materie leicht überwiegt. Dieser Überschuss ist hingegen minimal und erklärt nicht, warum man heute praktisch nur noch Materie im Universum findet.

Wenn man im Laboratorium aus reiner Energie genau so viel Materie wie Antimaterie erzeugt, müsste dies auch kurz nach dem Urknall so gewesen sein, als eine phänomenale Energiemenge zur Verfügung stand. Aus dieser Energie entstanden Teilchen-Antiteilchen-Paare, die sich verbinden oder vernichten konnten. Wann und wie bekam die Materie die Oberhand über die Antimaterie? Was wurde aus der vielen Antimaterie? Die Aussage der Kosmologen ist eindeutig: Sie kann sich nicht in einem Winkel des Universums verstecken, ohne dass man sie sieht. Früher oder später würden Materie und Antimaterie aufeinander treffen und ein Feuerwerk an Energie produzieren, das man schließlich aufspüren würde. Die Frage ist ein großes Rätsel der Physik, und eine erkleckliche Zahl von Physikern arbeitet an seiner Lösung. Das Experiment LHCb am Large Hadron Collider des CERN hat übrigens die Beantwortung dieser Frage zu seinem Hauptziel gemacht. Mehrere andere Experimente laufen auch bei der Antimateriefabrik des CERN (siehe Infobox).

---

6. Der Spin entspricht dem Drehimpuls eines Teilchens. Man kann ihn sich als ein Maß der Drehbewegung des Teilchens um die eigene Achse vorstellen.

Antimaterie-Experimente am CERN

Was passierte mit all der Antimaterie, die sich im Universum befand? Um diese Frage zu beantworten, muss man prüfen, ob Antimaterie die gleichen Eigenschaften wie Materie hat. CERN betreibt ein weitreichendes Programm zum Studium der Antimaterie und besitzt einen Beschleuniger, oder besser gesagt, einen Entschleuniger für Antiprotonen (Antiproton Decelerator, AD). Er ist die Antiwasserstofffabrik des CERN. Das Ziel ist, das Verhalten von Antiwasserstoffatomen mit normalen Wasserstoffatomen (Abbildung 1.7) zu vergleichen.

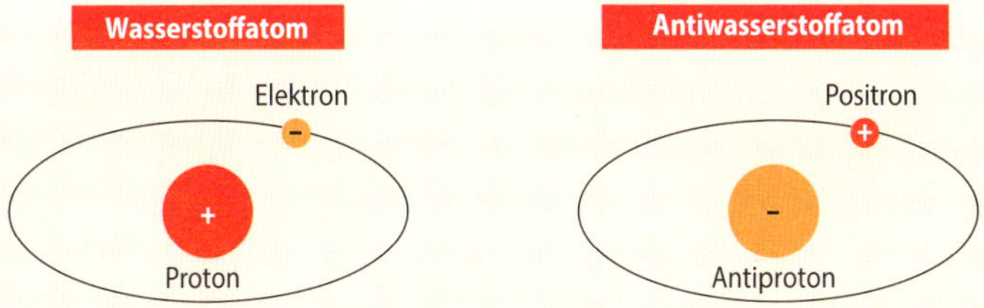

Abbildung 1.7: Schematische Darstellung von Wasserstoff- und Antiwasserstoffatomen. Quelle: Pauline Gagnon

Wasserstoff wurde gewählt, weil er das einfachste aller Atome hat, bestehend aus einem Elektron, das um einen Kern aus einem einzigen Proton kreist. Antiwasserstoffatome sind Replika von Wassertoffatomen, jedoch mit einem Positron – dem Antielektron – und einem Antiproton, die das Elektron und das Proton normaler Atome ersetzen. Es wäre praktisch unmöglich, ein komplexeres Objekt zu fabrizieren, selbst ein Antiatom des Deuteriums, das neben dem Proton ein zusätzliches Neutron im Kern enthält. Jedes weitere Neutron oder Proton verkleinert die Erzeugungswahrscheinlichkeit um einen Faktor einer Million.

Alle Materie sendet Licht aus, wenn sie angeregt wird. Dies passiert, wenn man ein Metallstück erhitzt. Das emittierte Licht ist charakteristisch für jedes Atom. So emittiert oder absorbiert zum Beispiel Wasserstoff Licht einer bestimmten Frequenz (oder Farbe), wenn ein Elektron von einem Energieniveau zu einem anderen springt. Die *Spektroskopie* besteht darin, den gesamten von einem Atom emittierten Frequenz- bzw. Farbbereich zu analysieren und somit sein *Spektrum* zu bestimmen. Zwei Experimente am CERN, ALPHA und ATRAP, interessieren sich für die Spektroskopie von Antiwasserstoff. Es existiert auch eine so genannte „Hyperfeinstruktur“, die zu einem noch feineren Spektrum führt, das den magnetischen Wechselwirkungen zwischen dem Kern- und dem Elektronenspin entspricht. ALPHA und ein drittes Experiment, ASACUSA (Abbildung 1.8), versuchen ebenfalls, die Hyperfeinstruktur des Antiwasserstoffs zu verifizieren. In beiden Fällen werden diese Untersuchungen gemacht, indem man beobachtet, welche Frequenzen die Antiwasserstoffatome im Vergleich zu normalem Wasserstoff absorbieren.

Abbildung 1.8: Ansicht des Experiments ASACUSA in der Halle des Antiproton-Entschleunigers des CERN. ASACUSA versucht die Hyperfeinstruktur des Antiwasserstoffs mit der des Wasserstoffs zu vergleichen. Das Ziel ist herauszufinden, ob die Eigenschaften der Antimaterie mit denen der Materie identisch sind.

Quelle: CERN

Um Antiwasserstoffatome zu erzeugen, muss man zunächst Antiprotonen soweit abbremsen, dass sie langsam genug in die Nähe von Positronen (Antiteilchen der Elektronen) kommen, sodass sie diese einfangen und Antiatome bilden können. Die Forscher und Forscherinnen verbinden die Antiprotonen mit den Positronen mithilfe eines Magnetfeldes. Dieses

Feld verhindert, dass Antiprotonen und Positronen mit normaler Materie in Kontakt kommen. Letzteres würde ihre sofortige Vernichtung bedeuten und würde die Bildung von Antiwasserstoffatomen verhindern. Nächste Etappe: Man muss die Antiwasserstoffatome aus dem Feld bringen, um ihre Hyperfeinstruktur studieren zu können. Das starke Magnetfeld würde nämlich die erreichbare Präzision vermindern. Schon im Jahr 2010 gelang es zunächst ALPHA und dann ATRAP, Antiwasserstoffatome einzufangen und dadurch einer zukünftigen Spektroskopie einen bedeutenden Schritt näher zu kommen.

Im Gegensatz zu den Protonen der Strahlen des LHC sind Antiwasserstoffatome neutral und können somit nicht durch elektrische Felder abgelenkt werden. Ein Antiwasserstoffatom verhält sich jedoch wie ein Miniaturmagnet. Man kann deshalb diese mikroskopischen Magnete beeinflussen und einen Strahl von Antiwasserstoffatomen erzeugen, indem man ein nicht gleichförmiges Magnetfeld verwendet.

Zwei weitere Experimente, AEgIS und GBAR haben das Ziel, die Fallbeschleunigung durch die Schwerkraft neu zu messen, jedoch mit Antimaterie statt mit normaler Materie. Dazu müssen sie feststellen, ob sich die Antiwasserstoffatome in Bezug auf die Anziehungskraft der Erde so wie die Wasserstoffatome verhalten. Leider kann man das nicht bewerkstelligen, indem man Antiwasserstoffatome vom schiefen Turm von Pisa fallen lässt, ähnlich wie Galilei es getan haben soll, als er die erste Messung der Fallbeschleunigung g durchführte.

Die nötige Apparatur ist ein bisschen komplexer. Zunächst testen die Forscher und Forscherinnen die Apparatur mit Wasserstoffatomen, um sicher zu gehen, dass alles funktioniert. Sobald die Vorgangsweise etabliert ist, müssen sie das Experiment mit Antiwasserstoffatomen wiederholen. Noch ist man weit vom Ziel, aber all diese Messungen werden beitragen, eine Antwort zu finden. Man wird dann wissen, ob der Antiwasserstoff das exakte Spiegelbild des Wasserstoffs ist. Dies wird klären, wie die Antimaterie sich von der Materie unterscheidet und könnte auch Indizien liefern, warum sie komplett aus dem Universum verschwunden ist.

Teilchen für jeden Geschmack

Das Standardmodell, das sehr simpel aussieht, hat die Welt der Teilchen, wie sie sich in der ersten Hälfte des 20. Jahrhunderts darstellte, enorm vereinfacht. Die Idee der Quarks kam lange nach der Beobachtung eines ganzen Teilchenzoos auf (aktuell sind mehr als 200 Teilchen bekannt). Es gab Pionen, Kaonen, Omegas, Lambdas, Sigmas – Dutzende neutrale sowie positiv oder negativ geladene Teilchen. Glücklicherweise haben 1964 Murray Gell-Mann und George Zweig das Quarkmodell erfunden, wodurch dieser Zoo sich auf verschiedene Kombinationen von sechs fundamentalen Quarks reduzierte.

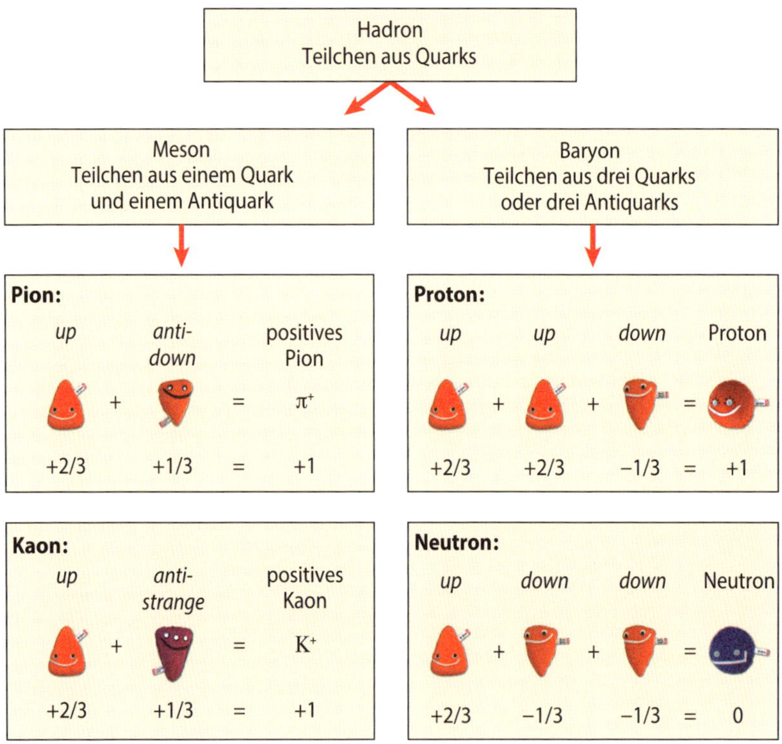

Abbildung 1.9: Jedes Teilchen, das aus Quarks besteht, ist ein Hadron. Zur Familie der Hadronen gehören die Mesonen, von denen Pionen und Kaonen Beispiele sind, und die Baryonen, wie die Protonen und die Neutronen.

Quelle: Pauline Gagnon und ©Particle Zoo

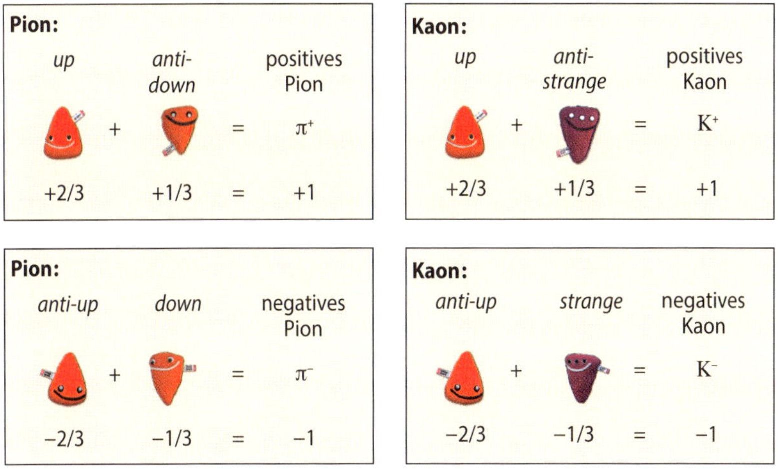

Abbildung 1.10: Die Mesonen werden aus einem Quark und einem Antiquark gebildet.
Quelle: Pauline Gagnon und ©Particle Zoo

Man wurde sich dessen bewusst, dass es eine ganze Familie von Teilchen gibt, die aus Quarks bestehen und die man heute *Hadronen* (*hadros* bedeutet „stark" im Altgriechischen) nennt (Abbildung 1.9). Bestimmte Hadronen wie die Pionen oder die Kaonen bestehen aus einem Quark und einem Antiquark. Sie gehören zu den *Mesonen* (*mesos* bedeutet „dazwischenliegend") (Abbildung 1.10). Andere, wie die Protonen oder die Neutronen, bestehen aus drei Quarks; man nennt sie *Baryonen* (von *barus*, „schwer").

Trotz seines großen Erfolges beginnt dieses Modell aus seinen Nähten zu platzen. Seit 2003 haben mehrere Experimente Teilchen, die aus vier Quarks bestehen, beobachtet. Diese *Tetraquarks*[7] passen nicht in das gängige Quarkmodell. Mehrere Theoretiker und Theoretikerinnen beschäftigen sich mit dieser Tatsache, ohne dass bislang eine Erklärung gefunden wurde.

Die Stärke des Standardmodells

Die zwei Grundprinzipien des Standardmodells sind alles in allem ganz einfach: Alle Materie besteht aus fundamentalen Teilchen, den Fermionen, und diese wechselwirken miteinander durch Austausch von Kraftteilchen,

7. Mehr Informationen über Tetraquarks gibt es zum Beispiel hier: https://www.quantumdiaries.org/2016/02/29/the-four-leafed-clovers-of-subatomic-particles-tetraquarks/

den Bosonen. Diese Theorie wird natürlich von einer Anzahl von komplexen Gleichungen begleitet, die es den Theoretikern und Theoretikerinnen erlauben, extrem präzise Vorhersagen zu machen.

Die Fermionen und das Ausschließungsprinzip

Wie ich schon erwähnte, besitzen die Quarks eine Quantenzahl, also eine Eigenschaft, die man *Farbe* nennt. Jeder *Quarkflavor* oder Quarktyp erscheint in drei Farbvariationen: rot, blau und grün. Diese Farben addieren sich wie die Primärfarben in der Optik. Wenn man rotes, blaues und grünes Licht zu gleichen Teilen kombiniert, erhält man weißes Licht.

Es ist also möglich, drei Quarks im Verband eines Protons zu kombinieren, ohne die Fermiregel zu verletzen, die besagt, dass sich keine zwei identischen Quarks am selben Ort aufhalten können. Die Tatsache, dass eine ihrer Eigenschaften unterschiedlich ist – die Quantenzahl, die der Farbe entspricht – erlaubt es ihnen.

Nur *weiße* oder neutrale Kombinationen sind für Hadronen erlaubt. Für ein Baryon ist es ganz einfach: Man braucht nur drei Quarks mit verschiedenen Farben. Für die Mesonen, die aus einem Quark-Antiquark-Paar bestehen, nimmt man ein Quark einer bestimmten Farbe und kombiniert es mit einem Antiquark in einer Komplementärfarbe. Ein rotes Quark kann zum Beispiel mit einem Antiquark der Farbe Antirot assoziiert werden.

Die häufigsten Mesonen sind die Pionen (bestehend aus *up*- und *down*-Quarks und -Antiquarks) und die Kaonen (diese bestehen aus einem *strange*-Quark oder -Antiquark sowie *up*- oder *down*-Quarks). Sie haben Recht, wenn Sie sich fragen, wie es die neutralen Pionen, bestehend aus einem *up*-Quark und einem *up*-Antiquark oder einem *down*-Quark und einem *down*-Antiquark, schaffen, sich nicht gegenseitig zu vernichten. Es genügt, zwei Teilchen mit verschiedenen Spinorientierungen zu kombinieren, wobei das erste einen nach oben gerichteten Spin (+1/2) und das zweite einen nach unten zeigenden (−1/2) hat. Dieser Unterschied rettet die beiden Teilchen vor der sofortigen gegenseitigen Vernichtung.

Das Standardmodell stellt verschiedene Relationen zwischen Teilchen her. Es sagt die Wahrscheinlichkeit voraus, mit der bestimmte Teilchen erzeugt werden, in welche anderen Teilchensorten und mit welcher Häufigkeit diese anschließend zerfallen. Manche Vorhersagen wurden auf neun Kommastellen genau geprüft! Es handelt sich somit um ein extrem aussagekräftiges Modell, das aber leider, wie wir im sechsten Kapitel sehen werden, zahlreiche Lücken hat, was die Theoretiker und Theoretikerinnen motiviert, nach einer umfassenderen Theorie zu suchen. Diese noch unbekannte Theorie könnte die „neue Physik" erklären. Ich komme in den nächsten Kapiteln darauf zu sprechen.

Merkzettel

Das Standardmodell sagt uns, dass die gesamte Materie aus fundamentalen Teilchen, den Leptonen und den Quarks, besteht. Es gibt insgesamt zwölf Teilchen, und jedes hat sein eigenes Antiteilchen. All diese Teilchen gehören zur Kategorie der *Fermionen*. Sie wechselwirken miteinander, indem sie *Bosonen* genannte Teilchen austauschen. Die Teilchen in Abbildung 1.11 sind die einzigen, die unteilbar sind. Sie sind also fundamental. Ausgehend von den *up*- und *down*-Quarks baut man Protonen und Neutronen auf, die

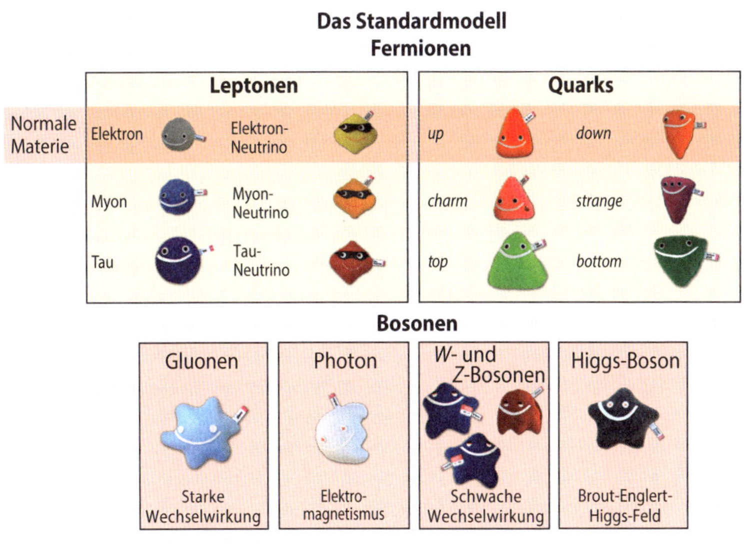

Abbildung 1.11: Das Standardmodell.
Quelle: Pauline Gagnon und ©ParticleZoo

sich ihrerseits zu Atomkernen vereinigen. Durch Hinzufügen von Elektronen erhält man Atome. Durch Variieren der Anzahl von Protonen im Kern reproduziert man die 118 chemischen Elemente des Periodensystems. Man kann also alles Sichtbare mit einem großen Baukasten, der Elektronen sowie *up-* und *down-*Quarks enthält zusammensetzen.

Die beiden Teilchenkategorien, Fermionen und Bosonen, verhalten sich völlig anders. Man weiß weder, warum dieser Unterschied existiert, noch warum die fundamentalen Teilchen so verschieden schwer sind. Man weiß auch nicht, warum so wenige von ihnen genügen, um die gesamte Materie, die uns umgibt, aufzubauen, beziehungsweise warum sie in mehreren Generationen auftreten oder wohin die gesamte beim Urknall entstandene Antimaterie verschwunden ist und warum die Schwerkraft verglichen mit den anderen Kräften so schwach ist. Kurz gesagt, wir haben ein schönes Modell, das aber leider mehrere Fragen unbeantwortet lässt.

KAPITEL 2

Und was hat es mit dem Higgs-Boson auf sich?

Das Standardmodell, so wie wir es heute kennen und wie es im ersten Kapitel beschrieben wurde, ist erst 1967 entstanden, als Abdus Salam und Steven Weinberg Ideen zusammenfügten, die in den Jahren zuvor von verschiedenen Physikern entwickelt worden waren. Schon 1961 war es Sheldon Lee Glashow gelungen, die elektromagnetische und die schwache Kraft – zwei der vom Standardmodell beschriebenen Wechselwirkungen – in einem einzigen theoretischen Rahmen unter dem Namen *elektroschwache* Kraft zu vereinen.

1964 konnten die Physiker und Physikerinnen noch nicht erklären, wie die Teilchen ihre Masse erhalten. Die Fragmente der existierenden Modelle und die zu ihnen gehörenden Gleichungen führten nur zu masselosen Teilchen, obwohl man sehr wohl wusste, das fast alle Teilchen Masse besitzen (nur das Photon und das Gluon haben keine). Die Bedeutung der Masse ist enorm. Sie ist eine der grundlegenden Eigenschaften aller Elementarteilchen. Man findet sie auch in unserer makroskopischen Größenordnung, obwohl die Masse der Materie nur zu einem kleinen Teil von ihren Bestandteilen herrührt, wie wir später sehen werden.

1964 suchten also mehrere Theoretiker, die man in Abbildung 2.1 sieht, nach einem Mechanismus, der einem Boson, das damals als mit der starken Wechselwirkung assoziiert angenommen wurde, Masse geben konnte. Sie entwickelten dafür einen mathematischen Formalismus, der heute unter der Bezeichnung Brout-Englert-Higgs-Mechanismus bekannt ist, gemäß den Namen der ersten drei Forscher, die diesen vorschlugen. Diese Wissenschaftler lieferten nur ihren eigenen Stein für das theoretische Gebäude, das schon von vielen Vorgängern entwickelt worden war, wie es Peter Higgs mit großer Ehrlichkeit im Juli 2013 in Stockholm anlässlich der größten Teilchenphysikkonferenz des Jahres betont hat, drei Monate vor der Zuerkennung der Hälfte des Nobelpreises für Physik.

Abbildung 2.1: Die Theoretiker, die 1964 zur Entwicklung des Brout-Englert-Higgs-Mechanismus, wie er heute genannt wird, beigetragen haben. Von links nach rechts: Tom Kibble, Gerald Guralnik, Carl Hagen, François Englert, Robert Brout und Peter Higgs.
Quelle: Wikipedia und CERN

Was braucht es also, um den fundamentalen Teilchen eine Masse zu geben? Man benötigt drei unterschiedliche Komponenten, die wir in diesem Kapitel im Detail untersuchen werden. Diese sind:

1. Der Brout-Englert-Higgs-Mechanismus
2. Das Brout-Englert-Higgs-Feld
3. Das Higgs-Boson.

Schauen wir uns jetzt an, wie das alles funktioniert.

Der Brout-Englert-Higgs-Mechanismus

Als die Theoretiker diesen Mechanismus 1964 vorschlugen, wollten sie lediglich bestimmten Bosonen Massen geben. Erst 1967 verwendete der Wissenschaftler Steven Weinberg, kurze Zeit später gefolgt von Abdus Salam, die Ideen des Brout-Englert-Higgs-Mechanismus, um den Bosonen *Z* und *W* sowie den Leptonen Massen zu verleihen[8]. Später wurde der Mechanismus auch auf Quarks ausgeweitet. Es handelt sich also um einen mathematischen Formalismus, der vor der Etablierung des Standardmodells erfunden worden war und heute dazu dient, die Gleichungen des Standardmodells anders zu formulieren.

8. Wie wir im vorhergehenden Kapitel gesehen haben, sind die Leptonen eine Teilchenfamilie, die das Elektron, das Myon, das Tau und deren Neutrinos enthält.

Vier Bosonen übertragen die elektroschwache Kraft, welche die elektromagnetische und die schwache Kraft vereint: das masselose Photon und die Bosonen W^+, W^- und Z^0, die alle Masse besitzen. Ohne den Brout-Englert-Higgs-Mechanismus erhält man sehr wohl vier Bosonen aus den Gleichungen, die diese beiden Kräfte beschreiben, aber keines hat eine Masse. Die Bosonen dieser Theorie entsprechen somit in Wirklichkeit nicht den mit diesen Kräften assoziierten Teilchen, da drei von ihnen Masse haben sollten.

Jedoch bietet die Anwendung des Brout-Englert-Higgs-Mechanismus auf das Standardmodell eine Möglichkeit, Masse zu erzeugen. Man nimmt also die Gleichungen, die die elektroschwache Kraft beschreiben, und fügt kleine Teile von Gleichungen hinzu, die einem neuen Feld entsprechen (um das es in den nächsten Abschnitten im Detail gehen wird). Dieser Trick erlaubt es, die ursprünglichen Gleichungen umzuformulieren. Aufgrund dieser Umformulierung kommen nach wie vor vier Bosonen ans Tageslicht, aber drei von ihnen besitzen jetzt eine Masse. Der Mechanismus „bricht" die ursprüngliche Symmetrie. Das bedeutet, dass man ausgehend von vier identischen, masselosen Bosonen ein einziges masseloses Boson und drei schwere Bosonen erhält. Diese vier Bosonen entsprechen genau dem, was man in der Natur beobachtet: ein Boson ohne Masse, das Photon, und drei massebehaftete, die Bosonen W^+, W^- und Z^0.

Tabelle 2.1: Die vier mit der elektroschwachen Kraft assoziierten Bosonen.

	MASSE IN GEV	ELEKTRISCHE LADUNG
Photon	0 GeV	0
W^+	80.4 GeV	+1
W^-	80.4 GeV	−1
Z^0	91.2 GeV	0

Der Brout-Englert-Higgs-Mechanismus ist mehr als nur ein einfacher Trick, um Gleichungen umzuschreiben. Er stellt die mathematische Beschreibung eines reellen physikalischen Phänomens dar, das heute das Brout-Englert-Higgs-Feld genannt wird. Der Brout-Englert-Higgs-Mechanismus, der gebraucht wird, um die Symmetrie der Gleichungen des Standardmodells zu brechen, bringt die Existenz dieses Feldes zutage.

Das Brout-Englert-Higgs-Feld

Dieses Feld gibt allen Teilchen Masse. Sie kennen sicher die magnetischen, elektrischen oder gravitationellen Felder. Sie sind alle unsichtbar, aber ihre Auswirkungen trotzdem spürbar. Ein Magnet erzeugt zum Beispiel ein Magnetfeld. Man „sieht" es, wenn er einen metallischen Gegenstand anzieht oder wenn er es erlaubt, ein kleines Objekt auf dem Kühlschrank anzubringen. Man kann die magnetischen Feldlinien sichtbar machen, indem man Eisenfeilspäne auf ein Blatt Papier streut, das auf den Magneten gelegt wird. Auch der Magnet selbst wird sichtbar, wie in Abbildung 2.2 gezeigt.

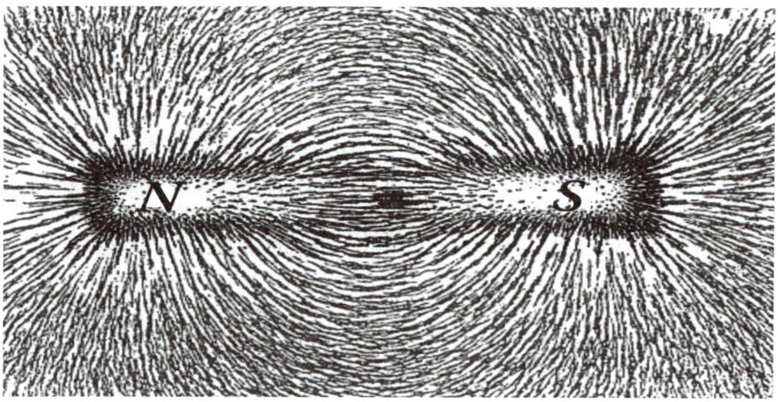

Abbildung 2.2: Man kann die magnetischen Feldlinien eines kleinen Magneten einfach durch Bestreuen mit Eisenfeilspänen sichtbar machen.
Quelle: Wikipedia

Ebenso erzeugt eine elektrische Ladung ein elektrisches Feld. Jede andere sich in der Nähe befindende Ladung spürt seine Wirkung und bewegt sich den Feldlinien folgend. Massive Himmelskörper wie die Sonne oder die Erde erzeugen ihrerseits Gravitationsfelder. Wir können diese mit dem Auge nicht wahrnehmen, aber wir spüren sehr wohl ihre Auswirkungen. Wir werden von der Erde angezogen, und jeder fallende Gegenstand bewegt sich entlang der Feldlinien der Schwerkraft. Diese Linien zeigen alle zum Erdmittelpunkt. Ich hoffe, dass die genannten Beispiele das wenig intuitive Konzept eines Feldes veranschaulichen konnten.

Das Brout-Englert-Higgs-Feld ähnelt den bisher erwähnten Feldern, außer dass es keine Quelle hat. Zur Erzeugung des Brout-Englert-Higgs-Feldes gibt es kein Äquivalent zum Magneten, zur elektrischen Ladung oder zur Masse. Es ist schlicht und einfach fast sofort nach dem Urknall[9] entstanden und erfüllt seitdem das ganze Universum. Dieses Feld ist im Grunde genommen eine Eigenschaft des Raumes, genauso wie die Zeit und die drei räumlichen Dimensionen Eigenschaften der Welt sind, in der wir leben. Man kann es sich als das Grundgewebe unseres Universums vorstellen: Das Universum ist einfach so gestrickt.

Das Feld füllt den gesamten Raum um uns aus. Ohne dieses würden sich alle Elementarteilchen mit Lichtgeschwindigkeit fortbewegen. Sobald es aber präsent ist, treten die Teilchen mit dem Feld in Wechselwirkung und werden „abgebremst".

Um verständlich zu beschreiben, was vor sich geht, muss ich Ihnen zuerst das Prinzip der Energieerhaltung vorstellen. Es ist eines der fundamentalen physikalischen Konzepte, das besagt, dass Energie verschiedene Formen annehmen kann, ihre Gesamtmenge aber immer erhalten bleibt. Stellen Sie sich die Energie wie eine Flüssigkeit vor: Man kann sie in mehrere Gefäße gießen, die Gesamtmenge an Flüssigkeit bleibt jedoch konstant. Sie wird nur verschieden anders aufgeteilt.

Das zweite Prinzip, das wir benötigen werden, ist das der Äquivalenz von Masse und Energie. Es handelt sich um zwei Formen ein und desselben Stoffes, ähnlich zweier Geldwährungen. Jede stellt letztlich Geld dar, aber eben in einer anderen Form. Das Äquivalenzprinzip von Masse und Energie ist in der berühmtesten Gleichung der Physik verewigt, der einzigen, die in diesem Buch erscheint: $E = mc^2$.

E steht hier für die Energie, m für die Masse, und c^2 das Quadrat der Lichtgeschwindigkeit. Man kann also Energie in Masse (beziehungsweise Materie) umwandeln und umgekehrt. Der Umrechnungsfaktor zwischen den beiden ist das Quadrat der Lichtgeschwindigkeit. Dies funktioniert genau so wie mit unseren beiden Währungen. Man kann die eine in die andere umwandeln, gemäß einem definierten Wechselkurs. Hier ist es ähnlich, außer dass der Wechselkurs – das Quadrat der Lichtgeschwindigkeit – fix ist.

9. Ich komme auf den Urknall, den Moment, der den Anfang unseres Universums darstellt, detailliert im Kapitel 5 zurück. Das Brout-Englert-Higgs-Feld ist vermutlich eine zehntelmilliardste Sekunde nach dem Urknall entstanden.

Genau so wie ein großes Geldstück in kleinere umgewechselt werden kann, kann ein schweres Teilchen in leichtere Teilchen zerfallen. Diese sind nicht ursprünglich im schweren Teilchen enthalten, genau so wenig wie kleine Münzen im Inneren eines größeren Geldstücks versteckt sind. Man kann auch kleine Stücke gegen ein großes Geldstück gleichen Wertes eintauschen. Auf ähnliche Weise können sich leichte Teilchen zu einem schwereren zusammenfügen. Dieses neue schwere Teilchen ist aber ebenfalls ein Elementarteilchen. Es besteht aus keinen anderen Bestandteilen. Die Energie (von der die Masse ein Teil ist) entspricht dem Wert der Geldstücke: Diese Größe ändert sich nicht. Die Masse eines Teilchens kann somit als starre Energie angesehen werden.

Meine Großmutter sagte mir eines Tages, dass sie mit zunehmendem Alter kaum mehr gehen könne und dass sie den Eindruck habe, sich im Blumenmuster des Teppichs zu verheddern. Die Energie eines fundamentales Teilchen kann zwei Formen annehmen: einerseits die Form einer Bewegung – man nennt sie in diesem Fall die kinetische Energie – und andererseits die Form einer Masse. Das Brout-Englert-Higgs-Feld setzt den Elementarteilchen in ähnlicher Weise zu. Bei seiner Anwesenheit beginnen sie mit ihm in Wechselwirkung zu treten. Anstatt sich ungehindert auszubreiten, „verheddern sie sich im Blumenmuster“ des Feldes und können sich nicht mehr frei bewegen.

Stellen Sie sich jemanden vor, der in einem leeren Zimmer geht: Nichts stellt sich ihm in den Weg. Wenn diese Person einen überfüllten Saal bei einem Empfang durchqueren soll, wird sie zwangsläufig stehen bleiben müssen, um auf allen Seiten Bekannte zu begrüßen. Sie wird also viel langsamer vorwärts kommen.

Ein masseloses Teilchen kann sich mit Lichtgeschwindigkeit in einem hypothetischen Raum ohne Brout-Englert-Higgs-Feld fortbewegen. Seine ganze Energie ist somit nur Bewegungsenergie, da es ja keine Masse hat. Für den analogen Fall, in dem die Energie durch eine Flüssigkeit dargestellt wird. könnte man schematisch die Situation folgendermaßen beschreiben: Die gesamte Energie dieses Teilchens befindet sich im Gefäß „Bewegung“, während das Gefäß „Masse“ leer ist (Abbildung 2.3).

Was geschieht jetzt mit dem Teilchen, wenn jemand das Brout-Englert-Higgs-Feld „einschaltet“? Es beginnt, mit dem Feld in Wechselwirkung zu treten und schafft es nicht mehr, sich frei zu bewegen. Es verheddert sich wie meine Großmutter im Teppichmuster. Das Feld lässt das Teilchen jedoch keine

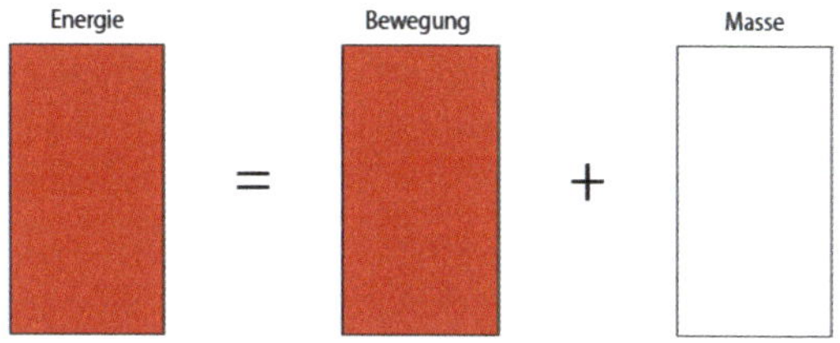

Abbildung 2.3: Ein Elementarteilchen kann Energie in Form von Bewegung (man nennt sie in diesem Fall kinetische Energie) oder von Masse haben. Wenn die Energie eine Flüssigkeit wäre, könnte der Inhalt des linken Gefäßes, der die Gesamtenergie darstellt, auf die beiden anderen Gefäße aufgeteilt werden. Das Diagramm veranschaulicht die Situation für ein Teilchen ohne Masse: Seine gesamte Energie besteht nur aus Bewegungsenergie.

Quelle: Pauline Gagnon

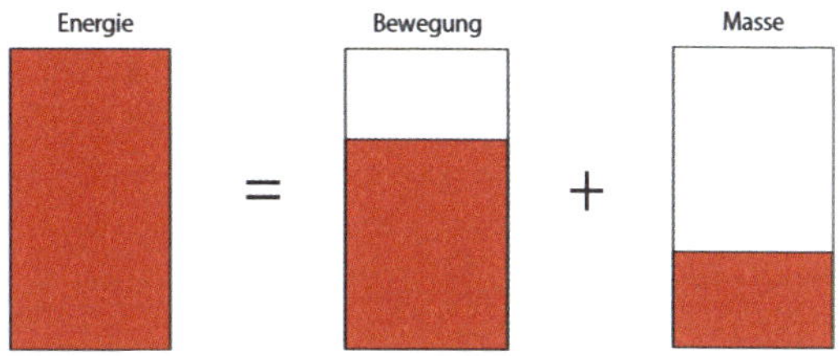

Abbildung 2.4: In Anwesenheit des Brout-Englert-Higgs-Feldes wird ein Teilchen durch seine Wechselwirkung mit ihm abgebremst, wie wenn es sich in ihm verheddern würde. Da es sich dadurch langsamer bewegt, verringert sich die mit seiner Bewegung assoziierte Energie. Da aber die gesamte Energie konstant bleiben muss, erscheint die Differenz in Form von Masse, so als ob die Flüssigkeit aus dem Gefäß «Bewegung» in das Gefäß «Masse» gewandert wäre. Dieses Teilchen hat also eine Masse durch seine Wechselwirkung mit dem Brout-Englert-Higgs-Feld erhalten.

Quelle: Pauline Gagnon

Energie verlieren. Da es sich aber weniger schnell bewegt, hat es weniger kinetische Energie. Wo ist aber die fehlende Energie hingekommen? Sie ist weder verloren gegangen noch verpufft. Diese Energie erscheint ganz einfach in Form von Masse (Abbildung 2.4).

Das Brout-Englert-Higgs-Feld führt also zu keinem Energieverlust der Elementarteilchen. Da sich jedoch Teilchen langsamer fortbewegen, wenn sie mit ihm wechselwirken (so wie die Person, die Bekannte begrüßt), verringert sich ihre kinetische Energie. Die Differenz geht aber nicht verloren, sondern wird einfach nur in Masse umgewandelt. In der Physik definiert man Masse als Widerstand gegen Bewegung (oder präziser ausgedrückt gegen Bewegungsänderungen). In Anwesenheit des Brout-Englert-Higgs-Feldes erfahren die Teilchen einen Widerstand in ihrer Bewegung.

Wie viel Masse erhält ein Teilchen? Je mehr es mit dem Brout-Englert-Higgs-Feld wechselwirkt, desto höher wird seine Masse sein. Je bekannter eine Person ist, desto mehr wird sie mit den Leuten in einem Saal in Kontakt treten und desto mehr wird ihr Weiterkommen verzögert werden. Dies gilt auch für Quarks, Leptonen und Bosonen. Nachdem das Elektron nur sehr schwach mit dem Feld wechselwirkt, ist seine Masse sehr klein. Im Gegensatz dazu hat das *top*-Quark die stärkste Wechselwirkung mit dem Feld und somit die größte Masse aller Teilchen.

Auch das Higgs-Boson selbst erhält Masse durch Wechselwirkung mit seinem eigenen Feld. Die Photonen werden hingegen ganz und gar nicht durch das Feld beeinflusst und haben deshalb überhaupt keine Masse. Die im ersten Kapitel gestellte Frage, warum die Elementarteilchen so verschiedene Massen haben, kann wie folgt umformuliert werden: Warum wechselwirken die fundamentalen Teilchen in so verschiedener Weise mit dem Brout-Englert-Higgs-Feld? Auf diese zweite Frage gibt es aber auch keine Antwort, das Mysterium bleibt also bestehen.

Wie viel Masse erhält jedes Teilchen?

Je mehr ein Teilchen mit dem Brout-Englert-Higgs-Feld wechselwirkt, desto höher ist seine Masse. Diese auf rein theoretischen Überlegungen basierende und von Brout, Englert und Higgs aufgestellte Behauptung ist heute experimentell bestätigt. Man kann das in dem vom Wissenschaftlerteam des CMS-Experiments[10] veröffentlichten Diagramm in Abbildung 2.5 sehen, das zeigt, wie oft Higgs-Bosonen in eine bestimmte Teilchensorte zerfallen. Man drückt diese Häufigkeiten auch als *Kopplungen* aus. Sie sind ein Maß für die Stärke der Wechselwirkung eines Teilchens mit dem Brout-Englert-Higgs-Feld. Die vertikale Achse zeigt die Stärke der Kopp-

10. Die Kollaboration CMS (Compact Muon Solenoid) betreibt eines der vier großen Experimente am Large Hadron Collider (LHC) des CERN. Wir werden darüber im Detail im nächsten Kapitel sprechen.

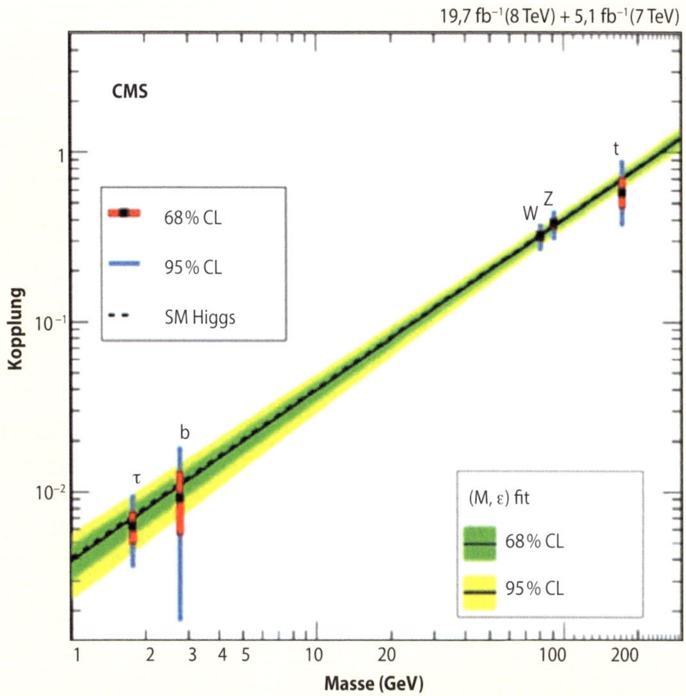

Abbildung 2.5: Die Masse eines Teilchens hängt vom Grad seiner Wechselwirkung mit dem Brout-Englert-Higgs-Feld ab. Je stärker es wechselwirkt, desto schwerer wird es. Quelle: CMS

lung als Funktion der Masse jedes Teilchens, die durch die horizontale Achse gegeben ist.

Beachten Sie, dass eine logarithmische Skala für beide Achsen verwendet wird. Dies erleichtert die Darstellung über mehrere Größenordnungen hinweg. Man sieht hier die experimentellen Messwerte für das Tau-Lepton (mit dem Symbol τ bezeichnet), das *bottom*-Quark (*b*), die Bosonen *W* und *Z*, und schließlich das *top*-Quark (*t*). Die vertikalen Balken entsprechen den Unsicherheiten. Der rote Balken gibt den Wert einer Standardabweichung an, was einem Konfidenzniveau (CL, *confidence level*) von 68 Prozent entspricht. Es besteht also eine Wahrscheinlichkeit von 68 Prozent, dass sich der wahre Wert innerhalb dieses Intervalls befindet.

Der blaue Balken entspricht zwei Standardabweichungen, beziehungsweise einem Konfidenzniveau von 95 Prozent. Die grünen und gelben Bänder überspannen die Bereiche mit Konfidenzniveaus von 68 und 95 Prozent, wenn – unter Einbeziehung der einzelnen Unsicherheiten für jedes Teilchen – die Gesamtheit aller Messwerte mit den theoretischen Vorhersagen verglichen wird. Man sieht dabei schön, dass alle aktuellen Messungen mit den durch die punktierte Linie gekennzeichneten Vorhersagen des Standardmodells (SM) übereinstimmen.

Woher kommt die Masse der Materie?

Es bleibt nur noch ein Punkt, den man verstehen muss: Das Brout-Englert-Higgs-Feld verleiht zwar den fundamentalen Teilchen Masse, nicht jedoch der Materie, entgegen dem, was oft behauptet wird. Warum? In den Atomen stammt die ganze Masse im Wesentlichen von den Atomkernen, zumal die Elektronen ungefähr 1840 mal leichter als die Protonen und Neutronen sind. Man misst die Teilchenmassen in MeV, einer Energieeinheit, da Masse und Energie äquivalent sind[11]. MeV stellt ein Megaelektronvolt dar, also eine Million Elektronvolt. Das Elektronvolt ist die Energie, die ein Elektron erhält, wenn es einer Potenzialdifferenz (oder Spannungsdifferenz) von einem Volt ausgesetzt wird.

Die Masse eines Protons ist 938 MeV. Wie wir im vorhergehenden Kapitel gesehen haben, besteht ein Proton aus drei Quarks sowie Gluonen, die diese zusammenhalten. Die Gluonen haben keine Masse, und die Summe der Massen der drei Quarks beträgt nur 11 MeV, also kaum 1 Prozent seiner Gesamtmasse. Stellen Sie sich Ihre Verwunderung vor, wenn Sie drei vier Gramm schwere Kugeln in ein Säckchen geben, dann alles wiegen und die Waage 938 Gramm anzeigt! In der Tat kommt fast die gesamte Masse des Protons (und des Neutrons) von der Bindungsenergie, die von den Gluonen geliefert wird (Abbildung 2.6). Stellen Sie sich die Gluonen als kleine Federn vor. Um die drei Quarks aneinander zu binden, muss man diese kleinen Federn stark zusammendrücken, um ein Objekt der Größe eines Protons zu erhalten. Zur

11. Die Masse sollte eigentlich in Einheiten von MeV/c^2 ausgedrückt werden, aber die Physiker und Physikerinnen verwenden zur Vereinfachung meist MeV, entsprechend einem Einheitensystem, in dem die Lichtgeschwindigkeit c auf 1 gesetzt wird.

- Masse der Quarks: 11 MeV
- Protonmasse: 938 MeV

Abbildung 2.6: Die Masse der drei Quarks im Inneren des Protons macht nur 11 MeV aus. Die Gluonen, die dazu dienen, die Quarks aneinander zu „kleben", wirken wie kleine Federn. Um die Quarks im Inneren des Protonvolumens zu halten, muss man die Federn zusammenpressen. Die in den Federn gespeicherte Energie liefert den größten Teil der Protonmasse, also 938 MeV. Das Brout-Englert-Higgs-Feld gibt nur den Elementarteilchen Masse, nicht jedoch zusammengesetzten Teilchen wie den Protonen oder Atomen, deren Masse im Wesentlichen von der Bindungsenergie stammt.
Quelle: Wikipedia und Pauline Gagnon

Erinnerung: Das Äquivalenzprinzip von Masse und Energie sagt uns, dass die Bindungsenergie – die Energie, die in den komprimierten Federn gespeichert ist – in Form von Masse für die Protonen und Neutronen zutage tritt. 99 Prozent der Masse der Nukleonen stammen also von dieser Bindungsenergie und nicht von der Masse ihrer Bestandteile. Ein Teil der Anziehungskraft zwischen den Quarks und den Gluonen wirkt auch außerhalb eines einzelnen Nukleons, sodass die Nukleonen im Atomkern fest aneinander gebunden werden. Diese Bindungsenergie verringert die Masse eines Nukleons leicht. Wenn ein großer Atomkern gespalten wird, ist die Summe der Massen der beiden leichteren Kerne kleiner als die Masse des ursprünglichen Kerns. Die Massendifferenz ist die Energiequelle in einem Kernreaktor.

Und was hat es mit dem Higgs-Boson auf sich?

Nachdem wir jetzt die Rolle des Brout-Englert-Higgs-Feldes beleuchtet haben, können wir endlich über das Higgs-Boson sprechen. Zunächst lohnt es sich anzumerken, dass dieses Boson zu Ehren von Peter Higgs benannt ist, aber nicht weil er der Erste war, der einen Artikel über den Brout-Englert-Higgs-Mechanismius veröffentlicht hat, sondern paradoxerweise, weil sein Artikel zuerst abgelehnt wurde. François Englert (Abbildung 2.7) und Robert Brout waren die Ersten, die ihre Arbeiten veröffentlichten, gut einen Monat vor Peter Higgs und einige Monate vor dem Team aus Tom Kibble, Gerald Guralnik und Carl Hagen. Die drei Gruppen arbeiteten unabhängig voneinander am gleichen Thema. Ein erster Herausgeber wies den Artikel von Peter Higgs mit der Begründung zurück, dass er nichts Konkretes vorhersagte und deshalb keinerlei wissenschaftliche Bedeutung hätte. Peter Higgs beschloss daraufhin, seinen Artikel in einer anderen Zeitschrift zu publizieren, wobei er diesmal Sorge trug zu erwähnen, dass der von ihm vorgeschlagene Mechanismus ein neues Boson zur Folge hatte. Man hätte dieses Boson genauso „skalares Boson“ oder sogar „H-Boson“ nennen können. Die Berühmtheit des „Higgs-Bosons“ ist jedoch heute so hoch, dass man vermutlich seinen Namen nicht mehr ändern wird. Vor einigen Jahren veröffentlichte Peter Higgs übrigens einen Artikel mit dem Titel *„My life as a boson“*[12] (Mein Leben als Boson)!

Was hat es also mit dem berühmten Higgs-Boson auf sich? Es ist nichts anderes als ein angeregter Zustand des Brout-Englert-Higgs-Feldes. Wenn man das Feld mit einer Meeresoberfläche vergleicht, wäre das Higgs-Boson eine Welle an der Oberfläche. Um das Meer anzuregen und somit Wellen zu erzeugen, genügt es, Energie zuzuführen, egal ob durch Wind, Gezeiten, oder ein Erdbeben. So ist es auch mit dem Brout-Englert-Higgs-Feld: Man kann es durch Energiezufuhr anregen. Genau das geschieht in einem Teilchenbeschleuniger. Diese Anregung oder Welle ist nichts anderes als das Higgs-Boson.

Enttäuschend? Nicht wirklich. Stellen Sie sich vor, dass ich ein Aquarium aus Glas vor mir habe und dass ich Ihnen versichere, dass es mit Wasser gefüllt ist. Um es Ihnen zu beweisen, genügt es, dass ich mit der flachen Hand auf die Glasscheibe des Aquariums schlage, um Wellen an der Wasseroberfläche zu erzeugen. Also: Wasser – Wellen, kein Wasser – keine Wellen. Und kein Higgs-Boson ohne Brout-Englert-Higgs-Feld!

Theoretiker postulierten, dass das Brout-Englert-Higgs-Feld das Universum ausfüllt. Andere Physiker und Physikerinnen bewiesen, dass dieses Feld tatsächlich existiert, indem sie Anregungen dieses Feldes in Form des Higgs-Bosons erzeugten. Der große Hadronbeschleuniger des CERN, der LHC (Large Hadron Collider) lieferte die nötige Energie, um das Feld anzuregen. Die Entdeckung des Higgs-Bosons brachte den Beweis für die Existenz des Feldes, das den fundamentalen Teilchen Masse verleiht. Im nächsten Kapitel werden

12. Englischer Artikel aus dem Jahr 2002:
http://www.worldscientific.com/doi/abs/10.1142/S0217751X02013046

Abbildung 2.7: Professor François Englert vor dem ATLAS-Detektor bei einem Besuch am CERN im Dezember 2007.
Quelle: CERN

wir sehen, was der LHC ist, wie er funktioniert und wie die Detektoren ATLAS und CMS (Abbildung 2.8) die Existenz des Higgs-Bosons nachweisen konnten.

Bevor ich zum Ende dieses Kapitels komme, möchte ich gerne mit dem „Gottesteilchen" abrechnen, einem Begriff, der eigentlich ironisch gemeint war, der sich aber beständig hält. Er stammt von einem Herausgeber, der unfreiwillig aus seinem Puritanismus einen gelungenen Marketinggag machte. Leon Lederman, ein mit einer reichlichen Portion Humor ausgestatteter amerikanischer Physiker und einer der Nobelpreisträger des Jahres 1988, schlug für sein populärwissenschaftliches Buch den Titel „The Goddamned Particle" vor, nachdem er frustriert war, dass man nach dreißigjähriger Suche das Higgs-Boson immer noch nicht gefunden hatte. Die ungefähre Übersetzung bedeutet das „verfluchte" oder „gottverdammte Teilchen". Der Herausgeber verweigerte dies jedoch, da er meinte, so ein Titel würde sich nicht schicken. Er schlug den Titel „The God Particle: If the Universe Is the Answer, What Is the Ques-

Abbildung 2.8: Sogar Professor Peter Higgs scheint bei seinem Besuch des CMS-Detektors 2008 seinen Augen nicht zu trauen.
Quelle: CERN

tion?"[13] vor (Das Gottesteilchen: Wenn das Universum die Antwort ist, was ist die Frage?). Leider ist die Bezeichnung heute noch immer in Verwendung und stiftet dadurch unnötige Verwirrung bei einem Thema, das schon kompliziert genug ist. Faktum ist, dass das Wort „Gottesteilchen" – zumindest im Zusammenhang mit dem Higgs-Boson – nichts bedeutet. Es ist deshalb an der

13. The God Particle: If the Universe Is the Answer, What Is the Question? Leon M. Lederman und Dick Teresi, erschienen 1993 bei Dell Publishing.

Zeit, es zu vergessen. Es stimmt zwar, dass es das letzte fehlende Teilchen des Standardmodells war, aber man muss wirklich nicht übertreiben.

Merkzettel

Ohne den Brout-Englert-Higgs-Mechanismus würden die Gleichungen des Standardmodells nur masselose Teilchen vorhersagen, was experimentellen Beobachtungen widerspricht. Dieser Mechanismus, der 1964 von mehreren Theoretikern entwickelt wurde, beschreibt mathematisch die Existenz eines Feldes, welches das ganze Universum ausfüllt. Die Elementarteilchen erhalten ihre Masse, indem sie mit dem sogenannten Brout-Englert-Higgs-Feld wechselwirken. Dieses Feld ist eine unsichtbare, aber trotzdem reale physikalische Größe. Es behindert die Ausbreitung der Elementarteilchen und wirkt in etwa wie eine Menschenmenge in einem Raum. Jemand, der ihn durchquert, wird nicht allzu schnell weiterkommen, wenn er dabei Bekannte begrüßt und stehenbleibt. Das Resultat ist eine beträchtliche Verzögerung, so als ob die Person schwerer geworden wäre. Für ein Elementarteilchen entspricht diese Verzögerung einer Umwandlung eines Teiles seiner kinetischen Energie (Bewegungsenergie) in Masse. Dies geschieht ohne Energieverlust. Dieses Phänomen ist eine Folge des Äquivalenzprinzips zwischen Masse und Energie, welches besagt, dass beide zwei verschiedene Formen ein und derselben Eigenschaft sind, und des Energieerhaltungssatzes. Das Higgs-Boson ist eine Anregung des Brout-Englert-Higgs-Feldes, so wie eine Welle eine Anregung einer Wasseroberfläche ist. Seine Existenz beweist das Vorhandensein dieses Feldes. Das Brout-Englert-Higgs-Feld verleiht nur den fundamentalen Teilchen Masse. Die Protonen und die Neutronen, die Teilchen, die den Löwenanteil der Masse der Atome und somit der Materie überhaupt ausmachen, beziehen ihre Masse aus der Bindungsenergie der Quarks. Man kann, wenn man so will, die Masse als erstarrte Energie betrachten. Dies folgt aus dem Äquivalenzprinzip zwischen Masse und Energie.

KAPITEL 3

Beschleuniger und Detektoren, die unentbehrlichen Werkzeuge

Das Higgs-Boson zu finden ist keine triviale Angelegenheit. Man muss es erst einmal erzeugen, indem man eine phänomenale Energie auf kleinstem Raum konzentriert, um das Brout-Englert-Higgs-Feld anzuregen, wie wir im vorhergehenden Kapitel erfahren haben. Die einzigen Werkzeuge auf der Erde, die leistungsfähig genug sind, Higgs-Bosonen zu erzeugen, sind Teilchenbeschleuniger wie der große Hadronbeschleuniger oder Large Hadron Collider (LHC)[14] des CERN (Abbildung 3.1). Anderswo im Universum werden Higgs-Bosonen auch sehr wahrscheinlich erzeugt, wenn hochenergetische Protonen aus der kosmischen Strahlung mit Protonen oder Neutronen in den oberen Schichten der Atmosphäre oder sogar an der Oberfläche des Mondes zusammenstoßen. Und, wer weiß? Es ist durchaus möglich, dass außerirdische Zivilisationen ebenfalls Beschleuniger wie den LHC besitzen. Die Existenz von Kollisionen mit sehr hohen Energien in der kosmischen Strahlung liefert übrigens den Beweis, dass solche Kollisionen auf der Erde keinerlei Chance hätten, das Universum zu zerstören, wie manche Unglückspropheten es vor seiner Inbetriebnahme vorhergesagt hatten.

Der Large Hadron Collider nennt sich so, weil man dort Protonen, die Teilchen, die aus Quarks bestehen, miteinander kollidieren lässt. Die Protonen gehören zur Familie der Hadronen. Wie schon sein Name sagt, ist der Large Hadron Collider groß, sogar gigantisch groß. Er häuft übrigens Superlative an: der größte, stärkste, leistungsfähigste, kälteste, und so weiter. Er ist wirklich beeindruckend.

Wie alle Teilchenbeschleuniger hat er zum Ziel, lokal enorme Energiemengen auf kleinstem Raum zu konzentrieren, um neue Teilchen zu erschaffen

14. Bis September 2011 war auch ein anderer Beschleuniger stark genug, Higgs-Bosonen zu erzeugen, allerdings in zu geringer Zahl, sodass ihre Entdeckung nicht möglich war. Der Betrieb wurde seitdem eingestellt.

Abbildung 3.1: Der Tunnel des Large Hadron Collider, auf einem Bild der Umgebung von Genf, wobei die Stadt am Ende des Sees liegt und der Mont Blanc im Hintergrund zu sehen ist.

Quelle: CERN

beziehungsweise zu erzeugen[15]. Zur Erinnerung: Man nützt das Äquivalenzprinzip von Masse und Energie aus, um reine Energie in Materie umzuwandeln. Um das zu tun beschleunigt der LHC schwere Teilchen, zumeist Protonen, bis auf nahezu Lichtgeschwindigkeit, also fast 300 000 Kilometer pro Sekunde. Die Protonen kreisen in zwei parallelen Strahlröhren und werden dann im Zentrum von vier riesigen Detektoren entlang des LHC-Tunnels zur Kollision gebracht. Die dabei frei werdende Energie materialisiert sich in Form von verschiedenen Teilchen. Je mehr Energie zur Verfügung steht, desto schwerere Teilchen können erzeugt werden (mit mehr Geld kann man sich ein größeres Auto leisten ...). Solche Teilchen sind höchst instabil und zerfallen quasi sofort in mehrere Fragmente. Die Detektoren sind dazu da, all diese Fragmente aufzuspüren und die ursprünglich erzeugten Teilchen zu rekonstituieren. Sie funktionieren so wie riesige Fotoapparate, die Aufnahmen dieser Miniaturexplosionen machen, um in der Folge die ursprünglichen Teilchen aus ihren Fragmenten wieder zusammenzusetzen.

15. Anlässlich des Besuches von Johannes-Paul II. am CERN vor etwa dreißig Jahren erzählte ihm der Führer von der Erschaffung von Teilchen in den Kollisionen. Der Papst korrigierte ihn: „Sie meinen wohl „Erzeugung", die Erschaffung ist mein Geschäft!"

Abbildung 3.2: Ein Abschnitt des 27 km langen LHC-Rings mit einigen seiner 1232 blauen supraleitenden Magneten.
Quelle: CERN

Kurz gefasst hat man also einen Beschleuniger (Abbildung 3.2), der Protonen beschleunigt, um neue Teilchen aus der bei ihrer Kollision frei werdenden Energie zu erzeugen, und Detektoren, um die erzeugten Teilchen nachzuweisen. Schauen wir uns nun im Detail an, wie all das funktioniert.

Der Large Hadron Collider

Achtunddreißig Tausend Tonnen Hochtechnologie, die Gigantismus und äußerste Präzision auf sich vereinen. Der LHC ist ein Ring mit 27 Kilometern Umfang, bestückt mit 1232 Dipolmagneten (Abbildungen 3.3 und 3.4) sowie einigen etwas komplizierteren Magneten, die alle supraleitend sind und bei −271,3 °C betrieben werden, gerade Mal 1,9 °C über dem absoluten Nullpunkt – kälter geht es nicht mehr! Supraleitung bedeutet, wie wir im Kapitel 1 gesehen haben, dass ein elektrischer Strom ohne Widerstand fließen kann. Bestimmte Materialien, wie etwa die für die LHC-Magnete verwendete Niob-Titan-Legierung, werden supraleitend, wenn sie auf sehr niedrige Temperaturen abgekühlt werden. Die Supraleitung ermöglicht es, viel stärkere Magnete als solche mit normalen elektrischen Leitern zu erhalten. Die LHC-Magnete verkraften einen Strom von 12000 Ampere, das ist tausendmal mehr als bei elektrischen Hausinstallationen. Konventionelle Magnete wären nicht stark

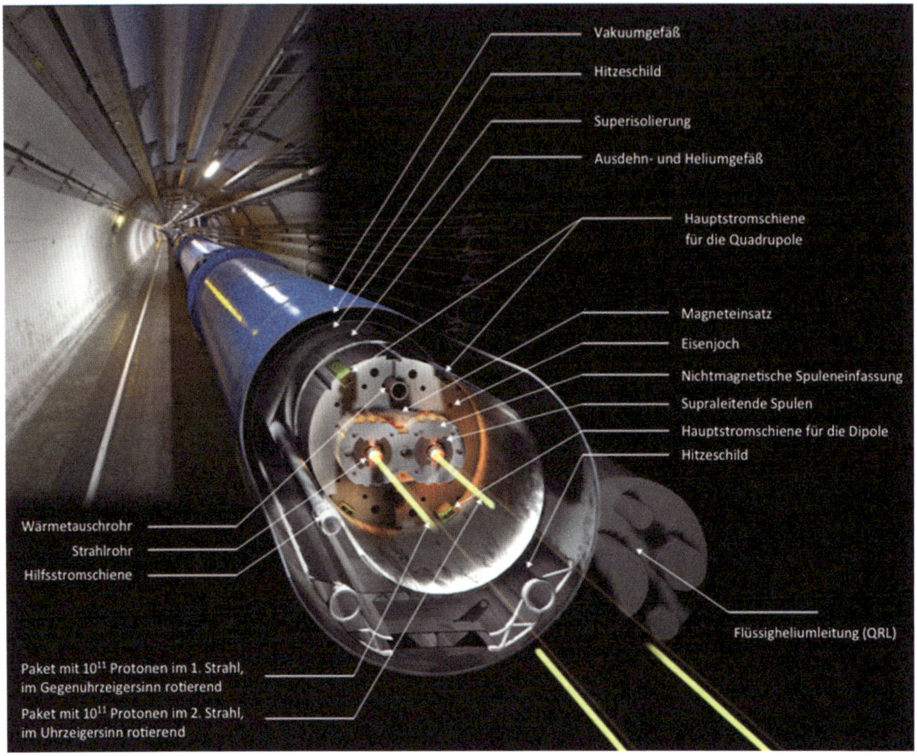

Abbildung 3.3: Schema eines Dipolmagneten mit den beiden Röhren, in denen die Strahlen kreisen.
Quelle: CERN

genug gewesen, um die Strahlen ausreichend zu krümmen, sodass sie im Beschleuniger auf ihrer Bahn gehalten hätten werden können. Man hätte einen Ring von 120 Kilometern Umfang bauen müssen. Schon jetzt ist die Maschine riesig, viel mehr wäre nicht möglich gewesen.

Ein Strahl von elektrisch geladenen Teilchen kann durch Magnete abgelenkt werden, ähnlich wie ein Lichtstrahl durch Prismen und Linsen. Die Dipolmagnete dienen zur Krümmung der Trajektorien der Protonen und zur Beibehaltung ihrer kreisförmigen Umlaufbahn, während die Quadrupolmagnete die Strahlen fokussieren. Anders gesagt ermöglichen es Letztere, dass die

Protonen eng aneinander gepresst werden. Weitere Multipolmagnete bewerkstelligen verschiedene andere Korrekturen der Trajektorien. Man muss all diese kleinen Kreaturen auf kleinstem Raum zusammenbringen, um sie während mehrerer Stunden auf ihrer Bahn zu halten. Die Protonen durchlaufen 11 245 mal pro Sekunde den 27 Kilometer langen Ring.

Insgesamt waren 7600 Kilometer Kabel mit 250 000 Einzelleitern notwendig, um die Magnete zu bauen. Die Gesamtlänge der Leiter entspricht der Distanz hin und zurück von 6 mal zur Sonne, 136 mal zum Mond, 24 mal zwischen Montreal und Paris oder auch von 1046 Wegen zum Tante-Emma-Laden. So verwundert es nicht, dass der Bau der Maschine 15 Jahre gedauert hat, zumal bestimmte Technologien anfänglich noch nicht verfügbar waren und erst während der Bauzeit entwickelt werden mussten.

Der Zeit vorausgehen

Man hat die Verfügbarkeit und die Kosten von Rechenleistung und Speicherkapazität für das gesamte LHC-Projekt (Beschleuniger und Detektoren) abgeschätzt, indem man ausgehend von existierenden Technologien extrapolierte. Dabei hat man sich auf das Moore'sche Gesetz gestützt, welches besagt, dass man alle ein oder zwei Jahre bei gleichbleibendem Preis Computer kaufen kann, die verglichen mit aktuellen Modellen zweimal so leistungsfähig sind und doppelt so viel Speicherplatz haben. Ebenso hat man sich bei den Datenerfassungssystemen auf die Verfügbarbarkeit einer neuen Generation von Elektronikchips verlassen, bevor diese noch existierte.

Was den LHC betrifft, sind die ersten Artikel, die seine charakteristischen Details spezifizierten, Mitte 1980 erschienen. Die wissenschaftlichen und technischen Teams befanden, dass die bislang nur mit Prototypen erzielten besten Leistungen von supraleitenden Magneten auch großtechnisch für den Bedarf des LHC (mehrere Tausend Magnete) innerhalb von ungefähr zehn Jahren realisierbar sein würden. Gut gepokert![16]

16. 1980 konnten supraleitende Magnete alles in allem Ströme von maximal 2000 Ampere pro Quadratmillimeter leiten, bei einer Temperatur von 4,2 Kelvin (−269 °C) und einer magnetischen Flussdichte von 5 Tesla. Die heutigen LHC-Magnete arbeiten mit 3000 Ampere pro Quadratmillimeter, also mit 50 Prozent mehr Leistungsfähigkeit bei gleichen Bedingungen.

Abbildung 3.4: Einbau eines der 1232 Dipolmagneten im LHC-Tunnel, 100 Meter unter Grund.
Quelle: CERN

Abbildung 3.5 : Die Strahlrohre des Beschleunigers setzen sich bis in das Innere der vier LHC-Detektoren fort, wie hier im CMS-Detektor.
Quelle: CERN

Eine weitere Prognose: Die erforderliche Technologie zum Spleißen von supraleitenden Kabeln musste erst perfektioniert werden. Alle notwendigen Schritte waren anderweitig bekannt, wie etwa die induktive Schweißung oder das Ultraschallspleißen, aber die CERN Teams, in Zusammenarbeit mit anderen Laboratorien und mehreren industriellen Partnern, mussten eine Methodik entwickeln, die den strikten Vorgaben und der Größenordnung des LHC Rechnung trug. Diese Arbeitstechnik, mit deren Entwicklung Ende 1990 begonnen wurde, war 2005 so ausgereift, dass sie im LHC-Tunnel angewendet werden konnte. Die Schweißgeräte und die Schneidevorrichtungen für die supraleitenden Kabel mussten ebenfalls an die speziellen Gegebenheiten des Tunnels angepasst werden. Bis zum heutigen Tag ist der LHC noch immer die größte kryotechnische Anlage der Welt. Sie ist auch die kälteste, die jemals in dieser Größe gebaut wurde.

Ein sehr spezieller Ring

Der riesige LHC-Ring wurde aus zwei Gründen ungefähr hundert Meter unter der Erde gebaut: erstens zur Abschirmung der kosmischen Strahlen, da diese Fehlmessungen der Detektoren verursachen können, und zur Absicherung, dass keinerlei Strahlung die Bevölkerung und die Umwelt gefährdet. An der Oberfläche zu bauen wäre auch wegen der hohen Immobilienpreise undenkbar gewesen.

Die Protonenstrahlen kreisen in zwei Vakuumröhren (Abbildung 3.5), aus denen die Luft abgepumpt wurde, andernfalls würden sie weniger als ein Millimeter fliegen, bevor sie mit einem Luftmolekül zusammenstießen. Leistungsfähige Vakuumpumpen halten den Druck auf 10^{-10} Millibar, was 10^{13} (10 000 000 000 000) mal weniger ist als der Luftdruck.

Anders ausgedrückt gibt es 10^{13} mal weniger Luftmoleküle in den LHC-Röhren als in der Luft, die wir atmen. Ein spezielles am CERN entwickeltes Material, das *Getter* genannt wird, kleidet die Wände der Strahlrohre aus. Wenn man es aufheizt, absorbiert es die meisten verbleibenden Moleküle, ein bisschen so wie Fliegenleim[17]. Natürlich müssen die Röhren völlig dicht sein. Ein Autoreifen mit ähnlicher Dichte würde drei Millionen Jahre brauchen, um die Luft zu verlieren.

17. Wir werden im Kapitel 7 sehen, wie diese Technologie erfolgreich zur Entwicklung effizienterer Solarpaneele angewendet wurde.

Der Beschleunigerkomplex des CERN

Wo kommen denn die Protonen für den Beschleuniger her? Das große LHC-Abenteuer beginnt mit einer simplen Wasserstoffflasche, die als Protonenquelle dient. Wasserstoff ist das einfachste chemische Element. Sein Kern enthält nur ein einziges Proton, um das ein einzelnes Elektron kreist. Es genügt, dieses Elektron zu entfernen, indem man ein elektrisches Feld anlegt, sodass man Protonen erhält, die dann mittels starker elektrischer Felder in einer kleinen *Linac 2* genannten Maschine beschleunigt werden (Abbildung 3.6). Aus dieser kommen sie mit einer Energie von 50 MeV, also 50 Millionen Elektronvolt, wobei sie sich schon mit einem Drittel der Lichtgeschwindigkeit bewegen. Das Elektronvolt ist die Energie, die ein Elektron gewinnt, wenn es eine Potenzialdifferenz (oder Spannungsdifferenz) von einem Volt durchläuft. Ein Elektron, das zwischen den beiden Polen einer 1,5-Volt-Batterie beschleunigt wird, gewinnt somit 1,5 Elektronvolt. Die vom Linac 2 gelieferte Energie entspricht der Energie, die man bei Anlegung von 50 Millionen Volt erzielen würde!

Die Protonen verlassen den Linac und gewinnen Energie im Synchrotroninjektor (*Booster*), einem kleinen Kreisbeschleuniger, der es ihnen ermöglicht, 1,4 GeV (Giga-eV, also eine Milliarde Elektronvolt oder tausend MeV) zu erreichen.

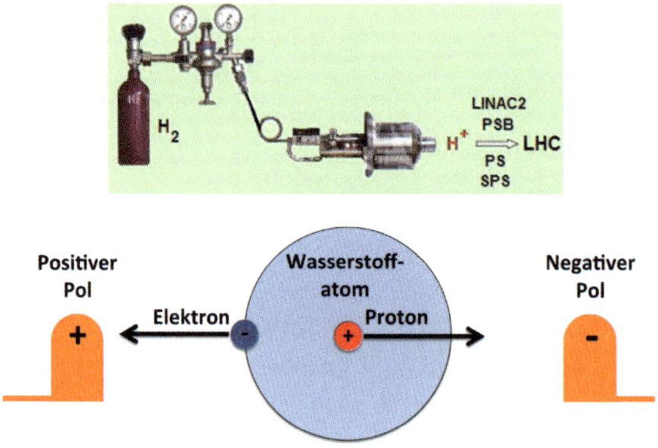

Abbildung 3.6: Die Protonen für die Strahlen sind Wasserstoffatome, deren Elektronen mithilfe eines elektrischen Feldes entfernt wurden.

Quelle: Pauline Gagnon und CERN

Die nächste Etappe ist das *Protonsynchrotron* oder PS. Wie schon sein Name sagt, arbeitet diese Art von Beschleuniger im Synchronbetrieb. Im Wesentlichen beschleunigt ein negativer Pol die Protonen bis zu einer bestimmten Stelle. Sobald sie diese erreicht haben, wird seine Polarität umgedreht (das heißt, er wird zu einem positiven Pol). Dieser Pol stößt sie dann ab, wodurch sie ihre Flugbahn fortsetzen können. Diese Polaritätsumkehrung ist mit dem Durchlauf jedes Protonenpakets synchronisiert. Es handelt sich um den ältesten noch in Betrieb befindlichen Beschleuniger des CERN.

Ein Kreisbeschleuniger hat den Vorteil, dass er bei jeder Umdrehung den Protonen etwas mehr Energie zuführen kann, während ein Linearbeschleuniger nur eine einzige Möglichkeit hat. Die Protonen verlassen das PS mit 25 GeV Energie und begeben sich dann auf die nächste Etappe, das *Super-Protonsynchrotron* (SPS), welches vom gleichen Typ wie das PS, aber 11 mal so groß ist (Abbildung 3.7). Die Protonen erreichen dort eine Energie von 450 GeV.

Abbildung 3.7: Das Super-Protonsynchrotron oder SPS, das dritte Glied des Beschleunigerkomplexes, das den Large Hadron Collider mit Teilchen beschickt.
Quelle: CERN

Schlussendlich werden die Protonen in den LHC eingeschossen (Abbildung 3.8), wo die letzte Beschleunigungsetappe beginnt. Innerhalb von ungefähr 20 Minuten erreichten sie dort im Jahr 2010 eine Energie von 3,5 TeV, also 3,5 Teraelektronvolt oder 3500 GeV, und später, im Jahr 2012, 4 TeV. 2015, nach zwei Jahre dauernden Wartungs- und Konsolidierungsarbeiten, erreichten die Strahlen eine Energie von 6,5 TeV. Die Energie der Kollisionen entspricht dem Doppelten der Energie jedes Strahls. Die verfügbare Energie war demnach 8 TeV im Jahr 2012 beziehungsweise 13 TeV ab Mai 2015.

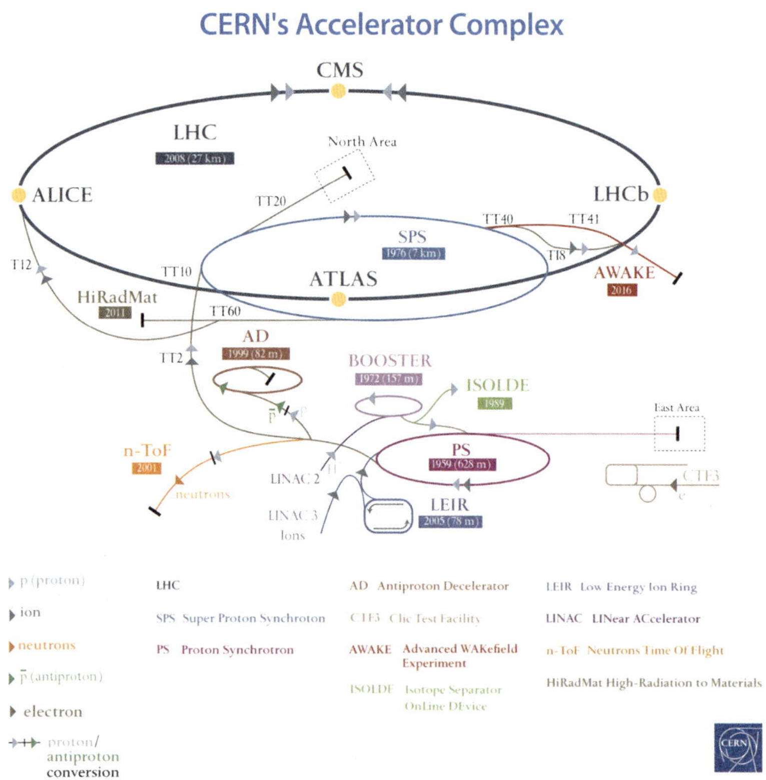

Abbildung 3.8: Die Beschleunigerkette des CERN: Jahrzehntealte Maschinen beschicken modernere. Eine tolle Methode, Altmaterial wiederzuverwenden!
Quelle: CERN

Tabelle 3.1: Parameter des Beschleunigerkomplexes des CERN

BESCHLEUNIGER (INBETRIEBNAHME)	ABMESSUNGEN	ENERGIE	PROZENT DER LICHTGESCHWINDIGKEIT
Linac (1972)	34 m	50 MeV	31,4%
Booster (1972)	150 m	1,4 GeV	91,6%
PS (1959)	628 m	25 GeV	99,93%
SPS (1973)	7 km	450 GeV	99,9998%
LHC (2008)	27 km	8 TeV	99,9999993%
LHC (2015)	27 km	13 TeV	99,9999997%

Diese Energieerhöhung erlaubt es nicht nur, noch schwerere Teilchen zu erzeugen und somit die Chancen für neue Entdeckungen zu vergrößern, sondern sie auch in noch größerer Zahl zu produzieren, was wiederum weitere Entdeckungen wahrscheinlicher macht.

Pro Jahr benötigt der Beschleunigerkomplex des CERN nicht einmal ein Mikrogramm Wasserstoff zur Erzeugung aller benötigten Protonen. Er verbraucht jedoch viel Energie: 1260 GWh (Gigawattstunden oder 1000 Megawattstunden), wenn die Beschleuniger in Betrieb sind. Dies entspricht etwa 20 Prozent der pro Jahr in einem 900 MW-Kernkraftwerk (durchschnittliche Leistung eines europäischen Kernkraftwerks) produzierten Elektrizität.

1 TeV, ist das viel Energie?

Der LHC oder große Hadronbeschleuniger liefert jedem Proton, das er beschleunigt, eine Energie von 8 TeV beziehungsweise 8 Teraelektronvolt. Das Präfix Tera bezeichnet ein Vielfaches von 10^{12} oder 12 Größenordnungen. Ein TeV entspricht demnach 1 000 000 000 000 oder eine Million Millionen Elektronvolt. Ist das viel? Es entspricht einer Energie einer 2 Milligramm schweren Mücke im Flug, wobei man wissen muss, dass das Insekt leicht eine Geschwindigkeit von 1,4 Kilometern pro Stunde erreichen kann. Verglichen mit unseren Größenordnungen ist das äußerst wenig, aber für ein Proton, dessen Abmessungen weniger als 1 Fermi (10^{-15} Meter oder ein Millionstel eines Millionstel Millimeter) betragen, ist dies enorm. Die Größe eines Protons mit der einer Mücke von 5 Millimetern Länge zu vergleichen ist so, wie wenn man die Größe einer solchen Mücke mit der Entfernung von der Erde zur Sonne vergleicht. Stellen Sie sich jetzt vor, dass die gesamte Energie unserer Mücke auf die Abmessungen eines Protons konzentriert sei. Man erkennt sofort, dass wir es mit gigantischen Energien zu tun haben!

Man kann die Energie unserer Mücke wie folgt messen: Die Energie ist gegeben durch ½ × Masse × Geschwindigkeit zum Quadrat beziehungsweise $\frac{1}{2} mv^2$. Berechnen wir aus den Einheiten Kilogramm und Meter pro Sekunde die Energie in Joule (das Joule ist eine Energieeinheit, die 1 kg × m^2/s^2 entspricht). Die Masse der Mücke ist 2 mg, also $2x10^{-6}$ kg, und seine Geschwindigkeit ist 1400 Meter in 3600 Sekunden, also etwa 0,4 Meter pro Sekunde. Seine Energie ist somit ½ × $2x10^{-6}$ kg × $(0{,}4\ m/s)^2$ oder $1{,}6x10^{-7}$ J. Wenn man jetzt diese Joule in Elektronvolt umrechnet, wobei ein Joule $6{,}246x10^{-18}$ Elektronvolt entspricht, sieht man, dass unsere 2 mg schwere Mücke bei einer Geschwindigkeit von 1,4 km/h eine Energie von ungefähr $1x10^{12}$ Elektronvolt hat, also 1 TeV. Das Elektronvolt ist eine sehr kleine Energieeinheit für unsere makroskopischen Größenordnungen, weil sie von der mit einem winzigen subatomaren Teilchen assoziierten Energie abgeleitet ist.

Die vier großen Detektoren

Es gibt vier große Detektoren am LHC: ATLAS, ALICE, CMS und LHCb. Jeder wurde von einer „Kollaboration" gebaut, einer Gemeinschaft von Forschungsinstitutionen aus verschiedenen Ländern. Teams aus Tausenden Physikern und Physikerinnen, Hunderten Ingenieuren und Ingenieurinnen und Tausenden Technikern und Technikerinnen trugen mit Technologien, Materialien und verschiedenen Komponenten bei. Die LHCb-Kollaboration hat das Ziel herauszufinden, warum all die kurz nach dem Urknall erzeugte Antimaterie verschwunden ist und von der man heute keinerlei Spur mehr findet. Sie untersucht die *b*-Quarks, um etwaige Abweichungen im Verhalten von Materie und Antimaterie aufzuspüren. Die ALICE-Kollaboration konzentriert sich auf das Studium eines Materiezustands, der kurz nach dem Urknall existiert hat, ein Plasma aus Quarks und Gluonen (siehe Infobox). Die Detektoren ATLAS und

CMS sind vielseitig und behandeln die gleichen Forschungsthemen, wobei sie auch die Tätigkeitsbereiche von ALICE und LHCb abdecken, ohne jedoch auf sie spezialisiert zu sein. Erkenntnisse einer jeden Kollaboration können somit von einem oder mehreren anderen Teams bestätigt werden.

Tabelle 3.2: Charakteristika der vier großen Detektoren am großen Hadronbeschleuniger, dem LHC.

	ATLAS	ALICE	CMS	LHCb
Höhe	25 m	16 m	15 m	10 m
Länge	45 m	26 m	21 m	21 m
Masse	7000 Tonnen	10 000 Tonnen	14 000 Tonnen	5600 Tonnen
Wissenschaftler	5000	1000	5000	700
Institute	177	100	179	65
Länder	38	30	41	16
Forschung	Mehrzweck	Quark-Gluon-Plasma	Mehrzweck	Antimaterie und *b*-Quark

Das Quark-Gluon-Plasma: Es gibt nichts Heißeres oder Cooleres

Der Unterschied zwischen den drei häufigsten Materiezuständen – fest, flüssig und gasförmig – liegt kurz gesagt darin, dass Moleküle mehr oder weniger Freiheiten haben. Gasmoleküle sind schwächer gebunden als Moleküle einer Flüssigkeit oder eines Festkörpers. Ein Plasma ist jedoch ein Gas, das so stark angeregt ist, dass sogar die Bindungen innerhalb des Atoms aufbrechen. Man findet Plasma in der Sonne, aber auch in einer Flamme oder einer Neonröhre. Die an eine Neonröhre angelegte Potenzialdifferenz (oder Spannungsdifferenz) liefert die nötige Energie, um die Elektronen vom Rest der Atome zu trennen. Das Ergebnis ist eine Elektronenwolke, die um die positiven Ionen schwebt. Ein Quark-Gluon-Plasma ist ein noch höher angeregter Zustand. Es ist so viel Energie im Spiel, dass die Protonen und Neutronen aufbrechen, wobei die Quarks und Gluonen aus ihrem Inneren frei werden und in einer Art superenergetischen Suppe nebeneinander bestehen können. Heißer geht's nicht mehr!

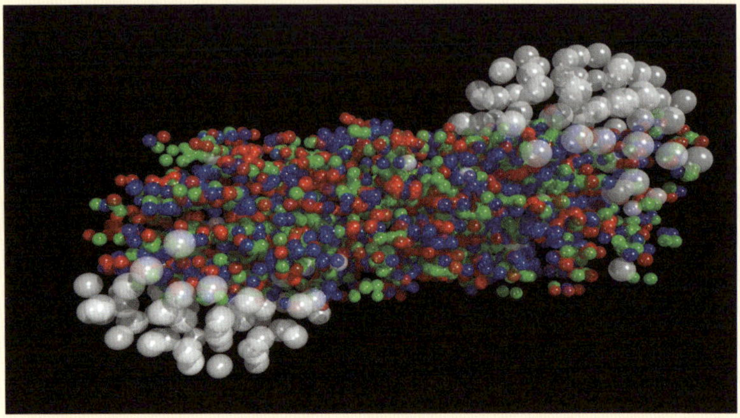

Abbildung 3.9: Simulation einer Kollision von zwei Bleiionen kurz nach dem Zusammenstoß. Jeder Kern enthält 82 Protonen und 125 Neutronen. Die ursprünglich in den Protonen und Neutronen enthaltenen Quarks haben dir Farben Rot, Grün und Blau, während die noch intakten Protonen und Neutronen weiß sind.

Quelle: CERN

Das Quark-Gluon-Plasma existierte nur ganz am Anfang des Universums, nicht einmal ein Zehntelmilliardstel einer Sekunde nach dem Urknall. Mit steigender Ausdehnung des Universums kühlte sich dieses ab, sodass sich die Quarks und Gluonen zu Protonen, Neutronen und anderen Hadronen verbinden konnten. Und jetzt – 13,8 Milliarden Jahre später – ist dieser Zustand zum ersten Mal im Universum wieder aufgetaucht, zuerst im Jahr 2000 am Super-Protonsynchrotron des CERN, danach im Forschungszentrum Brookhaven in den USA, und jetzt am LHC. Die Kollisionen, die im LHC stattfinden, erzeugen mehr als 100 000 mal höhere Temperaturen als jene im Innersten der Sonne. Der LHC kann nicht nur Protonen beschleunigen, sondern auch schwere Ionen – Bleiatome, deren Elektronen entfernt wurden. Diese Kerne enthalten 82 Protonen und etwa 100 Neutronen. Ungefähr einen Monat pro Jahr läuft der LHC mit Bleiionen statt mit Protonen, was zu Kollisionen mit viel höheren Energien führt, die ausreichen, um ein Quark-Gluon-Plasma zu erzeugen (Abbildung 3.9). Obwohl das Plasma aus freien Teilchen besteht, verhält es sich wie ein Ganzes, ähnlich wie ein Bienenschwarm, der sich kohärent und fließend fortbewegt. Es ist übrigens eine Supraflüssigkeit, was bedeutet, dass es keinerlei Viskosität besitzt. Die

Viskosität einer Substanz bestimmt, ob sie klebrig wie Honig oder flüssig wie Wasser ist. Eine Supraflüssigkeit kann nicht eingeschlossen werden: Sie breitet sich in alle Richtungen aus und klettert selbst aus ihrem Behälter. *Cooler* geht's nicht mehr!

Die Kollisionen

In jedem der beiden LHC-Strahlen wurden Protonen zunächst in 1404 Paketen gebündelt, von denen jedes 100 Milliarden Protonen (bis auf ein paar Protonen genau) enthielt. Alle 50 Milliardstelsekunden stieß ein Protonenpaket des einen Strahls mit einem Paket des in Gegenrichtung laufenden Strahls zusammen, und zwar in der Mitte jedes Detektors (Abbildung 3.10). Seit Ende 2015 zirkulieren 2808 Pakete pro Strahl im Beschleuniger, die alle 25 Milliardstelsekunden im Herzen der Detektoren zusammenstoßen, wodurch sich die Kollisionsrate verdoppelt hat. Nur eine Handvoll einzelne Protonen stoßen jeweils zusammen, wobei die für die Erzeugung aller möglichen Teilchen – von den bekanntesten bis zu den seltensten – erforderliche Energie frei wird. Diejenigen, die sich am leichtesten erzeugen lassen, sind auch die, die man am besten kennt, da sie seit Langem in großer Zahl zur Verfügung stehen. Diese Teilchen liefern uns wertvolle Richtwerte, die es erlauben, unsere Instrumente

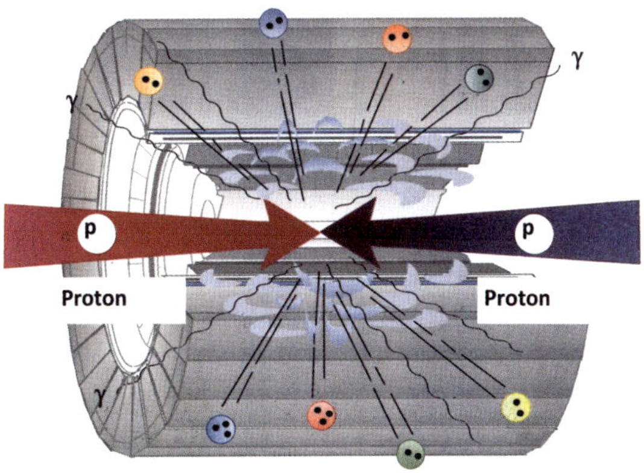

Abbildung 3.10: Schema der beiden Protonenstrahlen, die gegenläufig im Beschleuniger zirkulieren und im Herzen eines Detektors zusammenstoßen.
Quelle: CERN

zu kalibrieren. Aber all diese Teilchen, deren Entdeckung oft von Nobelpreisen gekrönt worden waren, führen aber auch zu Störsignalen. Sie bilden einen Untergrund, der neue, noch unentdeckte Phänomene überdecken kann. Man hat also keine Wahl: Um seltenere Teilchen nachzuweisen, muss man Tausende Milliarden dieser *Ereignisse* durchforsten, in der Hoffnung, neue Teilchen zu entdecken. Die Kenntnis dieses Untergrunds ist essenziell, falls sich ein Überschuss zeigt. Man muss also Milliarden Ereignisse aufzeichnen und analysieren, um jene mit den außergewöhnlichen Charakteristika von Teilchen, nach denen man sucht, herauszufiltern.

Aus der bei einer Kollision von zwei Protonen frei werdenden Energie können also neue Teilchen entstehen. Da diese schwer und kurzlebig sind, zerfallen sie fast sofort in eine Vielzahl von Fragmenten. Jede Kollision ähnelt einem Miniatur-Feuerwerk. Man muss alle diese Fragmente nachweisen, um das ursprüngliche Teilchen zu rekonstruieren. Der Zerfall eines Teilchens ist vergleichbar mit dem Wechseln eines Geldstücks (Abbildung 3.11), wie wir im zweiten Kapitel erfahren haben. Eine große Münze kann in mehrere kleine umgewechselt werden. Ein schweres und instabiles Teilchen (wie das Higgs-Boson) zerfällt gleich nach der Erzeugung in leichtere Teilchen. Das Energieäquivalent seiner Masse erscheint in Gestalt leichterer und langlebigeren Teilchen. Der Zweck der Detektoren ist es, den Ursprung, die Flugbahn, die Richtung, die Energie, die elektrische Ladung und die Identität dieser Teilchen festzustellen, um aus diesen zu bestimmen, welches Teilchen ursprünglich erzeugt worden war.

Abbildung 3.11: Der Zerfall eines schweren und instabilen Teilchens ist vergleichbar mit dem Wechseln eines großen Geldstücks in Kleingeld. Die kleinen Münzen sind nicht im Inneren einer Euro-Münze versteckt, aber ihr Gesamtwert beträgt einen Euro. Ebenso erscheint das Energieäquivalent der Masse eines schweren und instabilen Teilchens in Gestalt von leichteren und langlebigeren Teilchen.

Quelle: Pauline Gagnon, Pixabay

Die Detektoren

Von den vier LHC-Detektoren ist CMS (Abbildung 3.12) mit seinen 14 000 Tonnen der schwerste, er wiegt doppelt so viel wie der Eiffelturm. ATLAS ist der größte, sein Volumen entspricht der halben Kathedrale von Notre-Dame in Paris. Aber im Gegensatz zu diesen beiden riesigen Monumenten bestehen die Teilchendetektoren aus Hunderten Millionen hochpräziser Einzelkomponenten, von denen viele manuell erzeugt und zusammengebaut wurden. Meine Kollegin Monica Dunford vergleicht übrigens im Film Particle Fever den ATLAS-Detektor mit einer riesigen Schweizer Uhr. Die vier LHC-Detektoren vereinen in der Tat Gigantismus und Hochpräzision.

Ein Detektor besteht aus mehreren konzentrischen Schichten, wie russische Matrjoschkas oder die Schalen einer Zwiebel. Jede Schicht dient dazu, einen Teil der Information aufzuzeichnen. Der Detektor hat die Form einer Konservendose: ein Zylinder in der Mitte und zwei Deckel an den Seiten. Alles muss vollkommen hermetisch sein: Kein Teilchen, das ihn durchquert, darf ihm entkommen.

Abbildung 3.12: Der CMS-Detektor in seiner vollen Pracht.
Quelle: CERN

Ich ziehe jetzt als Beispiel den ATLAS-Detektor (Abbildung 3.13) heran, da ich diesen am besten kenne, nachdem ich an seinem Entwurf, Bau und Betrieb mitgearbeitet habe. Die anderen Detektoren funktionieren auf ähnliche Weise, obwohl sie andere Technologien verwenden. Das ist wesentlich. Wenn neue Phänomene entdeckt werden, kann es bezüglich ihrer Echtheit keine Zweifel geben, da sie mindestens zwei unabhängige Instrumente beobachten müssen. Ich werde das im nächsten Kapitel über das Higgs-Boson ausführlicher beschreiben. Es gibt immer mehrere Möglichkeiten, eine Messung zu machen, wie in der Anekdote des Professors, der einer Studentin die Aufgabe erteilt, die Höhe eines Gebäudes mithilfe eines Barometers zu messen. Natürlich hätte sie antworten können, dass es genügte, die Differenz des Luftdrucks am Boden und auf dem Dach zu messen und daraus auf die Höhe zu schließen. Doch die Studentin fand, dass dies doch eine etwas seltsame Methode wäre. Da sie aber schon mal dabei war, unterbreitete sie den Vorschlag, stattdessen mit dem Barometer ein Pendel zu fabrizieren und die Höhe des Gebäudes aus seiner Oszillationsfrequenz zu bestimmen. Als ihr Professor ablehnte, schlug sie eine andere Methode vor, nämlich das Barometer vom Dach des Hauses

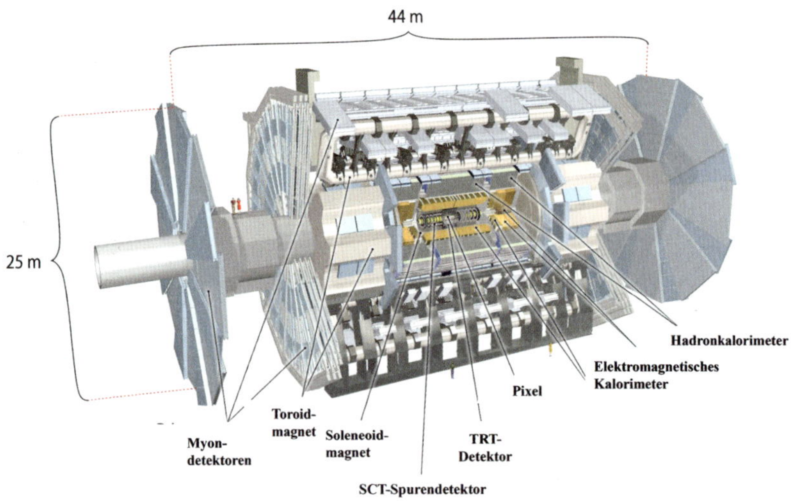

Abbildung 3.13: Der ATLAS-Detektor, einer der vier gigantischen Detektoren am LHC. Quelle: ATLAS

zu werfen und die Zeit zu messen, bis es auf dem Boden zerschellt. Als der Professor noch immer nicht zufrieden war, gab sie zu, dass es ausreichen würde, das Barometer dem Hauswart als Gegenleistung für das Verraten der Gebäudehöhe zu schenken!

Jetzt aber Spaß beiseite – egal, welche Methode angewendet wird, gibt es nur eine einzige richtige Antwort und man muss immer dasselbe Ergebnis erhalten. Bei den Teilchendetektoren werden mehrere Subdetektoren verwendet, um verschiedene Teile der Information zu erhalten, und in jedem Fall sind mehrere Technologien anwendbar. Die Kollaborationen ATLAS und CMS haben verschiedene Technologien gewählt, was die Glaubwürdigkeit für eventuell beobachtete neue Phänomene erhöht. Grob gesprochen braucht man vier verschiedene Systeme, um einen Detektor zu bauen: *Spurendetektoren* zur Rekonstruktion der Trajektorien geladener Teilchen, *Kalorimeter* zur Messung der Energie jedes Teilchens, Magnete zur Erzeugung eines Magnetfeldes, das es erlaubt, in den Spurendetektoren die Ladung und den Impuls der geladenen Teilchen zu bestimmen, und ich lasse Sie raten, wozu die *Myondetektoren* dienen.

Die Spurendetektoren

Die Rolle der Spurendetektoren ist die Rekonstruktion der Trajektorien von Teilchen mit elektrischer Ladung. Ungeladene Teilchen hinterlassen in diesen Detektoren keine Spuren. Je mehr man sich jedoch den Beschleunigerstrahlen nähert, desto stärker wird die Strahlung. Diese Detektoren müssen deshalb aus Materialien bestehen, die einerseits sehr leicht sind, um Teilchen möglichst nicht von ihrer Bahn abzulenken, und andererseits extrem widerstandsfähig, um hohe Strahlungsdosen zu überdauern.

Der ATLAS-Detektor hat drei Spurendetektoren. Die erste Lage heißt Pixeldetektor. Das ist ein Detektortyp aus Silizium, der genau wie die Sensoren von Digitalkameras funktioniert. Je näher man zu den Strahlen kommt, desto höher wird die Teilchendichte. Diese Art von Detektor muss deshalb ultrapräzise sein. Seine acht Millionen Messkanäle können die Position einer Teilchenspur mit einer Genauigkeit von 14 Mikrometern (14 Tausendstel-Millimeter) bestimmen. ATLAS besaß bis zum Wartungsstopp des Beschleunigers im Jahr 2013 drei Lagen von solchen Detektoren. Inzwischen wurde eine vierte Lage eingebaut (Abbildung 3.14).

Abbildung 3.14: Einbau der vierten Lage des Pixeldetektors in ATLAS im Mai 2014.
Quelle: Heinz Pernegger, ATLAS

Diese erlaubt es, den Ursprung jeder Spur noch genauer zu bestimmen. Beim Kreuzen der Protonenpakete finden nämlich mehrere Zusammenstöße von einzelnen Protonen statt. Der Großteil entspricht Kollisionen, bei denen sich die Protonen nur streifen und deshalb wenig Energie zur Verfügung steht. Nur Frontalzusammenstöße liefern genügend Energie, um etwas Interessantes zu erzeugen. Man muss also jede Teilchenspur einem bestimmten Kollisionspunkt zuordnen und nur die von ein- und demselben Kollisionspunkt kommenden behalten, wie aus Abbildung 3.15 ersichtlich ist. Etwa zwanzig weniger energetische Kollisionen wurden zur gleichen Zeit wie eine sehr hochenergetische produziert. Man sieht klar die 25 Kollisionspunkte in der Vergrößerung im unteren Teil des Bildes. Nur die zwei gelben Spuren kommen aus einer hochenergetischen Kollision. Die anderen kann man getrost ignorieren.

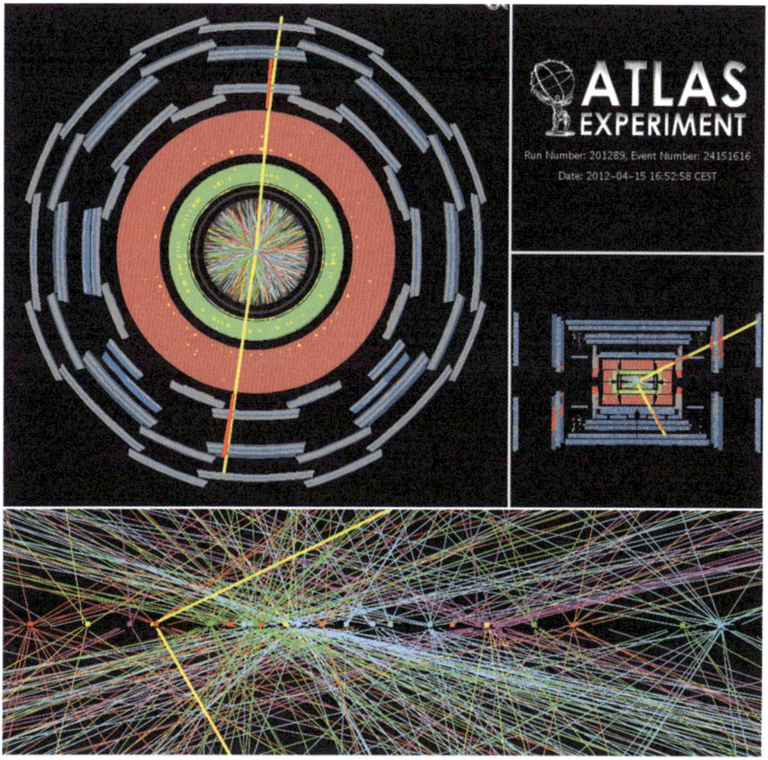

Abbildung 3.15: Ein im ATLAS-Detektor aufgezeichnetes Ereignis mit zwei deutlich sichtbaren Myonen, trotz der Überlagerung von 25 niederenergetischeren Kollisionen, die zeitgleich mit der Hauptkollision stattfanden.

Quelle: ATLAS

Anschließend folgt der Siliziumdetektor oder SCT (*Semiconductor Tracker*, Halbleiterspurendetektor). Auch dieser erlaubt es, den Durchgang jedes geladenen Teilchens mit hoher Genauigkeit zu registrieren. Die Basis dieses Detektors sind mikroskopische Siliziumstreifen, die beim Durchgang eines geladenen Teilchens aktiviert werden, was die Aufzeichnung seiner Spur ermöglicht. Er besteht aus zwei konzentrischen Doppellagen. Jedes Teilchen hinterlässt demnach vier Spurpunkte bei seinem Durchgang.

Der dritte Spurendetektor ist der größte, aber auch der am wenigsten präzise. Man nennt ihn TRT, was für *Transition Radiation Tracker* oder Über-

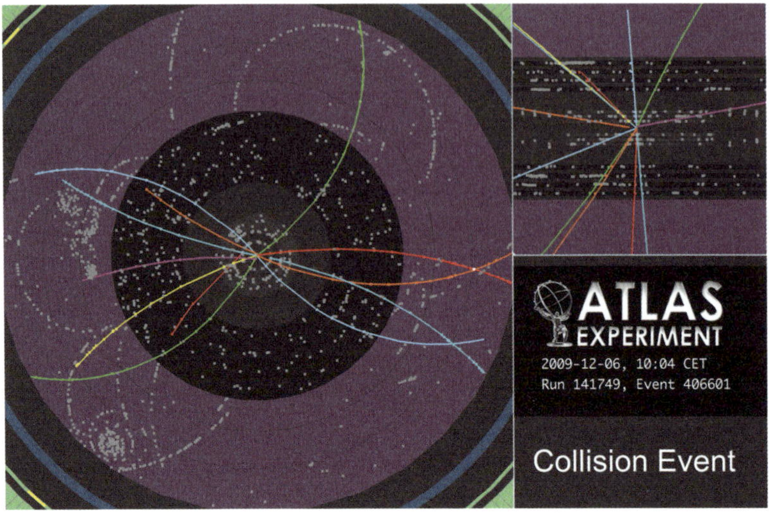

Abbildung 3.16: Signale von geladenen Teilchen in den Spurendetektoren von ATLAS. Man rekonstruiert die Spuren, indem man Punkte miteinander verbindet.
Quelle: ATLAS

gangsstrahlungsdetektor steht. Dieser Detektor ist aus kleinen strohhalmartigen Röhren aus Kohlenstofffasern gemacht, die mit einem Gas gefüllt sind, das beim Durchgang eines geladenen Teilchens ionisiert wird. Dabei werden Elektronen entlang der Flugbahn freigesetzt. Jedes Röhrchen enthält einen gespannten Draht in seiner Mitte, der die Elektronen sammelt, wobei eine kleine elektrische Entladung stattfindet. Man kann so feststellen, welches Röhrchen getroffen worden war. Im Durchschnitt durchfliegt ein Teilchen 32 Röhren und hinterlässt somit dieselbe Anzahl von Spurpunkten in diesem Detektor. Mithilfe von Propylenfasern, die den Platz zwischen den Röhrchen einnehmen, kann der Detektor nicht nur Teilchenspuren rekonstruieren, sondern aufgrund der elektromagnetischen Strahlung, die beim Übergang zwischen Fasern und Gas emittiert wird, auch Elektronen von Pionen unterscheiden. Diese Strahlung ist für Elektronen wesentlich stärker als für Pionen, was ihre Unterscheidung ermöglicht. Man kann also durch Kenntnis der genauen Identität aller Fragmente die Ereignisse besser rekonstruieren.

Die Signale werden von Elektronikmodulen weitergeleitet, die zu diesen drei Subdetektoren gehören, und eine Liste aller getroffenen Kanäle wird erstellt. Man bekommt so drei Punkte von den Pixeln (vier nach 2015, grauer Kreis in der Mitte), vier vom SCT (schwarzer Kreis) und durchschnittlich 32 vom TRT (in der lilafarbenen Zone), wie aus Abbildung 3.16 ersichtlich ist.

Um die Teilchenspuren zu rekonstruieren, braucht man nur all diese kleinen Punkte miteinander zu verbinden (gut sichtbar im rechten Bildausschnitt), wie es bei diesem Ereignis, das von ATLAS Anfang 2009 – als noch wenige Kollisionen gleichzeitig stattfanden – aufgezeichnet wurde, der Fall war.

Die Magnete

Ein Magnet hat die Eigenschaft, die Bahn eines Teilchens mit elektrischer Ladung zu krümmen. Die Spur eines positiv geladenen Teilchens wird in eine bestimmte Richtung abgelenkt, die eines negativ geladenen in die Gegenrichtung, was man in Abbildung 3.16 sehen kann. Je schneller sich ein Teilchen bewegt, desto schwerer ist es, seine Spur zu krümmen. Das Gleiche passiert mit einem Fahrzeug, das sehr schnell in eine Kurve fährt. Je schneller das Auto unterwegs ist, desto mehr Kraft muss man aufwenden, um es der Straßenführung folgen zu lassen. Diese Kraft kommt von der Reibung der Reifen auf der Straße. Bei niedriger Geschwindigkeit ist es leicht, eine enge Kurve zu fahren, wohingegen es bei hoher unmöglich ist. Ein Teilchen mit kleiner Geschwindigkeit (also mit wenig Energie und wenig Impuls – das Produkt seiner Masse und seiner Geschwindigkeit) wird stark abgelenkt und erreicht die Kalorimeter nicht. Dadurch wird ein Teil der Teilchen mit niedrigen Energien, die von überlagerten Kollisionen kommen, eliminiert. Nachdem die Kraft, die der Magnet liefert, definiert ist, genügt es, die Krümmung einer Spur zu messen und daraus den Impuls des Teilchens zu berechnen.

ATLAS besitzt zwei Magnettypen. Der erste, ein Solenoidmagnet, umgibt die Spurendetektoren und krümmt die Trajektorien aller elektrisch geladenen Teilchen, die sie durchqueren. Der große Stolz von ATLAS ist jedoch sein supraleitender Toroidmagnet (in Form eines Donuts oder Torus), dessen einziger Zweck es ist, die Spuren selbst der hochenergetischsten Myonen zu krümmen.

Die Kalorimeter

Im Gegensatz zu einem Spurendetektor muss ein Kalorimeter (Abbildung 3.17) so massiv wie möglich sein, um auch Teilchen mit den höchsten Energien absorbieren zu können. Seine Aufgabe ist es, die Energien von Teilchen zu messen, die vom Kollisionspunkt kommen. Diese Detektoren sind für alle

Abbildung 3.17: Einbau eines der ATLAS-Kalorimeter.
Quelle: ATLAS

Teilchen außer Neutrinos sensitiv, egal ob sie geladen oder neutral sind. Es gibt zwei Typen: *elektromagnetische Kalorimeter* und *Hadronkalorimeter*. Wie ihre Namen andeuten, interagieren Erstere mit allen Teilchen, die elektromagnetisch wechselwirken, also Photonen und elektrisch geladene Teilchen.

Aber nur die Photonen und die Elektronen und Positronen geben dort ihre gesamte Energie ab, denn der Energieverlust nimmt mit steigender Teilchenmasse sehr schnell ab. Der zweite Kalorimetertyp betrifft nur Teilchen, die aus Quarks bestehen, egal ob sie geladen sind oder nicht. Protonen, Neutronen, Pionen und andere Hadronen werden dort absorbiert.

Die Myondetektoren

Die äußerste Detektorlage dient ausschließlich dem Nachweis von Myonen. Erinnern wir uns, dass ein Myon einem Elektron ähnelt, aber 200 mal so schwer ist. Es verliert deshalb nur sehr wenig Energie im elektromagnetischen Kalorimeter. Da es nicht aus Quarks besteht, interagiert es auch nicht mit dem Hadronkalorimeter. Es ist somit das einzige geladene Teilchen, das beide Kalorimeter durchfliegen und die äußerste Lage des Detektors, die Myondetektoren

Abbildung 3.18: Es ist nicht leicht, ein gutes Selfie vor einem der beiden großen Räder des ATLAS-Myondetektors zu machen!
Quelle: ATLAS

(Abbildung 3.18), erreichen kann. Diese sind im Grunde Spurendetektoren und erlauben es deshalb, Trajektorien von Myonen zu rekonstruieren.

Die Identifikation von Teilchen

Durch Kombination der Information aus den Spurendetektoren, der Krümmung der Trajektorien, den Kalorimetern und den Myondetektoren kann man auf die Identität jedes Teilchens schließen, das bei einer Kollision erzeugt wird, wie man in Abbildung 3.19 sehen kann. Dies funktioniert so wie bei Fußabdrücken in einem verschneiten Wald. Eine versierte Person wird leicht die Unterschiede zwischen der Spur eines Fuchses, eines Hasen oder eines Skiläufers erkennen. Genauso hinterlassen Teilchen charakteristische Signale beim Durchqueren der verschiedenen Lagen des Detektors. Ein Elektron (gelbe Linie) und ein Photon (grüne, punktierte Linie) sind leicht unterscheidbar. Beide deponieren ihre gesamte Energie im braun gezeichneten elektromagnetischen Kalorimeter, dem ersten der zwei Kalorimeter, aber nur das Elektron hinterlässt eine Spur in den Spurendetektoren.

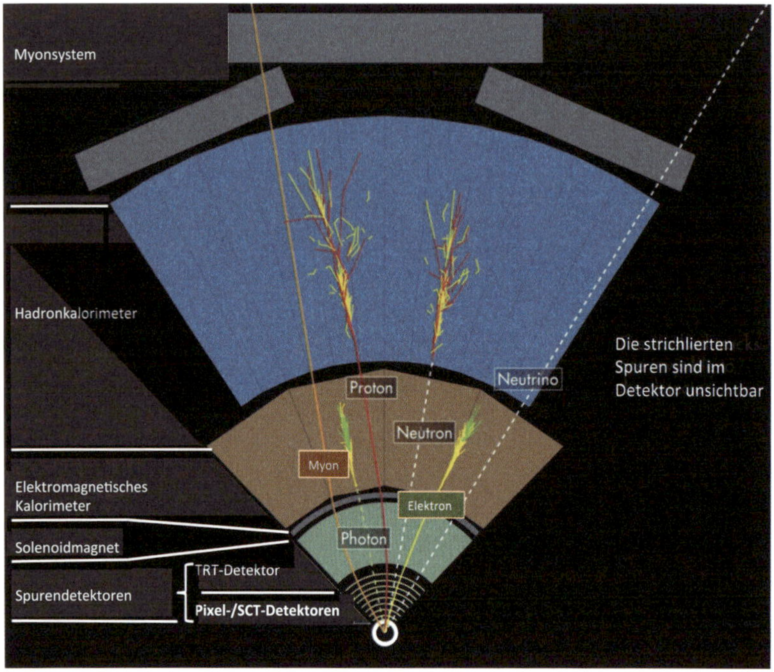

Abbildung 3.19: Charakteristische Signaturen verschiedener Teilchen in den diversen Subdetektoren von ATLAS.
Quelle: CERN

Ein Proton (rote Linie) unterscheidet sich ebenfalls von einem Neutron (punktierte weiße Linie) durch die Tatsache, dass mit ihm eine Spur assoziiert ist, während das Neutron seine Energie nur im Hadronkalorimeter abgibt, das in Blau gezeichnet ist. Das Myon (orange Spur) ist das am leichtesten zu identifizierende Teilchen, denn es hinterlässt eine Spur, gefolgt von einem sehr kleinen Energieverlust im Hadronkalorimeter und schließlich einer neuerlichen Spur in den Myondetektoren.

Man kann auch „unsichtbaren" Teilchen auf die Spur kommen, die nicht mit dem Detektor wechselwirken, wie zum Beispiel Neutrinos, in Abbildung 3.19 durch eine punktierte weiße Linie dargestellt. Gemäß dem Prinzip der Energieerhaltung muss ein Ereignis in allen Richtungen energetisch ausgeglichen sein. Wie bei einem Feuerwerk beobachtet man Fragmente, die in alle

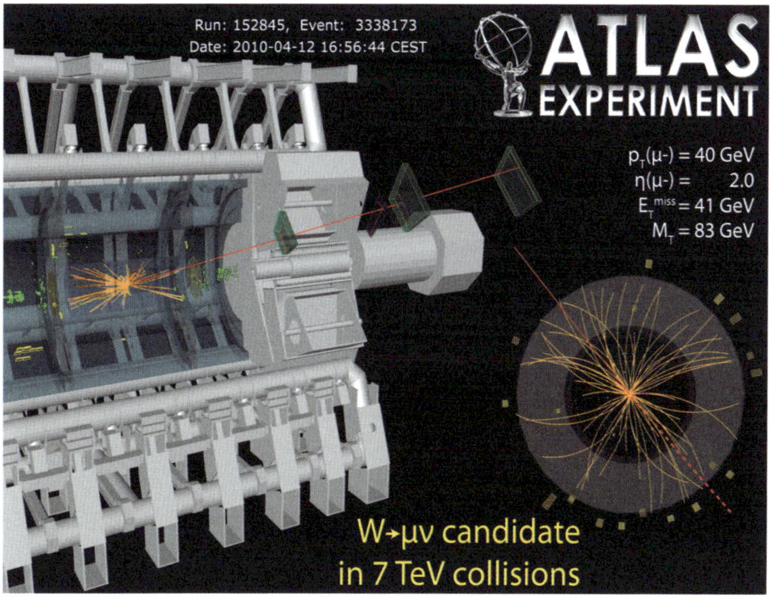

Abbildung 3.20: Ereignis, das im ATLAS-Detektor aufgezeichnet wurde. Es hat die Charakteristika eines *W*-Boson-Zerfalls in ein Myon (rote Linie) und ein Neutrino (punktierte Linie).

Quelle: ATLAS

Richtungen fliegen. Es genügt, die Gesamtheit der Spuren einer bestimmten Kollision zu rekonstruieren, die Energie in den Kalorimetern zu summieren und sich zu vergewissern, dass alles ausgeglichen ist, zumindest in der Ebene normal zu den Teilchenstrahlen. Bevor die Protonen zusammenstoßen, bewegen sie sich nicht quer zu den Strahlen. Deshalb haben ihre Fragmente auch keine Energie in dieser Richtung.

In Abbildung 3.20 stellt die fast gerade rote Linie im linken Bildteil die Spur eines Myons mit sehr hoher Energie dar.

Man sieht leicht, dass man es mit einem Myon zu tun hat, weil seine Spur in allen Lagen des Myondetektors, dargestellt durch die drei grünen Module, Signale hinterlassen hat. Das rechte Diagramm zeigt die Projektion aller in diesem Ereignis rekonstruierten Spuren in der zu den Strahlen transversalen Ebene. Die Myonspur ist rot gezeichnet. Die anderen gekrümmten, orangen

Spuren gehören zu Teilchen mit niedrigen Energien, die von anderen überlagerten Kollisionen stammen. Die punktierte Linie zeigt in die Richtung der fehlenden Energie, die man durch Summieren der gesamten Energie in diesem Ereignis bestimmt hat. Man assoziiert also diese fehlende Energie mit einem Teilchen, das nicht mit dem Detektor interagiert (und dadurch für diesen unsichtbar ist) und das entkommt sowie einen Teil der Energie mitnimmt. In diesem Fall ist die fehlende Energie einem Myonneutrino zugeordnet. Durch Kombination der Energie von Myon und Neutrino erhält man ein Teilchen mit der Masse 83 GeV, was ungefähr der eines *W*-Bosons entspricht. Dieses Ereignis zeigt mit hoher Wahrscheinlichkeit ein *W*-Boson, das in ein Myon und ein Myonneutrino zerfällt, obwohl es auch von einem anderen Ereignistyp herrühren könnte, der die gleiche Signatur hätte. In der Teilchenphysik ist alles eine Frage der Statistik. Man kann nie hundertprozentig sicher sein, ob ein Ereignis einem bestimmten Typ zugeordnet werden kann, da es immer einen Untergrund gibt, wie wir im nächsten Kapitel sehen werden.

Der Trigger

Ein *Ereignis* ist die Rekonstruktion des Zerfalls eines Teilchens, das bei der Kollision von zwei Protonen entstanden ist. Jede Detektorlage hat den Zweck, einen Teil der Information zu liefern. Der ATLAS-Detektor hat 100 Millionen einzelne Messkanäle. Jedes Ereignis entspricht einem Bild, das aus 100 Millionen Puzzleteilen zusammengefügt ist. Man rekonstruiert das ursprüngliche Bild aus 100 Millionen kleinen Teilen an Informationen, die von allen Subdetektoren geliefert werden. Genau das macht eine Kamera mit 100 Megapixeln, die jedes Foto aus 100 Millionen kleinen Punkten zusammensetzt, bis auf einen großen Unterschied: Der ATLAS-Detektor kann vierzig Millionen Bilder pro Sekunde machen. Dies ist nicht leicht zu schlagen, auch wenn der Großteil verworfen wird, da man nicht alle Bilder speichern kann; man muss sie aussortieren.

Der Detektor macht Aufnahmen wie ein Tourist in den Ferien, praktisch kontinuierlich, alle 25 Milliardstelsekunden, was dem Zeitintervall zwischen dem Durchgang von zwei Protonenpaketen entspricht. Unter der Annahme, dass im Mittel 20 Kollisionen pro Strahlkreuzung stattfinden, kommt man auf den schwindelerregenden Wert von 800 Millionen Kollisionen pro Sekunde. Ohne ein wenig Grips wäre man schnell überfordert. So wie bei der Rückkehr aus dem Urlaub stünde man mit Bergen von Aufnahmen da, die zu sortieren wären. Man muss also entscheiden, welche behalten werden sollen. Genau das ist die Rolle eines *Trigger* (Auslöser) genannten komplexen Systems. Im ATLAS-Experiment erfolgt die Auswahl in zwei Stufen: In der ersten Stufe entscheiden ultraschnelle elektronische Module in zwei Millionstelsekunden, ob ein gerade erfolgtes Ereignis potenziell interessant war, indem sie Signale analysieren, die Teilchen in bestimmten Teilen des Detektors produziert haben. Ein im Myondetektor nachgewiesenes hochenergetisches Myon könnte zum Beispiel von einem schweren, potenziell interessanten Teilchen herrühren, das bei einer sehr heftigen Kollision entstanden ist. Das gleiche gilt auch für eine große im Kalorimeter deponierte Energie: Sie zeugt vom Vorhandensein von äußerst energiereichen Kollisionen. In dieser ersten Stufe werden nur 75000 Ereignisse pro Sekunde behalten.

Dann übernimmt ein Netzwerk von Computern die weitere, detailliertere Analyse, um das Potenzial eines jeden Ereignisses zu evaluieren. Mithilfe einer Reihe von relativ einfachen schnell ausführbaren Algorithmen werden auf der Basis ihrer hervorstechendsten Eigenschaften die 200 vielversprechendsten Ereignisse ausgewählt. Nur diese werden behalten. Alle anderen werden sofort verworfen und können nie wieder zurückgeholt werden. Das heißt aber auch, dass man sich keine Fehler leisten kann, selbst wenn in diesem Stadium die Zeit, die Ereignisse bis ins letzte Detail zu rekonstruieren, nicht zur Verfügung steht.

Die ausgewählten Ereignisse werden anschließend über das Grid, ein immenses Rechnernetz, auf alle Ecken und Enden der Welt zur vollständigen Rekonstruktion verteilt. Im Fall von ATLAS weist dieses Netzwerk die Rekonstruktionsjobs Hunderttausenden miteinander verbundenen Computern in elf verschiedenen Ländern zu. Sobald die Ereignisse rekonstruiert sind, stehen sie den Forschern und Forscherinnen der Kollaboration zur weiteren Selektion und zum Studium bis ins letzte Detail zur Verfügung.

Die nächste Stufe ist die Datenanalyse, deren Ziel es ist, neue Teilchen zu finden. Sie werden darüber im nächsten Kapitel mehr erfahren.

Merkzettel

Alles ist gigantisch, wenn man die Welt des unendlich Kleinen erforschen will. Die beiden in der Teilchenphysik dafür verwendeten Werkzeuge sind Beschleuniger und Detektoren. Ein Beschleuniger wie der Large Hadron Collider (LHC), beschleunigt Protonen, um neue Teilchen aus der bei ihrer Kollision frei werdenden Energie zu erzeugen. Entlang des 27 Kilometer langen LHC-Rings gibt es vier große Detektoren, welche die bei den Kollisionen erzeugten Teilchen nachweisen. Die Detektoren bestehen aus konzentrischen Lagen, von denen jede Teilinformationen aufzeichnet, die dazu dienen, die bei den Protonkollisionen erzeugten Teilchen zu rekonstruieren. Ein Detektor funktioniert wie eine riesige Kamera, mit der man das ursprüngliche Ereignis so rekonstruieren kann, wie man ein Puzzle aus Hunderten Millionen kleinen Stücken an Information zusammensetzt. Man muss dann lediglich alle Ereignisse sortieren und nur die interessantesten denen neue Phänomene zugrunde liegen könnten, aufzeichnen.

KAPITEL 4

Die Entdeckung des Higgs-Bosons

Wir haben jetzt also den großen Hadronbeschleuniger und die Detektoren. Alles wurde eingeschaltet und hat mehr oder weniger[18] von Anfang an funktioniert. Milliarden von Ereignissen wurden aufgezeichnet. Und was passiert dann? Wie finden wir ein Higgs-Boson (Abbildung 4.1)? Nun beginnt die lange Analysearbeit.

Abbildung 4.1: Wenn man nur eine Nadel im Heuhaufen finden müsste, wäre das noch nicht so schlimm. Aber was tun, wenn so viele Heuhaufen da wären, um Scheunen, so weit das Auge reicht, zu füllen?

Quelle: Marion Hamm

18. Alles funktionierte bestens nach dem Start am 10. September 2008, jedoch trat neun Tage später eine größere Panne auf. Es entstand beträchtlicher Schaden, der den Beschleuniger für fast zwei Jahre stillstehen ließ.

Das Higgs-Boson ist ein höchst instabiles Teilchen, das kaum 10^{-22} Sekunden nach seiner Erzeugung überlebt (also ein Zehntausendstel Milliardstel einer Milliardstelsekunde kurz gesagt, nicht lange). Es zerfällt also praktisch sofort, indem es sich in andere Teilchen verwandelt. Wie wir gesehen haben, heißt das nicht, dass diese Teilchen ursprünglich im Higgs-Boson vorhanden waren, sondern lediglich, dass das Energieäquivalent der Masse des Higgs-Bosons in Form von leichteren Teilchen erscheint, ähnlich wie wenn man eine große Münze in mehrere kleine umwechselt. Man beobachtet also das Higgs-Boson nicht direkt, sondern nur seine Zerfallsprodukte. So wie eine Ein-Euro-Münze in verschiedene Kombinationen von 5, 10, 25 oder 50 Cent-Münzen umgewechselt werden kann, können Teilchen wie etwa das Higgs-Boson Kleingeld auf verschiedene Arten herausgeben. Jede dieser Arten wird Zerfallskanal genannt.

Zerfallskanäle

Gestützt auf das Standardmodell können die Theoretiker und Theoretikerinnen die Wahrscheinlichkeit für die Beobachtung jedes Zerfallskanals (wie oft ein Teilchen in diesen Kanal zerfällt) vorhersagen, jedoch hängen diese Voraussagen vom genauen Wert der Higgs-Boson-Masse ab. Vor der Entdeckung war sie aber nicht bekannt. Das ist so, wie wenn man versuchte, wichtige Radiomeldungen zu empfangen, aber deren Sendefrequenz nicht kennt. Das ist nicht leicht, insbesondere wenn das Signal schwach ist und es viel Rauschen und Knistern gibt. Als die Detektoren ATLAS und CMS mit ihren Messungen begannen, kannte man die „Radiofrequenz" des Higgs-Bosons nicht. Man wusste nur, dass seine Masse zwischen 114 und 157 GeV liegen müsste, was etwa 100 bis 150 Protonmassen entspricht, da frühere Experimente Werte außerhalb dieses Bereichs schon ausgeschlossen hatten.

Wie wir im 2. Kapitel gesehen haben, besagt die Theorie, dass die Masse eines Teilchens von der Stärke seiner Wechselwirkung mit dem Brout-Englert-Higgs-Feld abhängt. Schwere Teilchen interagieren demnach stärker mit diesem Feld. Unter der Annahme, dass die Vorhersagen des Standardmodells richtig seien, hat man somit eine gute Vorstellung der möglichen Higgs-Boson-Zerfälle, auch wenn man seine genaue Masse nicht kennt. Das schwerste Teilchen ist das *top*-Quark, mit einer Masse von 173 GeV. Ein Higgs-Boson mit einer Masse zwischen 114 und 157 GeV würde sich schwer tun, ein *top*-Quark und ein *top*-Antiquark zu erzeugen, wenn man bedenkt, wie schwer diese sind.

Die bessere Option ist es deshalb, in ein Paar aus einem *b*-Quark und einem *b*-Antiquark zu zerfallen, den nächstschwersten Quarks nach den *top*-Quarks.

Zerfall in Quarks

Leider können *b*-Quark-Antiquark-Paare auf viele verschiedene Arten entstehen. Man kann sie nicht von jenen unterscheiden, die von Higgs-Bosonen herrühren. Darüberhinaus ist der Durchblick schwieriger, wenn sich Quarks unter den Zerfallsprodukten befinden, weil Quarks niemals alleine auftreten. Sie umgeben sich immer mit anderen Quarks, um Hadronen (die Kategorie von Teilchen, die aus Quarks bestehen) zu bilden.

Quarks werden in der Regel paarweise erzeugt und durch Gluonen, die wie Gummibänder wirken, zusammengehalten. Die Enden der Bänder stellen die Quarks dar. Wenn sie sich zu weit voneinander entfernen, reißt das Gummiband und es entstehen zwei kleinere Stücke mit je zwei Enden. Insgesamt liegen dann vier Quarks vor. Da sie mit großen Energien produziert werden, werden sich diese Quarks ihrerseits voneinander entfernen, bis ihr kurzes Gummibandstück ebenfalls reißt. All die entstehenden Quarks bilden leichtere Hadronen.

Am Ende bleiben Teilchenbündel übrig, die aus mehreren Hadronen bestehen. Da viele Teilchen im Spiel sind, ist die Messung der Energien dieser Teilchenbündel schwieriger als für Einzelteilchen wie Elektronen, Photonen oder Myonen. Es ist somit nicht leicht, hochpräzise Ergebnisse mit diesen Teilchenbündeln zu erzielen. Aus diesem Grund wurden Zerfallskanäle mit Quarks zur Entdeckung des Higgs-Bosons nicht verwendet.

Die Wahl zwischen Häufigkeit und Eindeutigkeit

Da das Higgs-Boson vornehmlich in schwere Teilchen zerfällt, entstehen selten leichte Teilchen wie Elektronen oder Myonen. Manche Zerfallskanäle sind sehr häufig, andere wiederum haben klare Signale, selten trifft aber beides zu. Obwohl es logisch erscheint, das Higgs-Boson in den häufigsten Zerfallskanälen zu suchen, ist dies nicht unbedingt die beste Vorgangsweise, da man den Untergrund berücksichtigen muss.

Ziehen wir das Beispiel des Radiosenders mit unbekannter Frequenz wieder heran. Es ist besser, sein Signal mit einem geeigneten Apparat aus den Hintergrundgeräuschen herauszufiltern als einen hochsensiblen Empfänger zu verwenden, mit dem man nur Rauschen hört. Nichtsdestotrotz werden alle Möglichkeiten in Betracht gezogen, denn man muss auch ein Gesamtbild erhalten, also die Masse des Higgs-Bosons in mehreren Zerfallskanälen messen und sich vergewissern, dass alles kohärent ist. Selbstverständlich muss auch geprüft werden, ob die Realität mit den Vorhersagen der Theorie übereinstimmt.

Signal und Untergrund

Das Standardmodell sieht vor, dass ein Higgs-Boson manchmal in zwei *Z*-Bosonen zerfällt. Das Modell besagt aber auch, dass es viel leichter ist, direkt zwei *Z*-Bosonen zu erzeugen, die nicht von einem Higgs-Boson stammen. Wenn man zwei *Z*-Bosonen in einem Ereignis findet, heißt das also nicht unbedingt, dass ein Higgs-Boson im Spiel gewesen ist. Es ist in der Tat viel wahrscheinlicher, dass diese beiden aus anderen bekannten Prozessen stammen und somit hinderlich sind, wenn man etwas viel Selteneres wie den Zerfall eines Higgs-Bosons in zwei *Z*-Bosonen sucht.

Es gibt also zwei Kategorien von Ereignissen mit zwei *Z*-Bosonen: Man spricht von Signal, wenn sie von einem Higgs-Boson stammen, und von *Untergrund* im Fall von allen anderen Quellen. Beim Beispiel des Radiosenders ist das Signal die Meldung und das Rauschen oder Knistern der Untergrund. Wenn das Rauschen zu stark ist und das Signal zu schwach, gelingt es einem nicht, das Signal aus dem Untergrund herauszuhören. Man empfängt nichts.

Zerfall in vier Leptonen

Die *Z*-Bosonen können ihrerseits in Leptonenpaare (entweder zwei Elektronen oder zwei Myonen) zerfallen, obwohl sie zehnmal häufiger in Quarks zerfallen. Man kann aber nicht genug betonen, dass es so viele Untergrundereignisse mit Quarks gibt, dass es fast unmöglich ist, in diesen Fällen ein Signal herauszufiltern. Es ist so ähnlich, wie wenn man versuchen würde, das Zirpen eine Grille während eines Heavy-Metal-Festivals herauszuhören! Letztendlich ist es einfacher, wie wir im Kapitel 3 gesehen haben, seltenere, aber dafür leichter identifizierbare Ereignisse auszuwählen, wie solche mit vier Myonen, vier Elektronen oder auch einem Myonpaar und einem Elektronenpaar. Davon gibt es gewiss weniger, jedoch ist im Gegenzug der Untergrund viel kleiner. Man findet also den richtigen Radiosender leichter.

Man muss bestimmte Selektionskriterien anwenden, um tatsächlich nur Ereignisse mit zwei *Z*-Bosonen auszuwählen. Die Energie jedes Myon- oder

Elektronenpaares muss der Masse eines *Z*-Bosons entsprechen oder nahekommen. Nehmen wir wieder die Analogie zwischen einem Teilchenzerfall und dem Wechseln einer Münze zur Hand. Wenn das Kleingeld aus der Umwechslung eines einzigen Geldstücks stammt, ergibt die Summe der Werte der kleinen Münzen immer den Wert des großen Geldstücks. Wenn man aber das Kleingeld beliebig aus einer Schublade entnimmt, wird man zufällige Summen erhalten, da es nicht von einer einzigen großen Münze stammt.

Das Gleiche gilt für zwei Elektronen oder zwei Myonen, die aus einer anderen Quelle als einem *Z*-Boson-Zerfall stammen. Ihre errechnete Masse wird zufällige Werte ergeben. Man eliminiert also alle Ereignisse, bei denen die errechnete Masse eines Paares nicht mit der eines *Z*-Bosons vereinbar ist. Sobald man alle Ereignisse mit zwei *Z*-Bosonen selektiert hat, muss man nur noch diejenigen identifizieren, die vom Zerfall eines Higgs-Bosons stammen. Das Szenario ist das gleiche: Man kombiniert Masse und Energie der beiden *Z*-Bosonen. Wenn sie von einem Higgs-Boson herrühren, ergeben diese Kombinationen in etwa denselben Massenwert (mit einer bestimmten Unsicherheit, siehe Infobox), der der Masse des Higgs-Bosons entspricht.

Die Masse, ein zufälliger Wert

Nur um die Sache noch etwas zu verkomplizieren – die Masse eines Teilchens hat im Gegensatz zu einer Münze keinen exakten Wert. In der Teilchenphysik haben Teilchenmassen eine bestimmte Unschärfe. Beim Zerfall geben die Teilchen das Geld wie in Kanada üblich heraus: durch Runden auf 5 Cent oder manchmal mehr.

Diese Unschärfe des Massenwertes nennt man die *Breite* eines Teilchens. Die *Z*-Bosonen haben nicht alle dieselbe Masse. Wie so oft in der Teilchenphysik ist alles eine Frage von Wahrscheinlichkeiten. Die Kurve in Abbildung 4.2 zeigt die Wahrscheinlichkeit, einen bestimmten Massenwert für ein Teilchen zu messen. Der wahrscheinlichste Wert ist der Wert in der Mitte, zum Beispiel 91 GeV für ein *Z*-Boson. Man erhält diese Kurve, indem man die uns interessierende Teilchenmasse misst und diese Messung wiederholt, wenn man ein weiteres Teilchen gefunden hat. Dies wird so lange wiederholt, bis man die Massen von Hunderten oder Tausenden *Z*-Bosonen bestimmt hat.

Die Distanz zwischen den zwei Punkten der Kurve auf halber Höhe, gekennzeichnet durch die horizontale Linie in der Grafik, definiert die *Breite.* Diese ist mit der Lebensdauer eines Teilchens gekoppelt. Mathematisch berechnet man die Lebensdauer eines Teilchens aus dem Inversen der Breite. Je mehr Zerfallskanäle einem Teilchen offen stehen, desto schneller wird es zerfallen. Seine Lebensdauer nimmt ab und seine Breite vergrößert sich. Das ist ein bisschen so, wie wenn mehrere Luftlinien Flüge zum selben Zielort anbieten: Es ist in diesem Fall leicht, einen Flug zu finden. Wenn die Auswahl jedoch beschränkt ist, kann es passieren, dass man keinen Platz bekommt. Genauso braucht ein Teilchen länger zu zerfallen, wenn es schwer einen Zerfallskanal findet. Seine Lebensdauer ist somit größer.

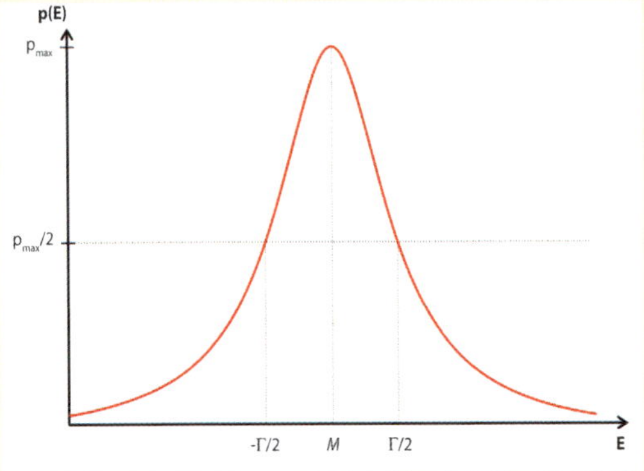

Abbildung 4.2: Die Masse eines Elementarteilchens hat keinen fixen Wert, sondern variiert, kann also so verschiedene Werte annehmen. Die Wahrscheinlichkeit für einen bestimmten Wert ist durch die vertikale Achse dieser Kurve gegeben. Der wahrscheinlichste Wert ist der Wert in der Mitte, M, den man angibt, wenn man von der Masse eines Teilchens spricht.

Quelle: Wikimedia

Das Standardmodell besagt, dass die Breite des Higgs-Bosons 4 MeV ist. Das ist viel weniger als die Breiten der *W*- oder *Z*-Bosonen, die 2500 beziehungsweise 2000 MeV betragen, was in etwa 2,5 Prozent ihrer Masse entspricht. Das natürliche Spektrum des Higgs-Bosons, mit einem Maximalwert bei ungefähr 125 GeV, ist deshalb viel schmäler als jenes der *Z*- und *W*-Bosonen. Wenn man ihre Breite experimentell misst, kommt die Detektorauflösung zur natürlichen Breite hinzu. Der Unterschied in der Breite gibt dem Higgs-Boson eine Lebensdauer, die 500 mal so lange ist wie jene der *Z*- und *W*-Bosonen.

Man rekonstruiert die Masse des Higgs-Bosons mit Ereignissen, die zwei *Z*-Bosonen enthalten. Wenn man die Masse mehrerer Higgs-Bosonen in verschiedenen Ereignissen misst, wird die Verteilung der Massenwerte eine ähnliche Kurve wie die auf der vorhergehenden Seite liefern. Wenn jedoch die beiden *Z*-Bosonen vom Untergrund herrühren, erhält man zufällige Werte.

Die Masse eines *Z*-Bosons und – wie wir später sehen werden – die eines Higgs-Bosons beträgt 91 GeV beziehungsweise 125 GeV. Im Prinzip ist ein Higgs-Boson somit zu leicht, um zwei *Z*-Bosonen zu erzeugen, da jedes von ihnen 91 GeV schwer ist. Jedoch addieren sich die Massen nicht einfach, indem man 91 GeV und 91 GeV zusammenzählt, denn der Massenwert kann variieren. Das ist so wie mit Geld. Wenn man nur 125 € in der Tasche hat, kann man im Prinzip nicht zwei Artikel zu je 91 € kaufen, es sei denn, man findet sie zu einem reduzierten Preis oder gebraucht, was schwieriger aber nicht unmöglich ist. Ein Higgs-Boson kann sich zwei *Z*-Bosonen „leisten", aber eines davon muss zwangsweise „verbilligt", das heißt, weit von seinem mittleren Massenwert entfernt sein. Jedoch ist die Wahrscheinlichkeit, ein Teilchen mit einer von seinem Mittelwert weit entfernten Masse zu finden, ebenfalls eher gering. In der Folge ist es ziemlich selten, dass man einen Zerfall eines Higgs-Bosons mit 125 GeV Masse in zwei *Z*-Bosonen beobachtet. Dieser Zerfallskanal leidet also daran, dass er nicht oft auftritt. Der Untergrund ist hingegen bewältigbar.

Ein anderer Kanal könnte sich *a priori* als eine Goldgrube erweisen: der Zerfall eines Higgs-Bosons in zwei *W*-Bosonen, denn das *W*-Boson ist leichter als das *Z*-Boson, mit einer Masse von 80 GeV statt 91 GeV. Dieser Zerfallskanal kommt somit häufiger vor, denn selbst wenn das Higgs-Boson vorzugsweise schwere Teilchen produziert, kann es sich dies nicht so oft erlauben. Ein *W* kann zerfallen, indem es ein Quark-Paar erzeugt, aber wie schon früher erwähnt, verkompliziert der hohe Untergrund die Lage. Andererseits zerfällt ein *W* auch in ein Myon und ein Neutrino oder auch in ein Elektron und ein Neutrino. Nachdem die Neutrinos nicht nachgewiesen werden, ist alles komplizierter und weniger präzise, da man die Energie des Neutrinos aus der gesamten fehlenden Energie berechnen muss. Dieser Kanal wurde deshalb nur zur Verifizierung der Existenz des Higgs-Bosons verwendet und nicht zur Bestimmung der Masse, zumindest nicht zum Zeitpunkt seiner Entdeckung, als noch wenig Daten zur Verfügung standen.

Komplexere Zerfallskanäle

Das Higgs-Boson kann auch indirekt über andere Teilchen zerfallen. Dies geschieht im Fall von Photonen. Da diese keinerlei Masse besitzen, treten sie in keiner Weise direkt mit dem Higgs-Boson in Wechselwirkung. Trotzdem können sie über intermediäre Teilchen im Inneren einer „Schleife" wie in Abbildung 4.3 erzeugt werden. Diese virtuellen Teilchen können kurzfristig entstehen, indem sie die zu ihrer Produktion notwendige Energie für einen Bruchteil einer Sekunde „ausborgen". Deshalb kommt diese Art von Zerfall nur sehr selten vor.

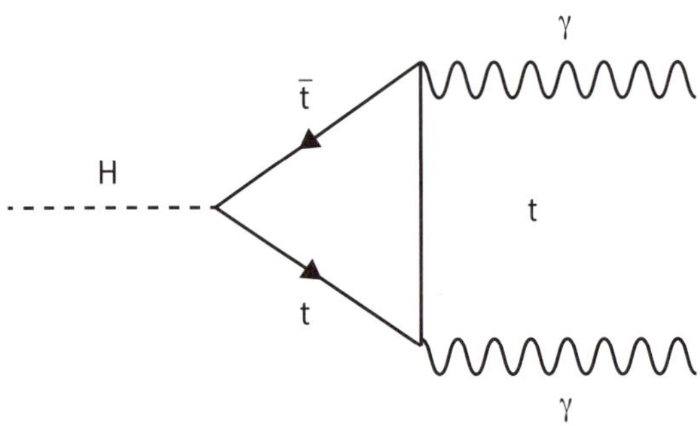

Abbildung 4.3: Illustration eines Higgs-Boson-Zerfalls in zwei Photonen, mit virtuellen *top*-Quarks (*t*) als Zwischenstufe.

Quelle: Ulrik Egede

Das Higgs-Boson, im Diagramm mit *H* bezeichnet, zerfällt in zwei virtuelle *top*-Quarks, bezeichnet mit *t*. Es handelt sich nicht um reelle *top*-Quarks, da diese mit ihrer Masse von je 173 GeV viel zu schwer für eine Erzeugung aus einem einzigen Higgs-Boson von 125 GeV wären. Ein drittes *top*-Quark interagiert mit den beiden anderen, sodass zwei Photonen entstehen. Letztlich agieren die drei *top*-Quarks nur auf virtuelle Weise, und es bleiben nur die zwei Photonen übrig, die in der Abbildung mit dem griechischen Buchstaben γ bezeichnet sind.

Man kann zwei Photonen auch entweder durch Einbringen von anderen virtuellen, schweren Teilchen oder durch weitere Prozesse, die noch komplizierter sind, erzeugen. Wegen ihrer Komplexität sind diese Prozesse extrem selten, existieren aber dennoch. Alle zeichnen sich durch die Eigenschaft aus, dass man bei Kombination der Energien der beiden Photonen das Äquivalent der Masse des Higgs-Bosons erhält. Auf den ersten Blick scheint dies nicht der beste Weg, um das Higgs-Boson zu entdecken, nichtsdestotrotz hat dieser Kanal eine wesentliche Rolle gespielt, wie wir in Kürze sehen werden.

Simulation von Ereignissen und Kalibration

Man kann nicht exakt feststellen, wie viele Ereignisse vom Signal herrühren, wenn man nicht genau weiß, wie viele vom Untergrund stammen. Deshalb greifen die Physiker und Physikerinnen auf ein unentbehrliches Werkzeug zurück: die Simulation von Ereignissen. Simulierte Ereignisse sehen genau so aus wie jene, die bei den Kollisionen zweier Protonen erzeugt werden. In ihnen stecken die gesamten Erkenntnisse aus allen Teilchenphysikexperimenten der letzten Jahrzehnte. Die Theoretiker und Theoretikerinnen berücksichtigen den neuesten Stand des Wissens und bestimmen die Wahrscheinlichkeit, dass ein bestimmtes Teilchen erzeugt wird und wie häufig es in einem bestimmten Kanal zerfällt.

Dann simuliert man den Durchgang aller erzeugten Teilchen durch den Detektor und erhält Bilder, die zwar völlig künstlich sind, aber wirklichen Ereignissen so nahe wie möglich kommen. Eine nahezu perfekte Kopie der Wirklichkeit erfordert beträchtlichen Aufwand, denn man muss sich ständig vergewissern, dass man alle möglichen und vorstellbaren Aspekte berücksichtigt hat. Man muss alle bekannten relevanten physikalischen Prozesse beim Durchgang der verschiedenen Teilchenarten simulieren, ebenso wie die Signalantworten der Millionen Messkanäle in den einzelnen Detektorlagen. Man darf auch nicht vergessen, dass man bei jedem Ereignis nicht eine einzelne Kollision beobachtet, sondern im Mittel etwa zwanzig weniger energiereiche, überlagerte Kollisionen, die zur gleichen Zeit stattfinden. Diese Simulationen tragen den Namen *Monte-Carlo-Simulationen*, bezugnehmend auf die Glücksspiele, die man in Kasinos wie dem vom Monte Carlo findet. In der Teilchenphysik ist alles nur eine Frage von Wahrscheinlichkeiten.

Kalibration

Bevor man weitergehen und überhaupt die Simulationen verwenden kann, muss man sich vergewissern, dass die Hunderten Millionen von Detektorkanälen richtig geeicht sind. Um dies zu tun, erfindet man das Rad neu und misst ständig eine Vielzahl von wohlbekannten Größen, um sicher zu gehen, dass man den gesamten Detektor richtig kalibriert hat. Der Arbeitsaufwand ist dabei enorm. Man muss ohne Unterlass verifizieren, dass Energie und Position eines Teilchens genau gemessen werden und nicht von äußeren Faktoren abhängen. Zu diesem Zwecke überwacht man permanent die Luftfeuchtigkeit, die Luftdruckänderungen, die Fehlfunktionen bestimmter Komponenten, die Zusammensetzung der verschiedenen Gase in den einzelnen Detektoren, die Temperatur an allen Ecken und Enden des Experiments sowie eine Menge anderer Variablen.

Sobald es die Kalibration aller Detektorlagen erlaubt, die wohlbekannten Größen exakt zu reproduzieren (Abbildung 4.4), kann man die echten Daten mit den Simulationen vergleichen, um ihrerseits die Simulationen zu kalibrieren.

Dieser Vorgang wird ständig weiterentwickelt. Man vergleicht ohne Unterlass Hunderte im Detektor gemessene Größen mit den entsprechenden der simulierten Ereignisse. So ist gewährleistet, dass die auf die simulieren Daten angewendeten Auswahlkriterien den gleichen Effekt haben wie jene auf die wirklichen Daten. Letzte Etappe: sicherstellen, dass alle auf die Simulationen und die echten Daten angewendeten Auswahlkriterien identisch sind, angefangen mit den Kollisionsbedingungen, den Triggeralgorithmen und den Charakteristika der Teilchen.

Um Higgs-Bosonen zu finden, muss man zuerst nach zwei *Z*-Bosonen suchen und diese dann rekombinieren. Um *Z*-Bosonen zu finden, kann man alle Ereignisse mit zwei hochenergetischen Elektronen oder Myonen auswählen und diese miteinander verknüpfen, um die Verteilung der kombinierten Massen für alle Leptonpaare zu erhalten. Im Prinzip müsste man die Massenkurve eines *Z*-Bosons erhalten, mit einem zentralen, dem Untergrund überlagerten Maximum, das genau der Masse des *Z*-Bosons entspricht. Man kann prüfen, ob simulierte und echte Ereignisse genau die gleiche Kurve ergeben. Wenn keine gute Übereinstimmung vorliegt, muss man feststellen, welche Parameter des Simulationsprogramms angepasst werden müssen.

Die geringste Änderung eines der vielen Parameter dieser Simulationen kann eine andere Messung negativ beeinflussen. Es handelt sich um eine delikate Aufgabe, die stark dem Bau eines Kartenhauses ähnelt. Sobald ein Team einen bestimmten Simulationsparameter zur besseren Übereinstimmung mit den experimentellen Daten ändern möchte, müssen alle anderen Gruppen die Auswirkungen der vorgeschlagenen Änderungen auf die anderen Detektorteile oder einen anderen physikalischen Prozess evaluieren. Man muss sicherstellen, dass die Übereinstimmung von Simulationen und echten Daten ohne unerwünschte Nebenwirkungen tatsächlich verbessert wird.

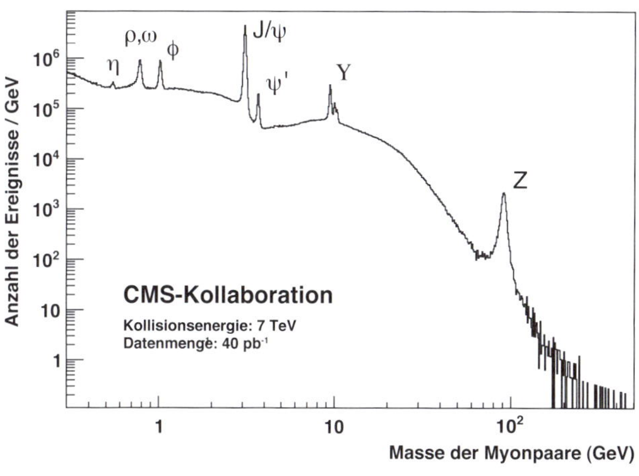

Abbildung 4.4: Dieses Diagramm zeigt auf der horizontalen Achse die kombinierten Massen von Myonpaaren, die mit dem CMS-Detektor identifiziert wurden. Die Spitzen entsprechen den Massen verschiedener Teilchen (η, ρ, ω, Φ, J/ψ, ψ', Υ und *Z*-Boson). Die vertikale Achse gibt die Anzahl der bei jeder Masse gefundenen Myonpaare wieder. Da diese Teilchen in der Vergangenheit von zahlreichen anderen Experimenten identifiziert worden waren, genügt es, die mit dem CMS-Detektor gemessenen Massen mit den bekannten Werten zu vergleichen, um den Detektor zu kalibrieren. Beachten Sie, dass beide Achsen logarithmische Skalen aufweisen.
Quelle: CMS

Wie man Resultate nicht verfälscht

Simulationen, die auf theoretischen Kenntnissen und einer Nachbildung der Funktionsweise des Detektors beruhen, werden für Vorhersagen der erhofften Signale verwendet. Sie erlauben es, eine Verfälschung der Messungen zu vermeiden. Alle für die Entdeckung eines neuen Teilchens wie das Higgs-Boson ins Auge gefassten Selektionskriterien werden strikt nur mithilfe von simulierten Ereignissen festgelegt. Jede Abweichung von dieser Regel ist nicht gestattet, da dadurch die Resultate beeinflusst werden könnten. Bis zur allerletzten Minute ist es den mit der Datenanalyse betrauten Physikern und Physikerinnen nicht gestattet, echte Daten zu betrachten, außer zur Prüfung von Kalibration und Qualität der Simulationen, niemals jedoch zur Erstellung der Suchstrategie.

Die Simulationen bilden nicht nur die Gesamtheit der gut bekannten Untergrundprozesse wie etwa die Erzeugung von zwei Z-Bosonen nach, sondern auch Signale wie zum Beispiel ein Higgs-Boson, das in zwei Z-Bosonen zerfällt. Alle von den Theoretikern und Theoretikerinnen ausgedachten Hypothesen, und seien sie noch so verrückt, werden simuliert und mit den experimentellen Daten verglichen, in der Hoffnung, neue Phänomene zu entdecken.

Im Zuge einer Analyse zum Auffinden des Higgs-Bosons studiert man mithilfe von Simulationen zuerst die Charakteristika von Signal und Untergrund. Dann stellt man die Selektionskriterien auf, die es erlauben, so viel Untergrund wie möglich zu eliminieren und gleichzeitig maximal viele Ereignisse, die einem Signal entsprechen, zu behalten. Sobald man einmal die Kriterien festgelegt hat, sind sie unveränderlich. Man muss deshalb sicherstellen, dass die Auswahl zum bestmöglichen Signal-Rausch Verhältnis führt.

Statistische Methoden

Wenn ich Ihnen vier 50-Cent-Stücke gebe, können Sie mir sagen, ob diese Münzen von einem Zwei-Euro-Stück oder von zwei Ein-Euro-Stücken stammen (Abbildung 4.5)? Wenn diese Münzen Teilchen wären, könnte man dies mehr oder weniger sagen, man muss dazu aber auf ausgefeilte statistische Methoden zurückgreifen.

Bei der Entdeckung des Higgs-Bosons bestand die Vorgangsweise darin zu evaluieren, wie viele Untergrundereignisse durch das Netz der Selektion schlüpfen, die vornehmlich auf die Auswahl von Signal abzielt. Dies kann auf

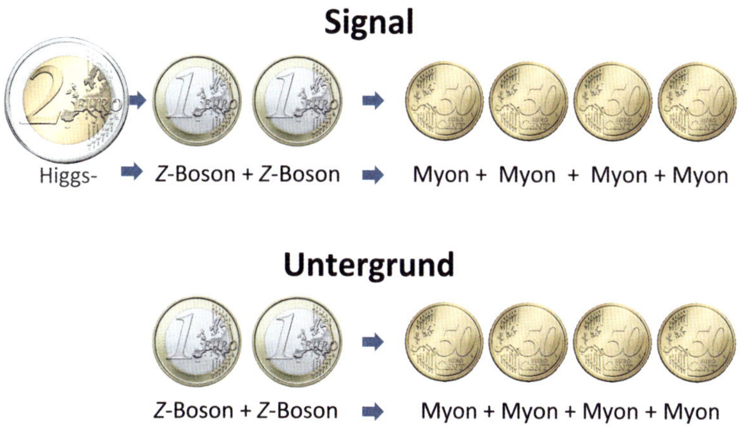

Abbildung 4.5: Die gleichen Münzen können von verschiedenen Geldstücken herrühren, genauso wie bestimmte Ereignisse (der Untergrund) die Signatur des gesuchten Ereignistyps (das Signal) vortäuschen können.
Quelle: Pauline Gagnon, Pixabay.

zwei Arten geschehen: entweder mithilfe von Simulationen oder indem man den Untergrund aus den Daten selbst bestimmt.

Wenn man etwa das Higgs-Boson in einem bestimmten Massenbereich sucht, bestimmt man den Untergrund in einem anderen Massenbereich und extrapoliert dann in die Region, die einen interessiert. Sobald die Selektionskriterien sozusagen in Stein gemeißelt sind, wendet man sie auf die echten Daten an. Anschließend prüft man, ob die ausgewählten Ereignisse nur den Simulationen des Untergrunds entsprechen oder ob es einen kleinen Überschuss gibt, den man dem gesuchten Signal zuordnen könnte.

Rezept für Bosonsirup

Man hat oft von der „Jagd" nach dem Higgs-Boson gesprochen, so als ob man eines findet, es erschießt, es ausstopft und an der Wand aufhängt. Nichts könnte weiter von der Realität entfernt sein. Es handelt sich nicht um eine Jagd, sondern um ein Sammeln. Eigentlich ähnelt die Suche ausgesprochen gut der Erzeugung von Ahornsirup (Abbildung 4.6). Hier ist also mein Boson-Sirup-Rezept.

Um guten Ahornsirup zu machen, muss man zuerst Zuckerahornbäume finden und es vermeiden, andere Ahornsorten oder andere Baumarten wie Birken oder Eschen anzuritzen. Der Zucker stellt unser Signal dar, das Wasser den Untergrund. Andere Bäume, insbesondere andere Ahornsorten, die dem Zuckerahorn ähneln, deren Saft aber viel weniger süß ist, vergrößern nur den Untergrund und verwässern unser Signal. Dann muss man den Ahornsaft Tropfen für Tropfen einsammeln, so wie man die Ereignisse eines nach dem anderen bei jeder Protonkollision im Lauf der Zeit aufzeichnet. Schlussendlich muss man 27 Liter Ahornsaft destillieren, um ein Liter Sirup zu erhalten. Genauso muss man sechs Millionen Ereignisse sammeln, um hoffen zu können, ein einziges Higgs-Boson zu finden.

Abbildung 4.6: Die Suche nach dem Higgs-Boson ähnelt sehr der Erzeugung von Ahornsirup, wie in dieser Zuckerahornplantage der Firma Lacoudès, in der Nähe von Sainte-Rose-du-Nord, in der kanadischen Region Saguenay.

Quelle: Yves Lagacé

Fehlergrenzen

Man muss auch die Fehlergrenzen bei den experimentellen Messungen berücksichtigen. Die Zahl der Untergrundereignisse kann fluktuieren, da man es nicht mit festen Gesetzen zu tun hat, sondern mit statistischen Regeln. Nehmen wir zum Beispiel einen Sack voll mit Kugeln. Die Hälfte von ihnen ist grün, die andere blau. Nehmen wir an, ich würde Sie bitten, den Prozentsatz der grünen Kugeln im Sack zu bestimmen, wobei Sie nur eine Stichprobe von zehn Kugeln nehmen dürfen. Wie viele von diesen Kugeln werden grün sein? Fünf? Sechs? Zwei? Alle diese Werte sind möglich, obwohl es hundertmal wahrscheinlicher ist, fünf grüne Kugeln als nur zwei zu ziehen.

Welchen Prozentsatz von grünen Kugeln würden Sie jedoch erhalten, wenn Sie statt zehn hundert Kugeln ziehen? Ein Wert zwischen 45 und 5 Prozent ist sehr wahrscheinlich, obwohl weniger oder mehr ebenfalls möglich wären. Wenn Sie aber 1000, 10 000 oder noch mehr nehmen, sind die Chancen ausgezeichnet, dass sich der Anteil von grünen Kugeln immer mehr den 50 Prozent nähert. Je größer die Messprobe (die Anzahl der zufällig gezogenen Kugeln) ist, desto höher sind die Chancen, die richtige Antwort zu finden, nämlich 50 Prozent grüne Kugeln. Wenn man es aber mit sehr kleinen Messproben zu tun hat, ist es nicht verwunderlich, Werte zu erhalten, die beträchtlich von davon abweichen, zum Beispiel 20 oder 30 Prozent.

Wenn man Ereignisse mit dem Ziel auswählt, ein Signal zu extrahieren, kann die Zahl der Signalereignisse ebenso wie die Zahl der zum Untergrund gehörenden Ereignisse stark variieren, insbesondere wenn der ausgewählte Datensatz klein ist. Diese statistischen Schwankungen addieren sich zu den experimentellen Fehlern. Man muss dies bei der Bestimmung der Fehlergrenze berücksichtigen. Sie wird so definiert, dass die Wahrscheinlichkeit, die richtige Antwort innerhalb dieser Fehlergrenze zu finden, 68 Prozent beträgt. Sie wird auch eine Standardabweichung oder ein Sigma genannt. Mit 95 Prozent Wahrscheinlichkeit findet man dann die richtige Antwort innerhalb eines Intervalls, das zwei Standardabweichungen entspricht.

Wenn man nach einem neuen Teilchen sucht, vergleicht man die Stärke des Signals mit der Größe der Fehlergrenze, nachdem man den Untergrund abgezogen hat. Ein Signal, das mindestens das Fünffache der Fehlergrenze ausmacht, die durch Kombination der möglichen Fluktuationen von Signal und

Abbildung 4.7: Die Professoren François Englert und Peter Higgs in angeregter Diskussion nach der Verlautbarung der Entdeckung des Higgs-Bosons am CERN am 4. Juli 2012. Es war das erste Mal, dass sich die beiden getroffen hatten.

Quelle: CERN

Untergrund ermittelt wird, entspricht fünf Standardabweichungen oder Sigma. Die Wahrscheinlichkeit, dass das Signal von einer statistischen Fluktuation des Untergrunds herrührt, beträgt dann nur 1:3,5 Millionen. Dieses Kriterium ist in der Teilchenphysik jenes, das es erlaubt, im Fall des Falles eine Flasche Champagner zu öffnen (Abbildung 4.7).

Die Zielgerade

Natürlich wäre es leichter gewesen, mehrere Monate zu warten, größere Datenmengen aufzuzeichnen und sich Zeit zu nehmen, alles in Ruhe zu analysieren. Im Sommer 2012 war allerdings die Konkurrenz zwischen den Teams von CMS und ATLAS sehr groß. Und da die größte Teilchenphysikkonferenz des Jahres am 4. Juli beginnen würde, wollten die beiden Kollaborationen dort ihre neuesten Resultate präsentieren. Darüberhinaus stand die Glaubwürdigkeit des ganzen Projekts des großen Hadronbeschleunigers auf dem Spiel. Menschen auf der ganzen Welt warteten ungeduldig darauf, ob das Higgs-Boson sich tatsächlich zeigen würde oder ob seine Vorhersage sich als ein reines Hirngespinst herausstellen würde. Der Druck war enorm. Die Mitglieder der

ATLAS- und CMS-Kollaborationen machten deshalb geniale, höchst effiziente Anstrengungen, um ein Maximum an Informationen aus den vorliegenden Ereignissen in Rekordzeit herauszuholen. Diese Anstrengungen waren von höchstem Erfolg gekrönt, denn die Schwelle der fünf Standardabweichungen wurde von beiden Experimenten erreicht.

Die Entdeckung

Die beiden Teams sammelten Daten bis eine Woche vor der Konferenz, um die Anzahl ihrer Ereignisse zu maximieren. Ein Minimum an Zeit musste dennoch reserviert werden, um alle Etappen der Kalibration fertigzustellen und die Qualität der gespeicherten Daten zu prüfen. Selbst mit Teams in verschiedenen Zeitzonen und einzelnen Forschern, die oft Tag und Nacht arbeiteten, war die Zeit knapp. Einige Tage vor der Konferenz hat man dann zum ersten Mal die mithilfe von Simulationen erstellten Selektionskriterien auf wirkliche Daten angewendet und endlich gesehen, wie viele Ereignisse die Auswahl passierten (Abbildung 4.8). Wir zeigen jetzt, was ATLAS präsentiert hat. Die Resultate des CMS-Experiments waren genauso überzeugend.

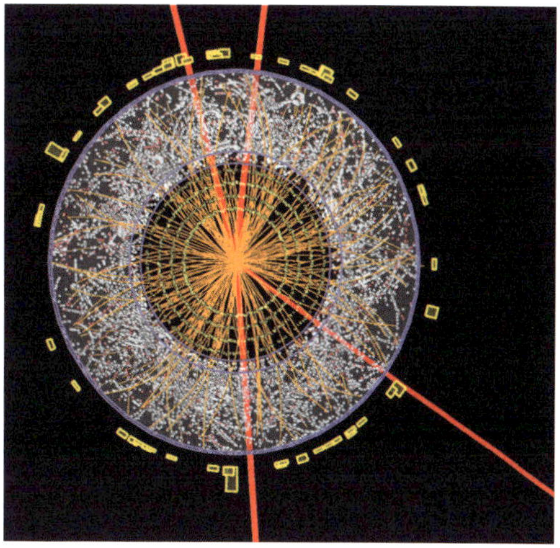

Abbildung 4.8: Ein von ATLAS aufgezeichnetes Ereignis, das die Charakterstika eines Higgs-Bosons hat, das in zwei Z-Bosonen zerfällt, von denen jedes seinerseits in zwei Myonen zerfällt. Die Myonspuren sind durch die roten Linien gekennzeichnet.
Quelle: ATLAS

In Abbildung 4.9 zeigt die vertikale Achse die Zahl der aufgezeichneten Ereignisse als Funktion der kombinierten, in GeV gemessenen Masse der vier Leptonen (Myonen oder Elektronen) an, wobei nur Ereignisse, welche die mithilfe von Simulationen erstellten Selektionskriterien erfüllen, berücksichtigt sind. Die rote Fläche entspricht der durch Simulation bestimmten Zahl von Ereignissen, die von der Erzeugung von zwei Z-Bosonen stammen und den größten Untergrundanteil darstellen. Die schwarzen Punkte stellen die mit dem Detektor aufgezeichneten wirklichen Daten dar. Der mit jedem Punkt assoziierte vertikale Strich ist ein Maß für die möglichen statistischen Schwankungen und die experimentellen Fehler. Die darüberliegende schraffierte Fläche entspricht den möglichen Fluktuationen des Untergrunds.

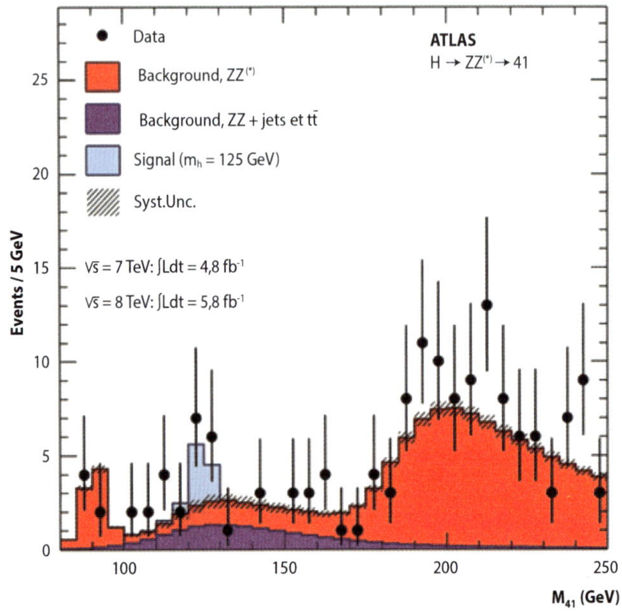

Abbildung 4.9: Eines der Diagramme, das die ATLAS-Kollaboration am 4. Juli 2012 zeigte, um die Entdeckung des neuen Bosons zu beweisen. Die vertikale Achse zeigt die Anzahl der gefundenen Ereignisse, welche die angewandten Kriterien zur Auswahl von Ereignissen mit einem Higgs-Boson, das über zwei Z-Bosonen in vier Leptonen (Myonen oder Elektronen) zerfällt, erfüllen. Die horizontale Achse zeigt die kombinierte Masse der vier Leptonen. Der Untergrund wurde aus Simulationen berechnet und ist in Rot beziehungsweise Violett gezeichnet. Er entspricht Ereignissen, welche die gleichen Charakteristika wie Higgs-Boson-Zerfälle haben, aber aus anderen Quellen stammen. Der hellblaue Überschuss entspricht der theoretischen Vorhersage für ein Higgs-Boson mit einer Masse von 125 GeV. Die schwarzen Punkte sind die experimentellen Daten. Man muss die Verteilung dieser Punkte mit den Vorhersagen aus Simulationen (in Rot und Violett) vergleichen und bestimmen, ob ein signifikanter Überschuss aus einer Quelle vorliegt, die nicht zum Untergrund gehört. In diesem Diagramm ist das nur rund um 125 GeV der Fall.
Quelle: ATLAS

Hätten die experimentellen Daten, also die schwarzen Punkte, mit der errechneten Verteilung der Untergrundwerte unter Berücksichtigung möglicher statistischer Fluktuationen übereingestimmt, hätte man daraus schließen müssen, dass es kein Higgs-Boson gibt. Im Großen und Ganzen ist dies für fast alle Messwerte der Fall: Die schwarzen Punkte liegen im Wesentlichen auf der

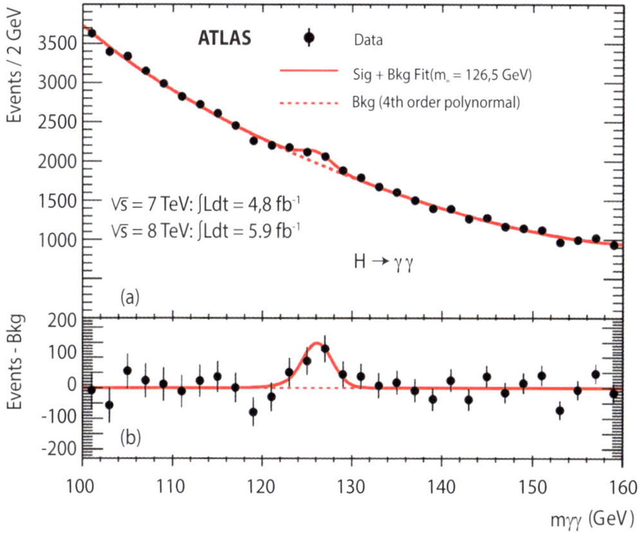

Abbildung 4.10: Das zweite von der ATLAS-Kollaboration am 4. Juli 2012 gezeigte Diagramm zum Beweis der Entdeckung des Higgs-Bosons. Die Ereignisse erfüllen die dem Zerfall eines Higgs-Bosons in zwei Photonen entsprechenden Selektionskriterien. Die vertikale Achse zeigt die Anzahl der gefundenen Ereignisse als Funktion der kombinierten Masse der beiden Photonen. Der Untergrund (rote Linie außerhalb des Bereichs 120–130 GeV im oberen Bildteil) entspricht allen Photonpaaren mit zufälligen kombinierten Massen, die aus anderen Ereignissen als von Higgs-Boson-Zerfällen stammen. Der untere Bildteil (b) zeigt den Überschuss, der dem neuen Boson nach Abzug des Untergrundes zugeordnet werden kann.
Quelle: ATLAS

Linie, die die rote Fläche begrenzt – außer im Massenbereich um 125 GeV. Dort gibt es einen klaren Überschuss an Ereignissen, den man nicht als statistische Schwankung des Untergrundes erklären kann. Dieser Überschuss ist hingegen perfekt kompatibel mit der Simulation eines Signals für ein 125 GeV schweres Higgs-Boson, das durch die hellblaue Fläche dargestellt ist.

All dies war äußerst vielversprechend. Bevor man jedoch in Jubel ausbrechen konnte, musste man verifizieren, ob man das Gleiche ebenso in anderen Zerfallskanälen sehen würde. Der überzeugendste war der mit zwei Photonen. Man sieht in Abbildung 4.10 die Verteilung der kombinierten Masse der beiden Photonen für alle Ereignisse, die in dieser Analyse ausgewählt worden waren.

Wieder stellen die schwarzen Punkte die experimentellen Daten dar. Die punktierte rote Kurve zeigt die Abschätzung der zum Untergrund aus allen Photonpaaren gehörenden Ereignissen, die nicht von einem Higgs-Boson herrühren.

Die Menge an Untergrundereignissen im Bereich zwischen ungefähr 120 und 130 GeV, dargestellt durch die punktierte rote Linie, wurde auf der Basis der Anzahl der Ereignisse außerhalb dieser Zone extrapoliert, indem echte Daten verwendet wurden. Ein Zurückgreifen auf Simulationen war somit nicht notwendig. Dies reduziert auch die Fehlergrenzen. Wenn man die berechnete Zahl der Untergrundereignisse von den Daten abzieht, erhält man den kleinen Überschuss, der in der unteren Bildhälfte sichtbar ist. Anders ausgedrückt findet man mehr Ereignisse als jene, die dem Untergrund zugeordnet werden können. Wenn die Ereignisse also nicht vom Untergrund stammen, müssen sie von einer anderen Quelle kommen. Es handelte sich um das lange gesuchte Higgs-Boson, mit zwei Photonen im Endzustand nach dem Zerfall.

Die Entdeckung wurde am 4. Juli 2012 mit großem Pomp am CERN bekannt gegeben und direkt nach Melbourne zur Eröffnung einer bedeutenden Teilchenphysikkonferenz übertragen. Aber erst acht Monate später – nachdem mehrere seiner Eigenschaften gemessen worden waren – hatten die ATLAS- und CMS-Kollaborationen genügend Daten, um die Identität dieses Teilchens zweifelsfrei bestätigen zu können. Denn obwohl es aussah wie ein Higgs-Boson, musste man sich vergewissern, dass es auch sang, lief, und tanzte wie ein Higgs-Boson.

Das ist jetzt erledigt. Die Messung seines *Spins*, seines Drehimpulses, ergab tatsächlich einen Wert null, wie es die Theorie vorhersagt. Das Higgs-Boson ist das einzige bekannte Boson mit Spin null. Im Gegensatz zu allen anderen fundamentalen Teilchen, Fermionen und Bosonen, hat es keine bevorzugte Ausrichtung. Aus diesem Grund wird das Higgs-Boson auch das *skalare* Boson genannt, um zu unterstreichen, dass sein Spin null ist.

Was noch bleibt, ist herauszufinden, ob es sich tatsächlich um *das* Higgs-Boson des Standardmodells handelt, wie es 1964 von Robert Brout, François Englert und Peter Higgs sowie ein wenig später von Tom Kibble, Gerald Guralnik und Carl Hagen vorgeschlagen wurde. Es sind nämlich mehrere Varianten von Higgs-Boson(en) möglich. Man könnte es auch mit dem leichtesten von fünf möglichen Higgs-Bosonen zu tun haben, die eine andere, *Supersymmetrie* genannte Theorie vorsieht und die wir im Kapitel 6 im Detail beleuchten werden. Das Ende der Geschichte ist noch immer nicht geschrieben. Man braucht Zeit und muss noch viele Daten nach dem Neustart des LHC im Jahr 2015 analysieren, bevor man alles über das Teilchen weiß und vollständige Gewissheit hat.

Nobelpreis

Die Bestätigung vom März 2013, dass es sich wirklich um ein Higgs-Boson handelt, hat offensichtlich das Nobelpreiskomitee überzeugt, dass Robert Brout, François Englert und Peter Higgs 1964 richtig getippt hatten. Nachdem Robert Brout verstorben war, wurde am 8. Oktober 2013 nur den beiden anderen der Nobelpreis für Physik (Abbildung 4.11) zuerkannt. Dieser wird nicht posthum verliehen und kann maximal auf drei Personen oder Institutionen aufgeteilt werden (auch wenn abgesehen vom Friedensnobelpreis noch keine Institution ausgezeichnet wurde).

Abbildung 4.11: Der Generaldirektor des CERN, Rolf Heuer, spricht zu den zahlreichen Physikern und Physikerinnen von ATLAS und CMS, die sich versammelt hatten, um der Verkündigung des Nobelpreises für Physik am 8. Oktober 2013 beizuwohnen.
Quelle: CERN

Schade, dass das Komitee den Preis nicht den beiden Theoretikern gemeinsam mit CERN zuerkannt hat, denn ohne experimentellen Beweis ist eine Theorie nicht das Papier wert, auf das sie geschrieben wurde. Nichtsdestotrotz wurden die Anstrengungen der Tausenden an der Entdeckung beteiligten Personen vom Nobelpreiskomitee anerkannt, indem es festhielt, dass der Preis für eine Theorie vergeben wurde, die *„vor kurzem durch die Entdeckung des vorhergesagten fundamentalen Teilchens durch die Experimente ATLAS und CMS am Large Hadron Collider (LHC) des CERN bestätigt worden war"*.

Eine Zuerkennung eines Teiles des Preises wäre ein guter Weg gewesen zu unterstreichen, dass die Teilchenphysik genauso wie viele andere Disziplinen enorme Anstrengungen von multinationalen Teams erfordert. Kein einzelnes Individuum und auch keine Nation können auf diesem Gebiet die Forschung alleine voranbringen, wie wir im Kapitel 8 sehen werden. Trotzdem war CERN an jenem Tag in Jubelstimmung, denn jeder oder jede von uns wusste, dass unsere Beiträge wesentlich gewesen waren.

Ein unvergesslicher Moment

Die Ankündigung der Entdeckung eines neuen Bosons durch die Kollaborationen CMS und ATLAS am CERN wird allen Teilchenphysikern und -physikerinnen dieser Zeit im Gedächtnis bleiben. Jede dieser Personen wird nie vergessen, wo sie an diesem Tag gewesen war. Die Ankündigung erfolgte am 4. Juli 2012 um 9 Uhr morgens am CERN, in einem Auditorium, das zum Bersten voll war (Abbildung 4.12). Mehrere Personen hatten sich die ganze Nacht angestellt, um einen Platz zu ergattern, obwohl das Ereignis in mehrere andere Auditorien am CERN (die ebenfalls voll besetzt waren) und anderswo sowie im Internet übertragen wurde.

Aber niemand, nicht einmal der Generaldirektor des CERN, wusste bis kurz vor der Konferenz genau, was die Sprecher der beiden Experimente präsentieren würden. So wurde zum Beispiel das Endergebnis den Mitgliedern von ATLAS erst drei Tage vorher mitgeteilt. Die direkt an diesen Analysen beteiligten Physiker und Physikerinnen arbeiteten Tag und Nacht, um die Resultate rechtzeitig fertigzustellen, unter Ausnützung der Zeitverschiebung zwischen den auf verschiedenen Kontinenten tätigen Forschern und Forscherinnen. Mit Sicherheit ist anzunehmen, dass sie alle sehr wenig während der Tage vor der Verkündigung der Entdeckung geschlafen hatten. Die gesamte Forschergemeinschaft setzte auf interessante Ergebnisse, zumal schon bei einem gemeinsamen Seminar im Dezember 2011 Anzeichen in den Daten der beiden Gruppen erkennbar gewesen waren.

Kurz nach meiner Ankunft in Melbourne am Montag, dem 2. Juli, suchte ich ein McDonald's-Restaurant auf, um dessen Internetverbindung zu nützen.

Abbildung 4.12: Das große Auditorium des CERN kurz vor der Ankündigung der Entdeckung eines neuen Bosons am 4.Juli 2012. Am Eingang war die Warteschlange 100 Meter lang und ging quer durch das Hauptgebäude, die Cafeteria und bis nach draußen. Manche verbrachten die Nacht vor dem Eingang, um sich einen Platz zu sichern. Quelle: CERN

Ebendort sah ich die allerletzten Resultate von ATLAS, die klar zeigten, dass das neue Boson gefunden worden war. Das war ungeheuer aufregend, aber gleichzeitig enorm frustrierend, da ich meine Freude nicht mit anderen Leuten teilen konnte. Wie auch immer, nichts durfte vor der Konferenz an die Öffentlichkeit gelangen. Jedes Kollaborationsmitglied musste die Möglichkeit haben, die Publikation vor ihrer Veröffentlichung zu lesen und zu kommentieren. Da ich keinen Zugang zu den Resultaten von CMS hatte,

Abbildung 4.13: Übertragung des CERN-Seminars mit der Ankündigung der Entdeckung des Higgs-Bosons nach Melbourne am 4. Juli 2012. Ich sitze in der ersten Reihe.
Quelle: Laura Vanags, ARC CoEPP

fragte ich mich genauso wie alle anderen Mitglieder der beiden Kollaborationen: Kommt das andere Experiment zum gleichen Ergebnis? Denn beide Gruppen arbeiteten völlig unabhängig voneinander und unter strengster Geheimhaltung. Es gab natürlich Gerüchte, aber letztlich haben nur wenige Lecks die Überraschung der offiziellen Ankündigung vorweggenommen.

In Melbourne setze ich mich am 4. Juli in die erste Reihe des Auditoriums, wo das CERN-Seminar direkt für die 900 Konferenzteilnehmer und -teilnehmerinnen übertragen wird. Meine Aufgabe ist es, direkt auf der Webseite der Quantum Diaries[19] die Vorträge in einem Blog im Namen des CERN zu kommentieren (auf französisch und auf englisch). Rechts von mir, in Abbildung 4.13 nicht sichtbar, sitzt ein Journalist einer großen Presseagentur, der sich schwer tut mitzukommen. Ich blogge mit einer Hand

19. Hier ist meine Zusammenfassung des besagten Seminars, Tippfehler inklusive! http://www.quantumdiaries.org/2012/07/04/live-blog-on-cern-higgs-seminar-from-melbourne/

Abbildung 4.14: CERN gibt die Entdeckung des Higgs-Bosons am 4. Juli 2012 bekannt. Hier sieht man Joe Incandela, den Sprecher der CMS-Kollaboration, vor einem zum Bersten gefüllten Auditorium. Das Seminar wurde in mehrere andere genau so volle Auditorien übertragen, ebenso wie etwa nach Melbourne in Australien, wo 900 Physiker und Physikerinnen eine große Konferenz besuchten.

Quelle: CERN

in zwei Sprachen, folge auf dem anderen Ohr dem Vortrag und helfe dem Journalisten ständig mit Erklärungen. Ich lebe von Adrenalin.

Die Stimmung ist angespannt, anders als sonst bei solchen Veranstaltungen üblich. Um 8:56 Uhr betreten François Englert und Peter Higgs, die als erste die Existenz des Higgs-Bosons postulierten, das CERN-Auditorium, unter Applaus des Saales in Genf aber auch in Melbourne, auch wenn sie uns nicht hören. Es ist das erste Mal, dass sich die beiden treffen.

Genau um 9 h am CERN, 17 h in Melbourne, herrscht in allen Übertragungsräumlichkeiten eindrucksvolle Stille. Joe Incandela wird aufgefordert, die Resultate der CMS-Kollaboration zu präsentieren (Abbildung 4.14). Um 9:40 Uhr wird es offensichtlich, dass CMS den unwiderlegbaren Beweis der Entdeckung eines neuen Bosons geliefert hat. Der Saal, in dem von Anfang an alle den Atem angehalten hatten, bricht in Applaus aus, ebenso

Abbildung 4.15: Die Stimmung während der Pressekonferenz, die im Anschluss an die Verkündigung der Entdeckung des Higgs-Bosons im Juli 2012 stattfand, war fröhlich und angeregt. Journalisten aus der ganzen Welt drängen sich um Peter Higgs und François Englert. Einige Minuten vorher hatte die Physikerin Sau-Lan Wu Peter Higgs freudig angesprochen und ihm gesagt: „20 Jahre lang suchte ich nach Ihnen". Und er hatte geantwortet: „Jetzt haben Sie mich gefunden!".
Quelle: CERN

in dem am CERN und in allen anderen Sälen, in die die Ankündigung übertragen wird.

Um 10 Uhr ist dann Fabiola Gianotti, die Sprecherin von ATLAS, an der Reihe, die Resultate ihrer Kollaboration zu präsentieren. Nachdem sie genauso wie Joe Incandela die verwendeten Methoden untermauert, enthüllt sie um 10:40 Uhr endlich die Ergebnisse: ein klares, unmissverständliches Signal. Viel Geschrei und Applaus. Fabiola, von Anfang an völlig angespannt und konzentriert, entspannt sich und bricht mit dem Auditorium in Jubel aus. Peter Higgs, mit Tränen in den Augen, und ein strahlender François Englert geben unter Beifall der Menge ihre ersten Eindrücke preis, (Abbildung 4.15).

Alle freuen sich, auch in Melbourne, obwohl man sich ein wenig weit weg fühlt ... Auch die Kängurus hüpfen vor Freude. Der anschließende Empfang ist lebhaft und feuchtfröhlich. Ich gehe zum Hotel zurück und schreibe einen Blogeintrag mit einer Zusammenfassung der Resultate. Mehrere Medien aus Quebec möchten Details erfahren, und ich gebe in den Tagen danach zahlreiche Interviews, früh am Morgen oder spät am Abend, der Zeitverschiebung geschuldet. Durch ihren Kommentar „Du wurdest endlich von der Sucherin zur Finderin befördert!“, brachte es meine gute Freundin auf den Punkt.

Merkzettel

Die Suche nach dem Higgs-Boson ähnelt der Herstellung von Ahornsirup: Das Signal ist der im Ahornsaft enthaltene Zucker, während das Wasser den Untergrund darstellt. Je mehr Untergrund vorhanden ist, desto verdünnter und folglich schwerer zu extrahieren ist das Signal. Darüberhinaus ist das Signal des Higgs-Bosons nicht eindeutig und kann von anderen Teilchenzerfällen, die nichts mit dem Higgs-Boson zu tun haben, imitiert werden. Ein Teilchenzerfall ähnelt dem Umtauschen einer großen Münze in Kleingeld. Vier 50-Cent-Stücke können von einer Zwei-Euro-Münze oder von zwei Ein-Euro-Münzen stammen. Nur durch ausgefeilte statistische Methoden kann man Signal und Untergrund unterscheiden.

Die Physiker und Physikerinnen benützen Simulationen, um komplett erfundene Ereignisse zu produzieren. Diese erlauben es, genau zu verstehen, was das Signal vom Untergrund unterscheidet, und entsprechende Selektionskriterien zu erstellen. Sie helfen nicht nur, den Detektor zu verstehen und zu kalibrieren, sondern auch abzuschätzen, wie viele Ereignisse vom Untergrund stammen, nachdem man die Auswahlkriterien angewendet hat. Wenn mehr Ereignisse als die für alle anderen bekannten Prozesse vorhergesagten übrig bleiben, sind die Chancen hoch, dass man ein neues Teilchen gefunden hat.

Wenn dies in mehreren Zerfallskanälen auftritt und wenn darüberhinaus noch zwei verschiedene, völlig unabhängig voneinander und unter strengster Geheimhaltung arbeitende Experimente das gleiche Signal finden, wird der Beweis unwiderlegbar. Es ist so, wie wenn zwei unabhängige Teams ohne miteinander zu kommunizieren und mit verschiedenen Gerätetypen dieselbe Frequenz eines unbekannten Radiosenders gefunden hätten. Genau das ist am 4. Juli 2012 mit der Ankündigung identischer Resultate der Experimente ATLAS und CMS passiert. Man wusste somit, dass man ein Teilchen mit allen Merkmalen des Higgs-Bosons entdeckt hatte.

KAPITEL 5

Die dunkle Seite des Universums

Nach der Entdeckung des Higgs-Bosons würde man meinen, dass man endlich ein vollständiges Bild der materiellen Welt um uns hätte und dass alle ihre Geheimnisse gelöst wären. Dem ist jedoch nicht so. Ganz im Gegenteil – wir wissen, dass das aktuelle theoretische Modell, das im ersten Kapitel beschriebene Standardmodell, in Wirklichkeit nur 5 Prozent des gesamten Inhalts des Universums erklärt.

Manche von Ihnen haben vielleicht schon von der *dunklen Materie* (auch manchmal schwarze Materie genannt) gehört, von dieser mysteriösen Materie, die man nicht sieht, die aber 27 Prozent des Inhalts des Universums ausmacht, wohingegen die sichtbare Materie (Sie, ich und alles, was sich auf der Erde, in den Sternen und in allen Galaxien befindet) nur 5 Prozent des Gesamtinhalts ausmacht (Abbildung 5.1). Wie weiß man aber, dass diese dunkle Materie wirklich existiert? Hier sind die Beweise.

Bevor wir von dunkler Materie sprechen, muss ich auch einige Worte über die *dunkle Energie* verlieren, denn diese stellt immerhin 68 Prozent des gesamten Inhalts des Universums dar. Ich werde mich kurz halten, denn sehr viel ist über dieses Thema nicht bekannt. 1998 leiteten Saul Perlmutter auf der einen sowie Adam Riess und Brian Schmidt auf der anderen Seite zwei unabhängige Forschergruppen. Durch Messung der relativen Geschwindigkeiten, mit denen sich Galaxien voneinander entfernen, stellten ihre Teams fest, dass sich das Universum nicht nur ausdehnte, sondern dass sich diese Ausdehnung auch noch beschleunigte. Diese Entdeckung brachte ihnen den Nobelpreis für Physik des Jahres 2011 ein. Zur Beschleunigung, sei es mit dem Fahrrad oder mit dem Auto, braucht man Energie. Woher kommt aber diese phänomenale Energie, die ausreicht, die Ausdehnung des Universums zu beschleunigen? Niemand weiß es. Noch schlimmer, die Beschaffenheit dieser Energie ist völlig unbekannt. Man nennt sie *dunkle Energie*, in Anlehnung an die dunkle Materie; wir werden gleich sehen, wie die Forscher der Planck-Mission, eines

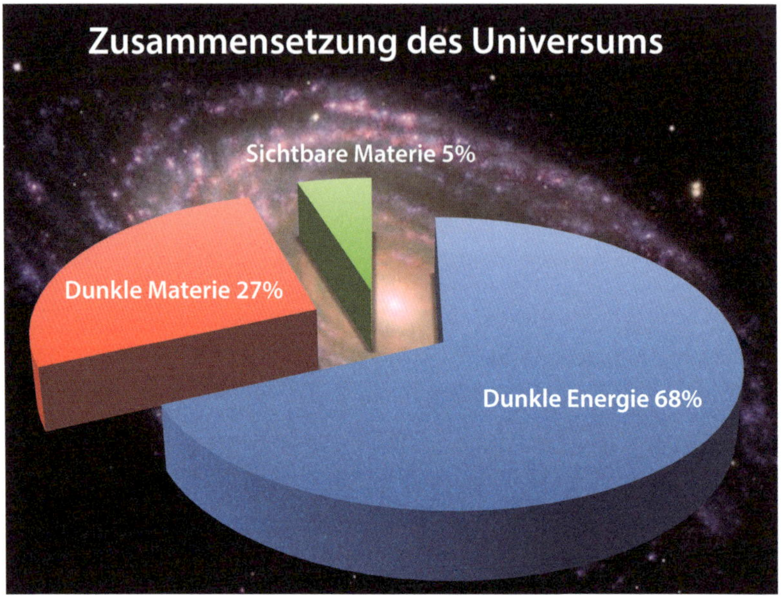

Abbildung 5.1: Fast der ganze Inhalt des Universums besteht aus noch unbekannten Substanzen: aus Materie mit komplett verschiedener Beschaffenheit als die, die wir kennen, genannt „dunkle Materie" und einer Form von Energie, die genauso geheimnisvoll ist und die man als „dunkle Energie" bezeichnet.

Quelle: Pauline Gagnon

Experiments an Bord eines Satelliten der Europäischen Weltraumorganisation, bestimmen konnten, dass sie 68 Prozent des Inhalts des Universums ausmacht.

Die dunkle Materie: unsichtbar, aber trotzdem da

Bevor wir weitergehen, ist es nützlich, einen wesentlichen Punkt zu klären: Wie weiß man, welche Art von Materie sich in den Sternen und den Galaxien befindet? Es genügt, das Licht zu beobachten, das diese aussenden, um auf ihre Zusammensetzung zu schließen. Jedes chemische Element emittiert ein charakteristisches Lichtsignal, wenn es erhitzt wird, genauso wie jedes Metall bei sehr hohen Temperaturen zur Weißglut gebracht wird und Licht aussendet. Dank dieser *Spektroskopie* genannten Technik weiß man, dass die gleichen chemischen Elemente wie auf der Erde in den Sternen und Galaxien vorkommen.

Abbildung 5.2: Damit Sterne einer rotierenden Spiralgalaxie nicht auseinander fliegen, muss eine Kraft wirken, die sie an ihrem Platz hält, so wie sich Kinder auf einem Karussell festhalten müssen, um nicht fortgeschleudert zu werden.

Quelle: Nils Brehmer, Pauline Gagnon.

Es war der Schweizer Astronom Fritz Zwicky, der 1933 als Erster die Existenz der dunklen Materie erkannte. Er wollte die Masse eines Galaxienhaufens (eine Gruppe von Hunderten miteinander durch die Schwerkraft verbundenen Galaxien) messen und verwendete dafür zwei verschiedene Methoden. Er bestimmte die Masse zuerst mithilfe der Rotationsgeschwindigkeiten der Galaxien im Inneren des Haufens. Sowie sich Kinder auf einem sich drehenden Karussell festhalten müssen, um nicht weggeschleudert zu werden, braucht es eine Kraft, nämlich die Schwerkraft, um die Galaxien in einem rotierenden Galaxienhaufen zusammenzuhalten (Abbildung 5.2).

Diese gravitationelle Kraft wird von der im Galaxienhaufen vorhandenen Materie geliefert. Damit alles zusammenbleibt, muss es also genug Materie geben, damit die nötige Schwerkraft aufgebracht werden kann, ohne die die Galaxien auseinanderfliegen würden.

Zwicky überprüfte seine Berechnungen mit einer zweiten Methode. Er bestimmte die Gesamtmasse des Galaxienhaufens mithilfe des Lichtes, das von den zu ihm gehörenden Galaxien ausgesandt wird. Die produzierte Lichtmenge hängt vom Inhalt der Galaxie ab. Diese Methode erlaubt es somit im Großen und Ganzen abzuschätzen, wie viel Materie im Galaxienhaufen enthalten ist. Es wurde ihm so bewusst, dass etwas nicht, und zwar überhaupt nicht, stimmen konnte. Das, was sichtbar war, konnte unmöglich die für den Zusammenhalt des Galaxienhaufens nötige Schwerkraft aufbringen. Er schloss daraus, dass eine neue, unbekannte Art von Materie ein Schwerefeld erzeugt, jedoch ohne Licht auszusenden, daher der Name dunkle Materie[20].

Rotierende Galaxien

Zwickys Berechnungen waren jedoch ungenau. Erst in den Siebzigerjahren des vorigen Jahrhunderts vermaß die amerikanische Astronomin Vera Rubin die Rotationsgeschwindigkeiten von Sternen in Spiralgalaxien mit ausreichender Präzision, sodass die Wissenschaftsgemeinschaft überzeugt war. Eine Spiralgalaxie ist eine Galaxie, die sich mit großer Geschwindigkeit um sich selbst dreht. Je weiter ein Stern vom Zentrum entfernt ist, desto langsamer dreht er sich, was aus der mit A bezeichneten Kurve in Abbildung 5.3 ersichtlich ist.

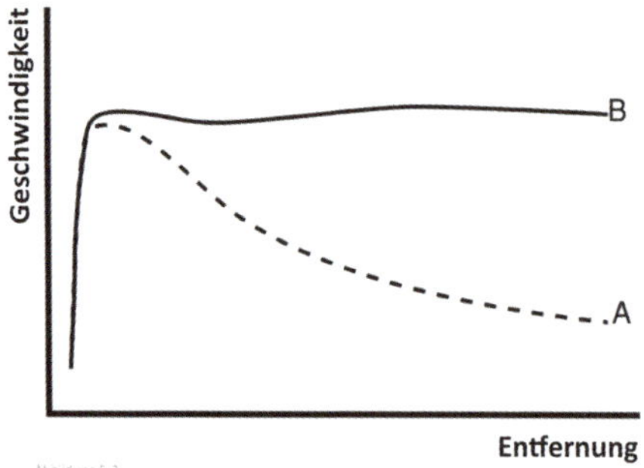

Abbildung 5.3: Je weiter ein Stern vom Zentrum seiner Galaxie entfernt ist, desto langsamer bewegt er sich, gemäß den Keplerschen Gesetzen, wie durch die Kurve A angedeutet. Die Sterne einer Spiralgalaxie folgen jedoch der Kurve B. Ihre Geschwindigkeiten sind unabhängig von ihrer Entfernung vom Zentrum der Galaxie, was auf das Vorhandensein einer riesigen Menge unsichtbarer Materie schließen lässt.

Quelle: Wikipedia

20. Ich persönlich ziehe den Ausdruck „dunkle Materie“ wie in der ursprünglichen deutschen Bezeichnung dem Namen „schwarze Materie“ vor.

Die Kurve zeigt die Rotationsgeschwindigkeit eines Sterns als Funktion seiner Entfernung zum Zentrum der Galaxie. Vera Rubin stellte fest, dass die Sterne der Spiralgalaxien eher der Kurve B folgten. Es war so, als ob die am weitesten entfernten Sterne um eine Galaxie kreisen würden, die zehnmal so schwer war wie die, die man sah. Das konnte nur passieren, wenn enorme Mengen einer unsichtbaren Materie diese Galaxien ausfüllten und sich sogar außerhalb der am weitesten entfernten sichtbaren Objekte befänden. Sie war somit die Erste, die die Existenz von dunkler Materie bewiesen hat. Seither häufen sich die Beweise, wie wir im ersten Teil des nächsten Kapitels erfahren werden.

Gravitationslinsen

Das Universum enthält also viel Materie mit unbekannter Zusammensetzung, die *dunkle Materie* genannt wird. Kann man sie auch anders als durch Bestimmung der Rotationsgeschwindigkeiten von Sternen nachweisen? Eine der spektakulärsten Nachweismethoden ist jene mittels „Gravitationslinsen". Sie funktioniert nach dem Prinzip, dass große Ansammlungen von Materie (sichtbare oder dunkle) genügend starke Gravitationsfelder (der Begriff eines Feldes wurde im Kapitel 2 erläutert) erzeugen, um den Raum um sie zu krümmen und dadurch die Bahnen von Lichtstrahlen zu ändern.

Stellen Sie sich ein gespanntes Laken vor, auf das man einen Tischtennisball wirft. Der Ball wird sich geradlinig fortbewegen, indem er der Oberfläche des Lakens folgt. Wenn Sie jedoch einen schweren Gegenstand wie etwa eine Billardkugel in die Mitte des Tuches fallen lassen, wird er eine Kurve beschreiben und sich entlang der verformten Oberfläche des Lakens fortbewegen.

Das Licht verhält sich wie ein Tischtennisball. Es muss auf seinem Weg der Krümmung des Raumes folgen. Ein leerer Raum ohne jede Materie ist mit einem gespannten Laken vergleichbar, auf dem sich das Licht geradlinig ausbreitet. In Anwesenheit eines schweren Gegenstandes, der ein starkes Gravitationsfeld erzeugt, wie etwa ein Stern, eine Galaxie oder eine große Menge an dunkler Materie, wird der Raum deformiert und das Licht folgt seiner Krümmung. Dies passiert, wenn sich Licht in der Nähe der Sonne ausbreitet. Es wird leicht abgelenkt. Jemand, der das von einem Stern hinter der Sonne kommende Licht betrachtet, bekommt den Eindruck, dass es von einer anderen, etwas entfernteren Stelle käme, wie in Abbildung 5.4 dargestellt.

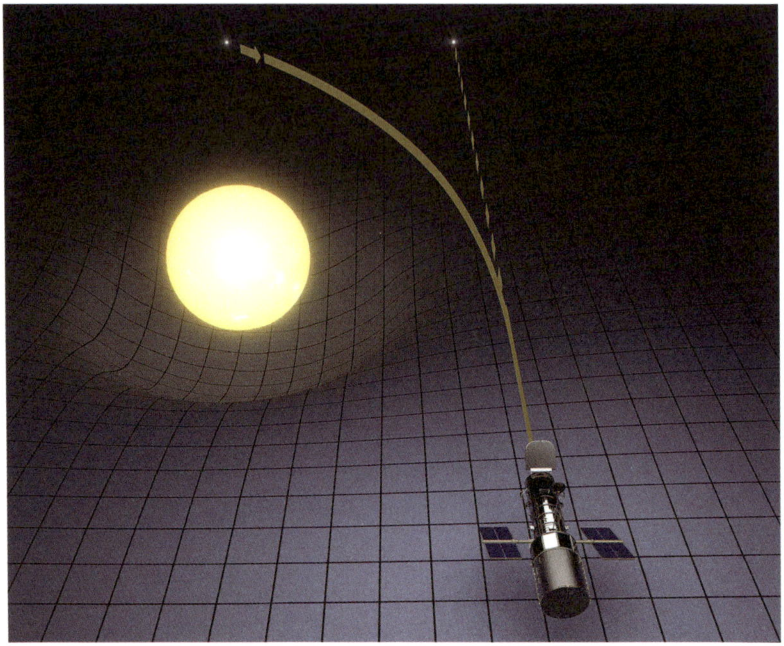

Abbildung 5.4: Ein Objekt folgt der Krümmung eines Raumes, der durch das Vorhandensein eines massiven Gegenstandes verformt ist.
Quelle: David Jarvis

Eine Anhäufung von dunkler Materie wirkt wie eine Linse. In der Illustration in Abbildung 5.5 beobachten zwei Personen mit einem Teleskop eine Galaxie, die sich hinter einem Haufen dunkler Materie befindet. Dieser Haufen ist unsere „Linse". Ein Teil des von der Galaxie kommenden Lichtes wird in der Nähe der Anhäufung der dunklen Materie abgelenkt, wie unten gezeigt. Für die Personen, die sie mit dem Teleskop betrachten, wird die Galaxie verschoben erscheinen, so als ob sie sich anderswo befinden würde (an den Stellen der oberen und unteren Bilder), denn das Auge extrapoliert in Richtung der Lichtstrahlen. Die beiden Beobachter sehen nicht ein einziges Bild, sondern mehrere. Das erste Diagramm zeigt, was sich in zwei Dimensionen abspielt. Das zweite zeigt, was in der Ebene normal zur ersten passiert. In drei Dimensionen wird das Licht nicht nur wie in Abbildung 5.6 nach oben und unten abgelenkt, sondern in alle Richtungen.

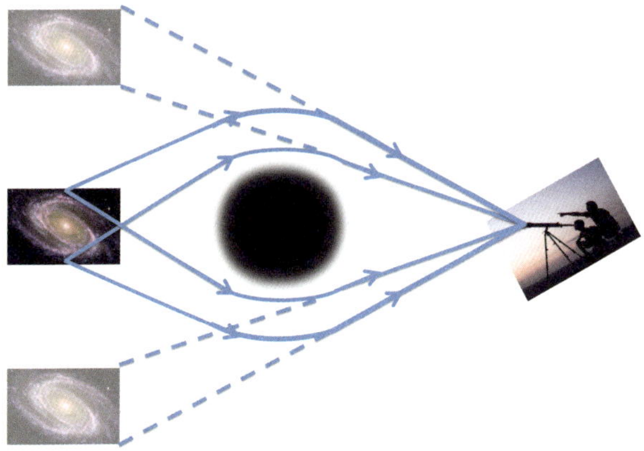

Abbildung 5.5: Prinzip einer Gravitationslinse, zweidimensional erklärt. Das von einer Galaxie kommende Licht wird von einem Haufen dunkler Materie abgelenkt. Für Beobachter, die sich hinter dieser dunklen Materie befinden, scheint das Licht von oberhalb und unterhalb der tatsächlichen Position zu kommen.

Quelle: Pauline Gagnon

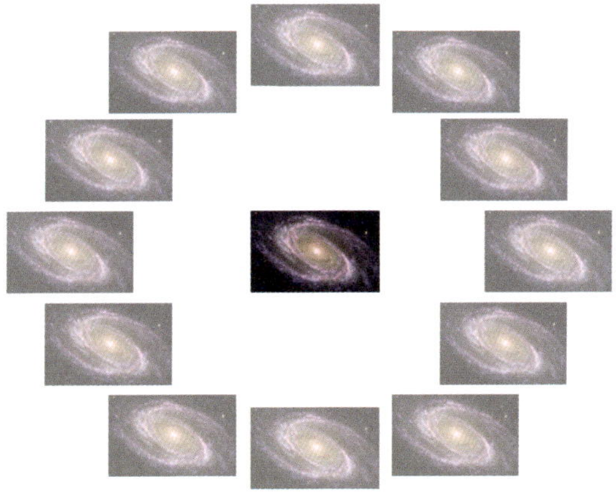

Abbildung 5.6: In drei Dimensionen bildet das von einem Haufen dunkler Materie abgelenkte Licht einen Ring um die wirkliche Position der beobachteten Galaxie.

Quelle: Pauline Gagnon

Abbildung 5.7: Ein von einem Haufen dunkler Materie verursachter Ring um eine Galaxie, aufgenommen mit dem Hubble-Teleskop.
Quelle: NASA

Das Licht wird also einen Ring bilden wie den in Abbildung 5.6 und in der folgenden Abbildung 5.7, die vom Hubble-Teleskop aufgenommen wurde. Wenn das Teleskop und die Galaxie nicht genau zueinander ausgerichtet sind, sieht man nur kleine Bögen, anderenfalls ist ein vollständiger Kreis sichtbar. Die Beobachtung solcher Bilder lässt darauf schließen, dass sich eine bedeutende Menge an dunkler Materie zwischen uns und der Galaxie befindet, und erlaubt es sogar, sie genau zu vermessen. Diese Technik ist leistungsfähig genug, um die Verteilung der dunklen Materie im Universum zu bestimmen und stellt eine weitere Möglichkeit dar, ihr Vorhandensein zu detektieren.

Kollision zweier Galaxienhaufen

Wie wir später sehen werden, befindet sich die dunkle Materie hauptsächlich in der Umgebung der Galaxien. Eine Galaxie ist eine Ansammlung von Sternen (unsere Galaxie heißt Milchstraße), und eine Gruppierung von mehreren Hunderten Galaxien nennt man Galaxienhaufen. Es kommt manchmal vor, dass zwei sich aufeinander zubewegende Galaxien zusammenstoßen. Das

Abbildung 5.8: Die dunkle Materie verhält sich wie Geister, die normale Materie ohne Hindernisse durchdringen können.
Quelle: Pierre Bonenfant

Hubble-Teleskop hat Bilder einer solchen Kollision mit dem Namen *Bullet Cluster* aufgenommen.

Um gut verstehen zu können was geschah, stellen Sie sich einen Galaxienhaufen als amerikanisches Footballteam vor. Jeder Spieler stellt eine Galaxie dar, und die Mannschaft bildet einen Galaxienhaufen mit einem bestimmten Zusammenhalt, etwa wie ein Bienenschwarm. Stellen Sie sich jetzt vor, dass die Mannschaft nicht nur aus normalen Spielern besteht, sondern auch aus Geistern (Abbildung 5.8). Die normalen Spieler symbolisieren die sichtbare Materie des Galaxienhaufens, die Geisterspieler die dunkle Materie. Jetzt können wir den Zusammenstoß von zwei Galaxienhaufen simulieren. Er spielt sich so ab wie wenn die beiden aus normalen Spielern und Geistern bestehenden Mannschaften aufeinander zustürmten.

Wenn die beiden Auswahlen aufeinander treffen, werden die normalen Spieler mit den anderen zusammenstoßen und dadurch beträchtlich gebremst werden. Eventuell schaffen es die beiden Gruppen, sich einen Weg durch das

Abbildung 5.9: Eine Kollision von zwei Galaxienhaufen, aufgenommen vom Hubble-Teleskop. Die lilafarbenen Regionen stellen die mithilfe von Gravitationslinsen bestimmte dunkle Materie dar (sie wurden dem Bild hinzugefügt), während die Regionen in Rosa von normaler Materie, die Röntgenstrahlung aussendet, stammen.

Quelle: NASA, Chandra X-Ray Observatory

andere Team zu bahnen, wobei sie sich durch die Reibung erhitzen. Die Geister können jedoch bekanntlich durch die andere Gruppe ohne die geringste Behinderung hindurchgehen. Schließlich werden sich die Geisterspieler jeder Mannschaft losgelöst von ihrer eigenen vorfinden und sich schneller als ihre normalen Kollegen bewegen. Die Phantome sind im Vorteil.

Eine ähnliche Situation ergibt sich beim Zusammenstoß zweier Galaxienhaufen. Die normale, sichtbare Materie wird abgebremst, während die dunkle Materie ungehindert den anderen Galaxienhaufen durchdringen kann. Anfänglich überschneiden sich dunkle und normale Materie im Galaxienhaufen. Nach der Kollision sind die beiden getrennt und die dunkle Materie ist weiter voraus.

Genau das kann man in Abbildung 5.9 erkennen, die zwei Galaxienhaufen nach der Kollision, bei der sie sich gekreuzt haben, zeigt. Der rosarote Fleck links zeigt die sichtbare Materie des Haufens, die sich von rechts kommend nach links fortpflanzt. Der rechte rosa Fleck zeigt den Galaxienhaufen, der von links kommend sich nach rechts bewegt. Durch den Effekt der Reibung heizt sich diese gesamte Materie während der Kollision auf, wodurch große Mengen an Röntgenstrahlen erzeugt werden, die rosa erscheinen. Die lilafarbenen Teile wurden dem Foto hinzugefügt: Sie stellen die Verteilung der dunklen Materie dar, so wie sie mithilfe der Gravitationslinsentechnik bestimmt worden war. Man sieht deutlich die Versetzung der Position der normalen Materie (die Regionen in Rosa) relativ zu der der dunklen Materie (lilafarbene Regionen), jeweils für beide Galaxienhaufen. Sie können sich auch einen kurzen Film darüber auf YouTube anschauen: https://youtube.com/watch?v=eC5LwjsgI4I.

Der allererste Anfang des Universums

Der Big Bang oder Urknall stellt den allerersten Anfang des Universums dar. Ganz kurz nach dem Urknall war das Universum unvorstellbar heiß. Seine Temperatur erreichte 10^{27} Grad (bei diesen Temperaturen ist es schon egal, ob man von Grad Celsius, Fahrenheit oder Kelvin spricht!). Es war so heiß, dass nur Strahlung vorhanden war. Nach einer extrem schnellen kosmischen Ausdehnung vom ersten Sekundenbruchteil an dehnte sich das Universum weiter aus, aber bedeutend langsamer. Seine gesamte Energie teilte sich auf ein ungeheures Volumen auf und das Universum kühlte sich immer weiter ab. Das gleiche Phänomen der Abkühlung tritt auf, wenn Luft aus einem Fahrradschlauch entweicht. Sie kühlt sich bei der Ausdehnung ab, was man feststellen kann, wenn man aus dem Reifen die Luft ablässt. Drücken Sie auf das Ventil und Sie werden merken, dass kalte Luft über ihren Finger streicht. Die Temperatur des Universums fiel in ähnlicher Weise nach dem Urknall.

Durch die Abkühlung bildeten sich aus dem Inhalt des Universums langsam Teilchen, wie man in Abbildung 5.10 sehen kann. Anfänglich haben die Quarks und Gluonen zu hohe Energien und können sich daher nicht binden. Sie bilden vielmehr ein Plasma, wie ich es im Kapitel 3 beschrieben habe. Ungefähr 10^{-6} Sekunden nach dem Urknall ist die Temperatur niedrig genug, um die Bildung von Protonen und Neutronen zu erlauben. Das Universum besteht noch immer hauptsächlich aus Strahlung, und Materieteilchen entstehen und zerfallen ohne Unterlass. Es brauchte

380 000 Jahre, bis sich Atome bilden konnten und ungefähr eine Milliarde Jahre, bis zum Auftreten großer Strukturen wie Galaxien und Galaxienhaufen.

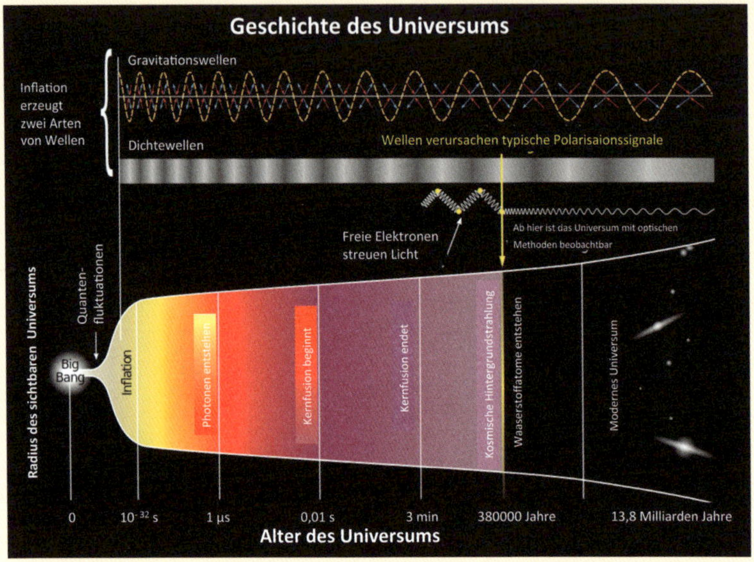

Abbildung 5.10: Die entscheidenden Etappen bei der Entstehung von Materie nach dem Urknall

Quelle: BICEP2

Das Universum wird transparent

In den nächsten drei Abschnitten werden wir sehen, wie die Astrophysiker und Astrophysikerinnen der Planck-Kollaboration den Anteil dunkler Materie im Universum durch das Studium der *kosmischen Hintergrundstrahlung* bestimmen konnten. Um richtig zu verstehen worum es geht, müssen wir zuerst über den Ursprung des Universums sprechen, den Urknall, eine massive Explosion vor 13,8 Milliarden Jahren, an einem Donnerstag gegen 7:15 Uhr (siehe Infobox).

Die beim Urknall freigewordene Energie erschien am Anfang in Form von Strahlung und später von Teilchen, entsprechend der Abkühlung des Universums als Folge seiner Ausdehnung. Erst 380 000 Jahre später, als die Temperatur auf etwa 4000 Grad Celsius abgesunken war, konnten sich Atome bilden. Bei höheren Temperaturen als diese zerfallen sie. Es war ein kritischer Zeitpunkt: Es erfolgte ein Übergang von einer energiereichen Ursuppe aus elektrisch geladenen Teilchen zu einem Universum aus neutralen Atomen, wodurch sich elektromagnetische Wellen wie das Licht erstmals frei ausbreiten konnten. Das Universum wurde somit transparent und hell. Ein enormer Teil des zu diesem Zeitpunkt im Universum vorhandenen Lichts existiert noch heute, denn die Wahrscheinlichkeit, dass es während der 13,8 Milliarden Jahre auf irgendetwas treffen würde, ist gering.

Man sollte sich bewusst sein, dass das Universum im Wesentlichen ein leerer Raum ist. Natürlich ist auf der Erde oder auf jedem beliebigen Stern die Materiedichte recht hoch, jedoch sind die Entfernungen zwischen den Sternen und Galaxien so groß, dass heute die mittlere Dichte des Universums 5 Protonen pro Kubikmeter beträgt. Zum Vergleich: Ein Kubikmeter Wasser enthält $6x10^{29}$ Protonen und Neutronen (ihre Masse ist ungefähr gleich). Wenn man das heutige Universum auf eine Scheibe mit der Dichte des Wassers abflachen würde (Abbildung 5.11), erhielte man einen immensen Pfannkuchen mit einem Durchmesser von 90 Milliarden Lichtjahren (dies entspricht der Ausdehnung des heutigen Universums), aber nicht einmal einem Millimeter Dicke.

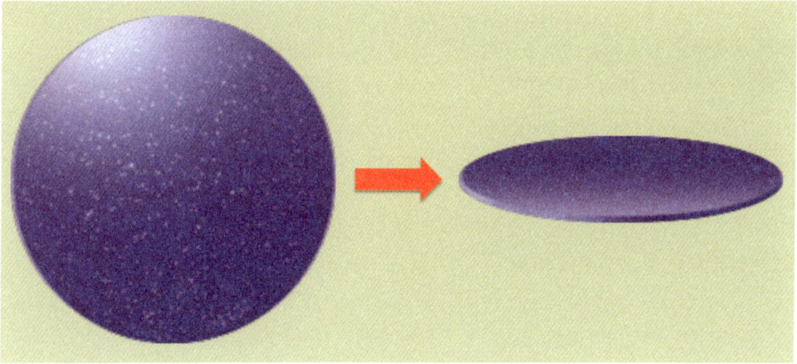

Abbildung 5.11: Wenn die ganze Materie des sichtbaren Universums in eine Richtung zusammengepresst würde, bis sie die Dichte von Wasser erreicht (ein Gramm pro Kubikzentimeter), würde sich seine Größe auf die eines Pfannkuchens mit dem Durchmesser von 90 Milliarden Lichtjahren, der Ausdehnung des Universums, aber nur einem Millimeter Dicke reduzieren. Nach einer Idee von John C. Brown.

Quelle: Pauline Gagnon

Kosmische Hintergrundstrahlung

Es gibt also eine fossile Strahlung aus der Zeit, als das Universum gerade einmal 380 000 Jahre alt war. Man nennt sie die *kosmische Hintergrundstrahlung*. Wenn das Universum ein Individuum wäre, das heute 100 Jahre alt ist, würden 380 000 Jahre im Verhältnis seinem ersten Lebenstag entsprechen. Ein Baby-Universum! Diese fossile Strahlung ist seit ungefähr 13,8 Milliarden Jahren unterwegs und kommt aus allen Richtungen, also von keinem bestimmten Ort, zu uns.

Für elektromagnetische Wellen wie das Licht gibt es einen Zusammenhang zwischen der Temperatur, auf die man einen Körper erhitzt, und der Strahlung, die dieser emittiert. Als das Universum 4000 Grad Celsius heiß war, hatten die ausgesendeten Wellen die Frequenz von sichtbarem Licht, ähnlich wie das Licht, das entsteht, wenn man ein Metall bis zur Rot- oder sogar Weißglut erhitzt. Durch die Expansion wurde die Energie des Universums auf ein größeres Volumen verteilt. Das Universum kühlte sich dadurch ab, wie wenn man ein Glas heißes Wasser in ein großes Gefäß mit kaltem Wasser gießt. Die Heißwassertropfen geben einen Teil ihrer Energie an die gesamte Flüssigkeit ab. Diese nimmt dann eine niedrigere Temperatur als jene des Wassers im ursprünglichen Heißwasserglas an. Die Temperatur des Universums beträgt heute nur noch −270,425 Grad Celsius oder 2,725 Kelvin auf der absoluten Temperaturskala in Kelvin. Diese Temperatur entspricht jener der Mikrowellen. Das ursprünglich sichtbare Licht aus den Anfängen des Universums gibt es noch heute, jedoch in Form von Strahlung mit Mikrowellenfrequenzen.

Die Karte des Universums in Abbildung 5.12 wurde mit Daten erstellt, die mit dem Planck-Satelliten aufgezeichnet worden waren. Dieser Satellit erforschte das Universum mit dem Ziel, die fossile Strahlung im Mikrowellenbereich zu vermessen. Die Karte ist das älteste Bild des Universums, das wir besitzen. Es stammt aus der Zeit, als es noch in seinen Anfängen war. Es liefert wertvolle Informationen darüber, wie sich Teilchen seit dem Beginn des Universums aneinanderbinden konnten. Die erste Feststellung ist: Die Abweichungen der Messungen an den verschiedenen Punkten sind sehr klein. Es lässt sich daraus aber trotzdem schließen, dass das Universum schon damals nicht mehr ganz homogen, sondern voller Klümpchen war. Das Bild zeigt heißere Punkte, die jenen Stellen entsprechen, an denen die Materie bereits begonnen hat, sich unter dem anziehenden Einfluss der Schwerkraft zu verbinden.

Entwicklung des Universums

Man kann die kosmische Hintergrundstrahlung so analysieren wie mit einem Prisma, das Licht in verschiedene Farben aufspalten kann. Jede Farbe entspricht einer bestimmten wohldefinierten Wellenlänge. Die Kosmologen untersuchen die Strahlung, die mit einer bestimmten Frequenz assoziiert ist. Die verschiedenen Frequenzen entsprechen sehr kleinen Temperaturunterschieden, die durch kleine Flecken oder Klümpchen in verschiedenen Farben auf der Karte in Abbildung 5.12 dargestellt sind. Die Größe jedes Klumpens und seine Temperatur korrelieren mit der Entwicklung des Universums.

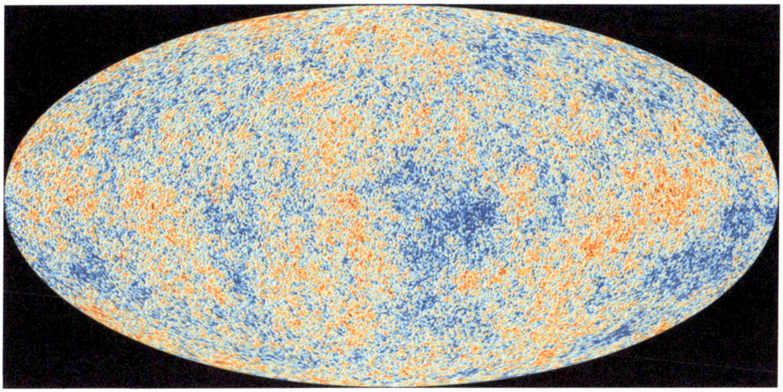

Abbildung 5.12: Man sieht hier das älteste Bild des Universums, das wir besitzen. Es stellt das Universum so dar, wie es 380 000 Jahre nach dem Urknall aussah. Sein Inhalt war schon zu diesem Zeitpunkt nicht mehr gleichmäßig verteilt; es hatte bereits begonnen, Klümpchen zu bilden, die als Keime für Galaxien fungierten. Das Bild ist ausgehend von den Messungen der kosmischen Hintergrundstrahlung rekonstruiert, einer Strahlung im Mikrowellenbereich, die uns heute aus allen Richtungen des Raumes erreicht. Die Strahlung existiert seit 13,8 Milliarden Jahren. Da das Universum im Wesentlichen leer ist, wurde ihre Ausbreitung durch nichts behindert.

Quelle: Planck

Die Grafik in Abbildung 5.13 zeigt die Verteilung des Quadrats der im vorhergehenden Bild (das Bild des Universums 380 000 Jahre nach dem Urknall) beobachteten Temperaturfluktuationen als Funktion der Größe (oder Winkelbreite) der Klumpen. Die roten Punkte stellen die experimentellen Messwerte dar, die vertikalen Balken die Fehlergrenzen.

Die experimentellen Messwerte werden mit den Vorhersagen des theoretischen Modells verglichen, die durch das grüne Band, das die Unsicherhei-

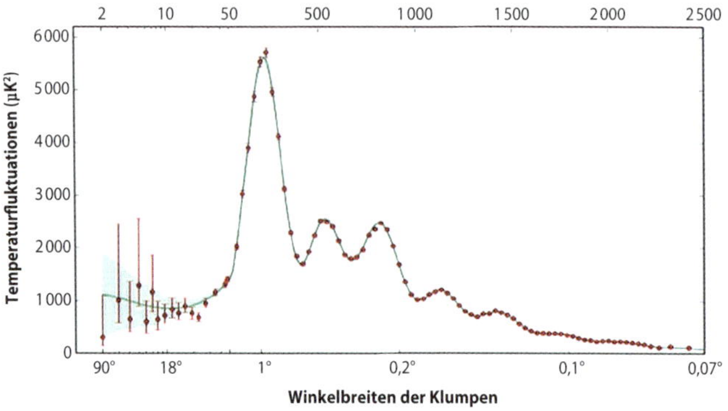

Abbildung 5.13: Die Temperaturschwankungen als Funktion der Größe jedes der Klumpen im vorigen Bild sind hier als Kurve erfasst. Die roten Punkte geben die experimentellen Messwerte wieder, die vertikalen Balken die experimentellen Fehler. Die Daten werden mit einem theoretischen Modell verglichen (grünes Band), das die Entwicklung der Materie im Universum vom Urknall bis zum heutigen Tag beschreibt. Dieses enthält sechs wählbare Parameter, darunter die Dichten von dunkler Materie und dunkler Energie. Die Anpassung des Modells an die experimentellen Messungen erlaubte es, diese beiden Größen zu bestimmen. Die Wissenschaftler der Planck-Kollaboration fanden so heraus, dass 27% des Universums aus dunkler Materie und 68% aus dunkler Energie bestehen.

Quelle: Planck, Europäische Weltraumorganisation (ESA)

ten der Theorie darstellt, gekennzeichnet sind. Dieses Modell beschreibt die gesamte Entwicklung des Universums, vom anfänglichen Teilchennebel bis zur Bildung großer Strukturen wie Sterne oder Galaxien. Die hervorragende Übereinstimmung der theoretischen Kurve mit den experimentellen Messungen bestätigt die Richtigkeit dieses Modells.

Es enthält sechs wählbare Parameter, die wie ebenso viele Knöpfe fungieren, an denen man drehen kann. Wie Sie feststellen können, gibt das theoretische Modell bei einer bestimmten Wahl der sechs Parameter die experimentellen Daten perfekt wieder. Zwei dieser einstellbaren Parameter sind die Dichte der dunklen Materie im heutigen Universum und die Dichte der dunklen Energie. Durch Bestimmung dieser beiden Parameter konnten die Astrophysiker und Astrophysikerinnen des Planck-Experiments schlussfolgern, dass das Universum 27 Prozent dunkle Materie und 68 Prozent dunkle Energie enthält, wie am Anfang dieses Kapitels angeführt. Die dunkle Materie ist somit ein wesentliches Element des aktuellen kosmologischen Modells. Ohne ihr Vorhandensein wäre es unmöglich, die vom Planck-Experiment gewonnenen experimentellen Daten zu reproduzieren.

Dunkle Materie und Galaxienkeime

Die Kosmologie bestätigt die Existenz der dunklen Materie, nicht nur durch die eindrucksvolle Übereinstimmung mit den Planck-Daten, sondern auch durch ihre Rolle bei der Entstehung von Galaxien. Heute ist der Großteil der Kosmologen überzeugt, dass die gesamte Materie, die dunkle und die sichtbare, kurz nach dem Urknall nahezu gleichförmig verteilt war. Wie wir gesehen haben, soll dann eine sehr schnelle Ausdehnung erfolgt sein, während der sich das Universum abgekühlt hat und Teilchen ausreichend abgebremst wurden, sodass sich Atomkerne bilden konnten, und zwar drei Minuten nach dem Urknall. Die ersten Atome sind nach 380 000 Jahren entstanden, während sich die Galaxien etwa hundert bis tausend Millionen Jahre später bildeten.

Wie kam es im Universum, ausgehend von einer immensen, gleichförmig verteilten Materiewolke, zur Bildung von großen Strukturen wie den Galaxien? Die dunkle Materie ist vermutlich dafür verantwortlich. Da sie schwerer als die normale Materie ist, wurde sie früher abgebremst. Mikroskopische Fluktuationen entwickelten sich zu kleinen Klumpen dunkler Materie. Diese Klümpchen wurden durch Anziehung von weiterer dunkler Materie infolge der Schwerkraft größer und wuchsen durch den Schneeballeffekt immer weiter. Nachdem sich die dunkle Materie anscheinend so wie die normale Materie in Bezug auf die Schwerkraft verhält, jedoch sehr schwach oder gar nicht mit den drei anderen Kräften wechselwirkt, konnten diese kleinen Anhäufungen dunkler Materie dem Ansturm der elektromagnetischen Strahlung am Beginn des Universums standhalten, im Gegensatz zur normalen Materie, die sich schwertat, in einer so unwirtlichen Umgebung Klumpen zu bilden.

Sobald die sichtbare Materie nach der Expansion des Universums abgekühlt war, begann sie, sich um die Klumpen aus dunkler Materie anzuhäufen. Die dunkle Materie säte somit die Keime der Galaxien. „*All das wäre auch ohne dunkle Materie möglich gewesen, aber es hätte wesentlich länger gedauert*", versichert Alexandre Arbey, ein Theoretiker am CERN.

Simulation der Entstehung des Universums

Um diese Hypothesen zu prüfen, verwenden die Kosmologen Simulationen. Diese Evolutionsmodelle müssen, ausgehend vom Bild des Universums 380 000 Jahre nach seiner Geburt, seine Entwicklung während der 13,8 Milliarden Jahre beschreiben und zu dem führen, was wir heute beobachten. Solche Modelle

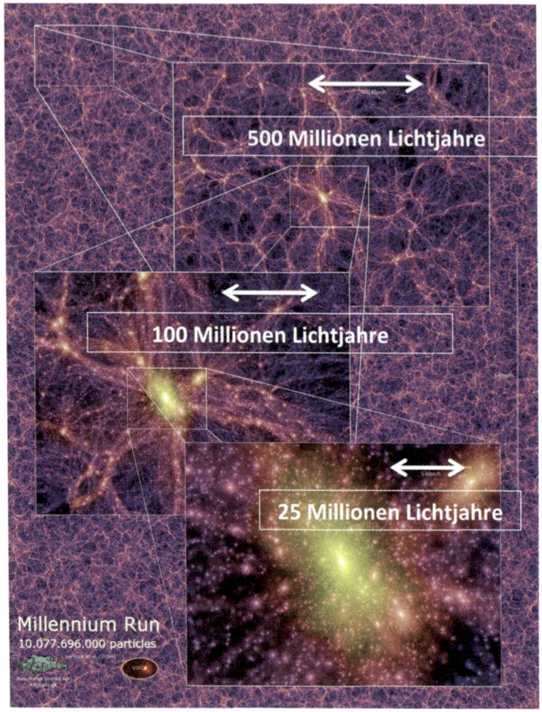

Abbildung 5.14: Verteilung der Materie im Universum aus numerischen Computersimulationen. Ausgangspunkt ist das von der kosmischen Hintergrundstrahlung gelieferte Bild, das die Materieverteilung 380 000 Jahre nach dem Urknall zeigt. Anschließend erlaubt man jedem Materiekorn, dass es durch die Schwerkraft seine Position während 13,8 Milliarden Jahren verändern kann (natürlich im Zeitraffer). Die vier Bilder gestatten es, auf verschiedenen Skalen die Strukturen zu sehen, die man heute im Universum findet.

Quelle: Volker Springel und das Virgo Consortium

gibt es, und es ist heute dank außergewöhnlich leistungsfähigen Rechnern möglich, die ganze Entwicklung des Universums mit numerischen Computersimulationen im Zeitraffer zu reproduzieren. Es gibt mehrere Videos, die das illustrieren. Sehen Sie sich zum Beispiel die kurze Reportage mit dem Titel „Formation of the Universe: The Big Computation" an, die die Arbeit von Professor Jean-Michel Alimis Team am Nationalen Zentrum für wissenschaftliche Forschung (CNRS) in Paris dokumentiert (https://news.cnrs.fr/videos/formation-of-the-universe-the-big-computation) oder diesen Film der Planck-

Kollaboration: http://www.wired.com/2014/05/supercomputers-simulate-the-universe-in-unprecedented-detail/. Leute, die es eilig haben, können so die 13,8 Milliarden Jahre lange Evolution des Universums in einigen Minuten durchleben und der Entstehung von Galaxien beiwohnen.

Abbildung 5.14 gibt einen Einblick in die mit dieser Technik erzielten Resultate. Man kann die Strukturen im Universum sehen, so wie sie von den numerischen Simulationen wiedergegeben werden. In großem Maßstab scheint die Materie fast gleichmäßig verteilt zu sein. Wenn man aber das Bild vergrößert, kommen große, faserige Strukturen zum Vorschein, die ab dem zweiten Bild gut sichtbar sind. Die hellsten Punkte entsprechen den Stellen, an denen die Konzentration der dunklen Materie am höchsten ist und die als Ausgangspunkte für die Galaxienbildung gedient haben. Theoretische Modelle, die keine dunkle Materie berücksichtigen, schaffen es nicht, diese großen Strukturen zu reproduzieren, was einen weiteren Anhaltspunkt zur Untermauerung ihrer Existenz liefert.

Die Beweise für die Existenz der dunklen Materie

Im Folgenden sind einige der Beweise für die Existenz der dunklen Materie zusammengefasst:

1. Die Rotationsgeschwindigkeit der Sterne in Spiralgalaxien deutet darauf hin, dass die Galaxien weit mehr Materie enthalten als jene, die sichtbar ist.
2. Die Gravitationslinsen enthüllen ihre Präsenz, indem sie das Licht von Himmelskörpern hinter großen Ansammlungen dunkler Materie ablenken.
3. Die vom Hubble-Teleskop aufgezeichneten Kollisionen von Galaxienhaufen zeigen deutlich, dass sich dunkle Materie und normale Materie verschieden verhalten: Erstere wird durch Gravitationslinsen nachgewiesen, Letztere durch eine starke Emission von Röntgenstrahlen.
4. Die dunkle Materie ist ein wesentlicher Parameter für die Reproduktion des vom Planck-Satelliten gemessenen Winkelspektrums (die Größenverteilung der Klumpen, wie wir im Abschnitt „Entwicklung des Universums" gesehen haben).
5. Die dunkle Materie hat auch als Katalysator für die Entstehung von Galaxien gedient, ein Phänomen, das viel länger gedauert hätte, wenn nur die sichtbare Materie im Spiel gewesen wäre.

Zwei unhaltbare Hypothesen

Die dunkle Materie existiert also, aber worum handelt es sich eigentlich? Man weiß es noch immer nicht. Man hat mich oft gefragt, ob die dunkle Materie aus Antimaterie oder sogar aus schwarzen Löchern bestünde. Selbst wenn dies auf den ersten Blick möglich erscheint, ist es nicht der Fall. Jetzt erkläre ich, warum.

Wie wir im ersten Kapitel gesehen haben, sind Materie und Antimaterie miteinander verknüpft und verhalten sich fast gleich, auch wenn wir nicht wissen, warum das Universum heute nur noch aus Materie besteht. Das Positron ist zum Beispiel die Antimaterie des Elektrons. So wie das Elektron besitzt das Positron ebenfalls eine elektrische Ladung und reagiert deshalb auf die elektromagnetische Kraft. Genauso ist es für das Antimyon, das Antitau und die sechs Antiquarks. Jedes elektrisch geladene Teilchen sendet bei Beschleunigung Licht aus. Die Antimaterie kann somit Licht abstrahlen und mit der normalen Materie wechselwirken. Durch diese charakteristischen Eigenschaften fällt sie als Kandidatin für die dunkle Materie völlig aus.

Zweite Möglichkeit: schwarze Löcher? Um richtig zu verstehen, was ein schwarzes Loch ist, muss man sich zuerst vergegenwärtigen, dass ein Atom praktisch leer ist. Wenn man sich ein Fußballfeld von etwa hundert Metern Länge vorstellt (Abbildung 5.15), würde ein Würfel mit einem Zentimeter Kantenlänge in der Mitte des Feldes den Atomkern darstellen. Bei gleichen Proportionen würden sich die Elektronen dann an der Außenseite des Feldes befinden. Der Großteil des Atomvolumens ist somit nur Vakuum.

Unter bestimmten Bedingungen kann man die Atome so weit komprimieren, dass die Elektronen in den Kern stürzen. Genau das passiert in einem schwarzen Loch. Bestimmte, sehr schwere Sterne stürzen manchmal durch ihre eigene Schwerkraft in sich selbst zusammen. Ihre Atome werden dadurch extrem komprimiert und bilden so schwarze Löcher. Ein Stern mit der Größe unserer Sonne – also mit 1,4 Millionen Kilometern Durchmesser – würde auf einen extrem dichten Körper von drei Kilometern Durchmesser reduziert werden.

Wie wir gerade gesehen haben, ist das Gravitationsfeld eines solchen Körpers ist so stark, dass es die Raum-Zeit um ihn krümmt, und zwar bis zu einem Grad, dass selbst einfallendes Licht nicht mehr entkommen kann. Daher stammt die Bezeichnung „schwarzes Loch". Was aber weniger bekannt

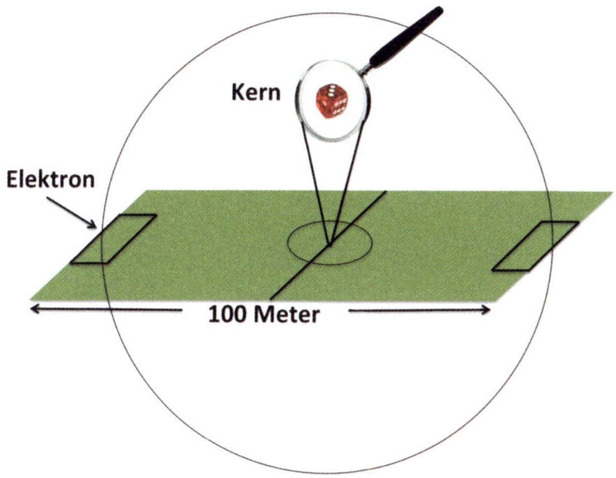

Abbildung 5.15: Wenn ein Atom die Größe eines Fußballfeldes hätte, wäre der Kern bei Annahme gleicher Proportionen so groß wie ein Würfel und das Elektron würde sich an der Außenseite befinden. Ein Atom ist folglich fast nur leerer Raum.

Quelle: Pauline Gagnon

ist, ist die Tatsache, dass Materie, die vom ungeheuren Gravitationsfeld eines schwarzen Lochs angezogen wird, bei seiner Beschleunigung in Richtung des schwarzen Lochs Licht aussendet. Solange sich die beschleunigte Materie in genügender Entfernung des schwarzen Lochs befindet, wird ihr Licht zwar abgelenkt, kann ihm aber noch entkommen. Bei diesen Bedingungen tragen schwarze Löcher nicht die Charakteristika von dunkler Materie, denn sie verursachen starke Emissionen von Strahlung und Licht, die man detektieren kann.

Wie man der dunklen Materie auf die Spur kommen kann

Ich hoffe, ich habe Sie von der Existenz der dunklen Materie überzeugt. Sehen wir jetzt, wie man sie direkt nachweisen könnte, denn bis jetzt bleiben alle Hinweise auf die dunkle Materie indirekt, obwohl sie vielzählig und schwer widerlegbar sind. Man nimmt sie nur durch ihre gravitationellen und kosmologischen Effekte wahr. Gibt es direkte und greifbarere Beweise? Dies versuchen mehrere Gruppen von Forschern und Forscherinnen herauszufinden, doch die Interpretation der Resultate ist umstritten.

Niemandem ist es bis jetzt gelungen, sie direkt und unwiderlegbar nachzuweisen. Dies überrascht nicht, denn wir sprechen von einer völlig andersartigen Materie, die im Gegensatz zur sichtbaren Materie (wir, alle Planeten, Sterne und Galaxien) nicht aus Quarks und Leptonen besteht.

Es gibt verschiedene Hypothesen und theoretische Modelle, welche versuchen, die Beschaffenheit der dunklen Materie zu beschreiben. Eine Möglichkeit besteht darin, die Existenz von Teilchen ohne elektrische Ladung und mit sehr kleiner Masse anzunehmen, die mit starken Magnetfeldern wechselwirken. Man nennt sie *Axionen*. Zwei Experimente des CERN, OSQAR und CAST, versuchen genau diese Teilchen zu finden, um ihre Existenz zu beweisen, indem sie leistungsstarke Magnete wie die des LHC, des großen Hadronbeschleunigers, verwenden. Trotz der Ausdauer und der Findigkeit der Forschergruppen gibt es noch keinerlei Hinweise auf die Existenz von Axionen.

Eine andere, üblichere Suchstrategie beruht auf der Annahme, dass die dunkle Materie genau so wie die normale aus Teilchen besteht, die sich aber von Axionen unterscheiden. Um diese dunklen Materieteilchen erfolgreich einzufangen, ist es nicht nur notwendig, dass sie existieren, sondern auch dass sie auf irgendeine Art und Weise mit der normalen Materie in Verbindung treten.

Tabelle 5.1: Auflistung der bekannten und der möglichen Wechselwirkungen der normalen Materie und der dunklen Materie mit den fundamentalen Kräften.

KRAFT	GRAVITATIONELL	SCHWACH	ELEKTROMAGNETISCH	STARK	BROUT-ENGLERT-HIGGS-FELD
Betroffene Teilchen	Alle Teilchen	Quarks, Leptonen	Geladene Teilchen	Quarks, Gluonen	Teilchen mit Masse
Wirkt auf dunkle Materie?	Ja	Unbekannt	Nein	Nein	Unbekannt

Wie wir im Kapitel 1 erfahren haben, interagieren die fundamentalen Teilchen des Standardmodells (die Quarks und die Leptonen) miteinander über vier Arten von bekannten fundamentalen Wechselwirkungen sowie mit dem Brout-Englert-Higgs-Feld. Bis jetzt wissen wir nur, dass die dunkle Materie ein Gravitationsfeld erzeugt, dass sie aber nicht mit der elektromagnetischen Kraft wechselwirkt, da sie kein Licht aussendet. Falls sie mit der starken Wechselwirkung interagieren würde, wären viele Reaktionen mit normaler Materie die Folge. Sie wäre dann sehr leicht nachweisbar, und zahlreiche Experimente hätten sie schon entdeckt. Es scheint also, dass eine starke Wechselwirkung ebenso wie die elektromagnetische ausgeschlossen ist.

Vielleicht interagiert sie aber mit der normalen Materie durch die schwache Kraft, also jene, die für radioaktive Zerfälle verantwortlich ist? Wenn diese Hypothese stimmt, muss die dunkle Materie aus Teilchen bestehen, die sehr schwach wechselwirken. Schlussendlich gibt es noch eine letzte Möglichkeit, die wir am Schluss dieses Kapitels erkunden werden: Da dunkle Materie ein Schwerefeld erzeugt, muss sie eine Masse besitzen, und wenn das tatsächlich der Fall ist, müsste sie auch mit dem Brout-Englert-Higgs-Feld wechselwirken. Es gilt also, sehr viele Hypothesen zu prüfen. Ich werde sie mit Ihnen in den nächsten Kapiteln durchgehen.

Auf der Suche nach Winzlingen

Wenn die dunkle Materie mit der normalen über die schwache Kraft wechselwirkt, dann ist es eine weitverbreitete Überlegung, dass die dunklen Materieteilchen WIMPs seien (wörtlich, Schwächlinge oder Winzlinge). Die Abkürzung steht für *Weakly Interacting Massive Particles* oder schwach wechselwirkende massereiche Teilchen. Somit interagieren WIMPs mit normaler Materie nur sehr selten, genauso wie Neutrinos. Ein zehn Kilogramm schwerer Detektor würde weniger als eine Wechselwirkung mit dunkler Materie pro Jahr registrieren. Die genaue Anzahl der stattfindenden Kollisionen hängt von der Masse der WIMPs, von ihrer Häufigkeit, und vor allem von ihrem Potenzial, mit normaler Materie wechselzuwirken ab. Wir wissen nichts von alldem. Man ist deshalb auf die Idee gekommen, Detektoren mit so viel Masse wie möglich zu bauen, wobei manche bis zu einer Tonne aktives Material enthalten, um die Wahrscheinlichkeit, dass eine Kollision eines WIMPs mit einem Atom des Detektors stattfindet, zu maximieren.

Obwohl das verglichen mit einem LHC-Detektor, der Hunderttausende Tonnen aktives Material enthält, wenig scheint, sind diese Detektoren für dunkle Materie so konzipiert, dass sie praktisch eine untergrundfreie Umgebung bieten. Stellen Sie sich vor, Sie versuchten den Vorbeiflug eines Schmetterlings durch Aufspüren einer kleinen Welle an der Oberfläche eines Sees nachzuweisen. Je größer die Seeoberfläche ist, desto besser sind die Chancen, diesen Schmetterling zu finden. Es würde aber nur funktionieren, wenn die Wasserfläche von allen möglichen Störungen abgeschirmt wäre. Ein LHC-

Detektor wäre hingegen das Analogon eines von Winden, Fischschwärmen und starken Strömungen aufgewühlten Sees.

Das Universum enthält eine sehr große Menge dunkler Materie. Wenn diese mit normaler Materie wechselwirken kann, würde man erwarten, dass von Zeit zu Zeit ein WIMP mit dem Detektor, genauer gesagt mit einem Proton oder Neutron eines Atomkerns des Detektors, wechselwirkt (Abbildung 5.16). Man bezeichnet diese Teilchen, die sich im Kern befinden, mit dem Überbegriff *Nukleon*, vom Lateinischen *nucleus*. Die Kollision eines WIMPs mit einem Nukleon würde zu einer leichten Abstoßung des Atomkerns führen, was wiederum eine leichte Vibration hervorrufen würde, die man messen könnte (Abbildung 5.17).

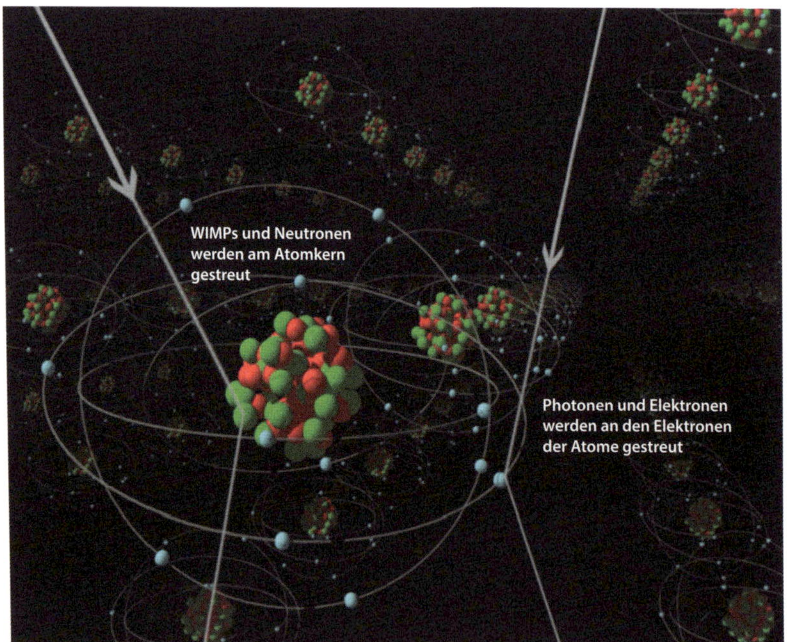

Abbildung 5.16: Man nimmt an, dass im Inneren des Detektors WIMPs genauso wie Neutronen aus der kosmischen Strahlung mit den Protonen und Neutronen in den Atomkernen zusammenstoßen. Geladene Teilchen, zum Beispiel Elektronen, wechselwirken mit den Elektronen der Atome. Diese beiden Arten von Wechselwirkungen können voneinander unterschieden werden.

Quelle: Mike Attisha, CDMS-Kollaboration

Je mehr Volumen ein Detektor hat und je länger er in Betrieb ist, desto höher sind die Chancen, eine Kollision aufzuspüren. Und je heftiger der Zusammenstoß des WIMPs mit einem Atomkern ist, desto leichter kann er nachgewiesen werden. Leider ist es wahrscheinlicher, dass WIMPs nur kleine anstatt große Bruchteile ihrer Energie an Atomkerne abgeben. Es ist deshalb nicht leicht, das bestmögliche Material für diese Detektoren auszuwählen. So würde man zum Beispiel mit einem Detektor aus Germanium oder Silizium mehr heftige und somit leichter nachweisbare Zusammenstöße bekommen als mit einem Detektor mit schwereren Kernen wie etwa einem aus Xenon. Die Theorie sagt wiederum voraus, dass die Gesamtzahl an Kollisionen in einem Xenondetektor höher sein sollte. Den idealen Detektor gibt es also nicht: Man muss Kompromisse eingehen und auch die Effizienz der mit den verschiedenen Materialien möglichen Techniken zum Nachweis schwacher Signale berücksichtigen. Die verschiedenen Gruppen haben deshalb entweder die eine oder die andere Kategorie von Materialien zum Bau ihrer Detektoren gewählt. Letztlich ist dies ein Gewinn, da die genauen Charakteristika der

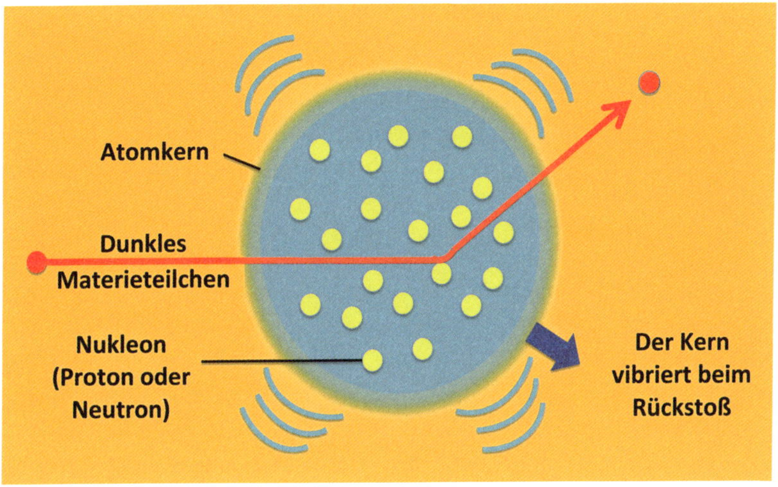

Abbildung 5.17: Nehmen wir an, die Teilchen dunkler Materie, die WIMPs, könnten mit normaler Materie wechselwirken. Ein WIMP würde dann durch Zusammenstoß mit einem Neutron oder Proton eines der Detektoratome eine kleine, messbare Vibration erzeugen.
Quelle: Pauline Gagnon

WIMPs noch unbekannt sind und somit verschiedene mögliche Szenarien untersucht werden können.

All diese Detektoren befinden sich tief unterirdisch in einem Bergwerk oder Tunnel, damit die darüberliegenden Erdschichten kosmische Strahlen, die Signale im Detektor vortäuschen können, abschirmen. Die Unterdrückung aller möglichen Störquellen ist im Übrigen die größte Herausforderung für diese Experimente.

Eine Flut von dunkler Materie

Wir wissen, dass sich dunkle Materie im Zentrum der Galaxien befindet, da sie als Keim für ihre Entstehung diente. Sie existiert jedoch auch anderswo. Die Erde ist in einen Nebel aus dunkler Materie gehüllt. Da sie sich um die Sonne bewegt, ähnelt dieser Nebel eher einem Regen. Der Fluss der dunklen Materieteilchen sollte – unter der Annahme, dass WIMPs zehnmal so schwer wie die Protonen sind – etwa eine Million Teilchen pro Kubikzentimeter und Sekunde betragen[21]. So ein Fluss ist enorm. Wenn also diese Teilchen mit der normalen Materie wechselwirken können, und sei es auch nur schwach, müsste es sehr wohl möglich sein, sie nachzuweisen.

Das Prinzip ist ziemlich einfach. Stellen Sie sich jemanden auf dem Deck eines Kreuzfahrtschiffes im Nebel und bei Windstille vor. Wenn das Schiff steht, wird diese Person nicht nass werden. Wenn es sich aber im dichten Nebel, der aus feinen Wassertröpfchen besteht, fortbewegt, wird sie von den Tröpfchen besprüht werden. Falls sie auch noch beginnt, in Fahrtrichtung zu laufen, wird sie von mehr Tröpfchen getroffen, beziehungsweise von weniger Tröpfchen, wenn sie sich in die Gegenrichtung bewegt. Das Gleiche würde auf einen Teilchendetektor auf der Erde zutreffen. Im Monat Juni addiert sich die Rotationsgeschwindigkeit der Erde um die Sonne (30 km/s) zu jener der Sonne selbst (235 km/s), wodurch sich die Stärke des WIMP-Regens auf ihr erhöht (Abbildung 5.18). Im Dezember erfolgt die Bewegung der Erde weg von der Sonne, und der Detektor trifft auf weniger dunkle Materieteilchen. Ein terrestrischer WIMP-Detektor wird also im Juni mehr Kollisionen als im Dezember registrieren, da seine Geschwindigkeit relativ zu jener der dunklen

21. Der Fluss hängt von der angenommenen Masse der Teilchen ab, da er auf der Basis der im Universum enthaltenen dunklen Materie berechnet wird. Es gibt weniger dunkle Materieteilchen, wenn sie schwer sind, und mehr, wenn sie leicht sind.

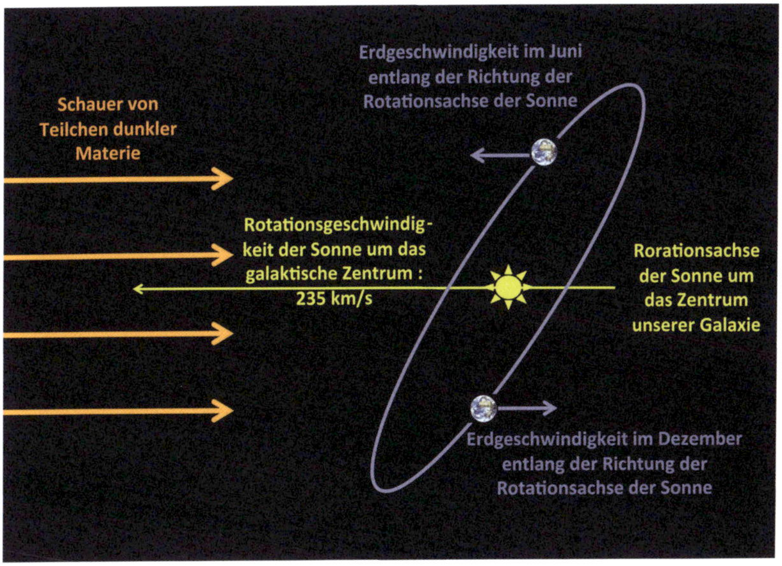

Abbildung 5.18: Durch die Drehung um die Sonne addiert sich im Juni die Geschwindigkeit der Erde zu jener der Sonne, die um den Mittelpunkt der Galaxie kreist, während sie sich im Dezember von ihr subtrahiert. Da der WIMP-Fluss, der auf die Erde trifft, von der Geschwindigkeit der Erde relativ zur Flussrichtung abhängt, sollte ein Detektor auf der Erde eine jährliche Schwankung der Anzahl der registrierten Kollisionen mit dunkler Materie registrieren.

Quelle: Pauline Gagnon

Materie von 265 km/s auf 200 km/s wechselt. Diese Änderungen der Stärke des WIMP-Flusses sollten sich in Form einer jährlichen Fluktuation der Anzahl der auf den Detektor treffenden dunklen Materieteilchen äußern.

Genau das behauptet das Experiment DAMA/LIBRA seit mehr als einem Jahrzehnt zu sehen. Das Signal ist stark und klar (8,9 Sigma, also 8,9 mal stärker als eine einfache statistische Schwankung), wird aber leider von mehreren anderen Experimenten nicht bestätigt.

Die Anzahl der von DAMA/LIBRA aufgezeichneten Ereignisse als Funktion der Betriebsdauer (mehr als 14 Jahre) ist in Abbildung 5.19 dargestellt. Sie zeigt klar eine jährliche Modulation. Diese ist im Laufe der letzten Jahre noch offensichtlicher geworden, nachdem das Detektorvolumen fast verdreifacht wurde und sich somit die Sensitivität deutlich erhöhte.

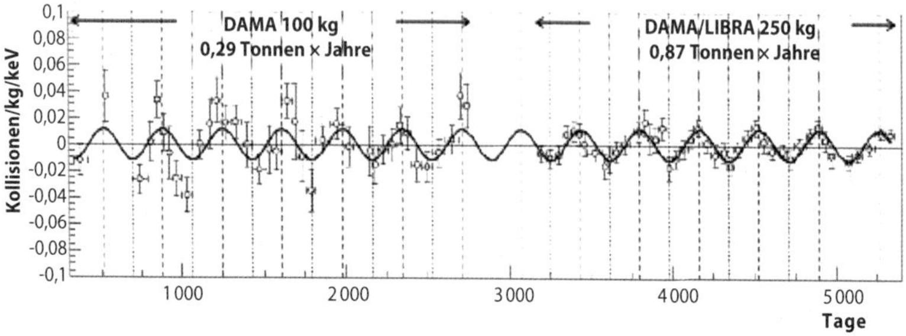

Abbildung 5.19: Die vom DAMA/LIBRA-Detektor registrierte jährliche Modulation der Anzahl der aufgezeichneten Kollisionen. Das Team der Forscher und Forscherinnen schreibt dieses Resultat Kollisionen mit Teilchen der dunklen Materie zu, ohne dass es ihm jedoch bis jetzt gelungen ist, die Wissenschaftsgemeinschaft zu überzeugen, nachdem keine andere Gruppe ähnliche Ergebnisse in diesem Ausmaß reproduzieren konnte.
Quelle: DAMA/LIBRA

Das Team von DAMA/LIBRA ist nicht alleine. Drei andere Experimente haben ebenfalls Resultate veröffentlicht: CoGeNT hat ebenfalls eine sehr kleine jährliche Modulation festgestellt, während CRESST und CDMS mehr Ereignisse fanden, als aus Untergrundprozessen (kosmische Strahlen, Radioaktivität und andere Quellen) erwartet werden.

Alles wäre in Butter, wenn diese vier Experimente ähnliche Resultate gefunden hätten. Das ist aber leider nicht der Fall, wie man in Abbildung 5.20 sehen kann. Diese komplexe Grafik stellt die aktuelle Lage dar: Es herrscht vollständige Verwirrung. Die vertikale Achse zeigt den in Quadratzentimetern gemessenen Wirkungsquerschnitt. Dieser stellt die effektive Angriffsfläche der Nukleonen (Protonen oder Neutronen) für WIMPs dar. Man misst so die Wahrscheinlichkeit für eine Wechselwirkung zwischen einem Teilchen aus dunkler Materie und einem normalen Materieteilchen. Je größer die Zielfläche ist, desto leichter ist es, sie zu treffen. Die horizontale Achse zeigt einfach die möglichen Massenwerte für die dunklen Materieteilchen.

Eigentlich ist die Grafik einfacher als sie aussieht. Die geschlossenen, verschiedenfarbigen Zonen zeigen die von den vier Experimenten, die ein Signal beobachtet haben, gefundenen Werte innerhalb ihrer Fehlergrenzen an. Die anderen Kurven geben an, welche Obergrenzen von einigen anderen Experimenten, die keinerlei Signal gesehen haben, bestimmt wurden. Zusam-

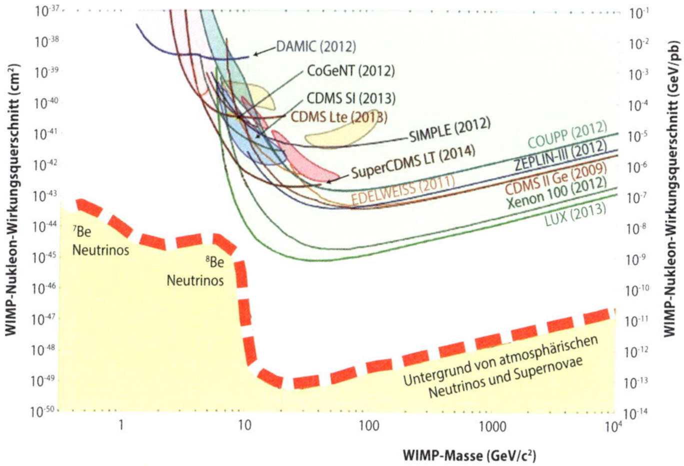

Abbildung 5.20: Diese sehr überladene Grafik ist hier hauptsächlich zur Illustration der Komplexität der gegenwärtigen Situation gezeigt. Sie gibt eine Übersicht über einen Teil der Suchen nach direkten Beweisen für die Wechselwirkung dunkler Materie mit normaler Materie. Die vertikale Achse zeigt ein Maß für die Wahrscheinlichkeit solcher Wechselwirkungen als Funktion hypothetischer WIMP-Massen. Vier Experimente (CoGeNT, DAMA/Libra, CDMS II und CRESST) sprechen von positiven Signalen (geschlossene, farbige Bereiche), während andere Gruppen diese positiven Signale ebenso wie alle Werte oberhalb der offenen Kurven ausschließen. Für mehr Details wird auf den Text verwiesen.

Quelle: Julien Billard et al.

mengenommen schließen die kombinierten Resultate den gesamten grünen Bereich aus, also grob gesehen die obere Hälfte der Grafik. Alle Werte oberhalb der einzelnen Linien sind ausgeschlossen, was bedeutet, dass die Resultate der vier Experimente, die ein Signal beobachtet haben, in eklatantem Widerspruch zu jenen der Experimente ohne Signal stehen. Außerdem überschneiden sich nur die Ergebnisse von zwei Experimenten (CoGeNT und CDMS) mit Signal. Man sieht auch, dass bestimmte Experimente sowohl Signalregionen als auch Kurven zeigen, die genau diese Regionen ausschließen, nachdem ihre Detektoren und Analysemethoden für Signale verbessert worden waren. Dies ist beim Experiment CDMS und seiner aufgerüsteten Version SuperCDMS der Fall, aber auch bei CRESST, welches vor Kurzem das ursprünglich beobachtete Signal selbst ausgeschlossen hat (jenes, das in der Grafik dargestellt ist).

Die Situation wird langsam klarer. Die unlängst veröffentlichten Grenzwerte der Experimente LUX und XENON100 sind so fundiert, dass ernsthafte

Zweifel an den Signalen der vier anderen Experimente berechtigt sind. Bei CoGeNT und DAMA/LIBRA wird ein experimenteller Fehler in der Abschätzung des Untergrunds vermutet, obwohl noch niemand genau weiß, wo er liegt. Im Fall von CRESST und CDMS schließen ihre neuesten Resultate die vorhergehenden Beobachtungen aus, was einerseits die Schwierigkeiten, Signale vom experimentellen Untergrund zu trennen, herausstreicht, und andererseits aber auch die ständigen Fortschritte beim Verständnis dieses Untergrunds zeigt.

So frustrierend diese Situation auch scheinen mag, ist es aber nicht wirklich überraschend, wenn man sich der Komplexität dieser Experimente bewusst ist. Es geht darum, entweder experimentelle Fehler aufzudecken, oder eine theoretische Erklärung zu finden. Die Theoretiker und Theoretikerinnen haben heroische Anstrengungen unternommen, um neue Modelle zu ersinnen, die erklären könnten, warum manche Experimente ein Signal sehen, andere hingegen nicht. Keines dieser Modelle findet jedoch allgemeine Zustimmung. Zahlreiche Experimente nehmen weiter Daten und mehrere andere sind im Aufbau. Alle stehen in den Startlöchern, sowohl von der theoretischen als auch von der experimentellen Seite. Man kann nur auf einen Durchbruch in nächster Zeit hoffen.

Ungeklärte Signale aus dem Weltraum

Auf der Erde sind also zahlreiche Experimente im Gange. Es gibt aber noch immer keine greifbaren und unwiderlegbaren Beweise für die Existenz von Teilchen aus dunkler Materie. Einige Resultate aus der Astronomie werfen ebenfalls Fragen auf. Ein Beispiel folgt weiter unten.

Mannigfaltige Experimente an Bord von Satelliten wie etwa (HEAT, Pamela und FERMI) oder auf der Internationalen Raumstation (AMS-02) beobachten seit vielen Jahren einen Überschuss an Positronen (Antiteilchen des Elektrons) in der kosmischen Strahlung. Woher kommen also diese Positronen? Wie wir im Kapitel 1 erfahren haben, enthält unser Universum nur sehr wenig Antimaterie. Woher kommen also diese Positronen?

Die Grafik in Abbildung 5.21 zeigt den Bruchteil von Positronen, gemessen als Funktion der Energie von Elektronen und Positronen, die man in der kosmischen Strahlung findet. Dieser Bruchteil wurde im Verhältnis zur Gesamtzahl der detektierten Elektronen und Positronen berechnet. Die Ergebnisse verschiedener Experimente sind unten dargestellt, wobei die neuesten und

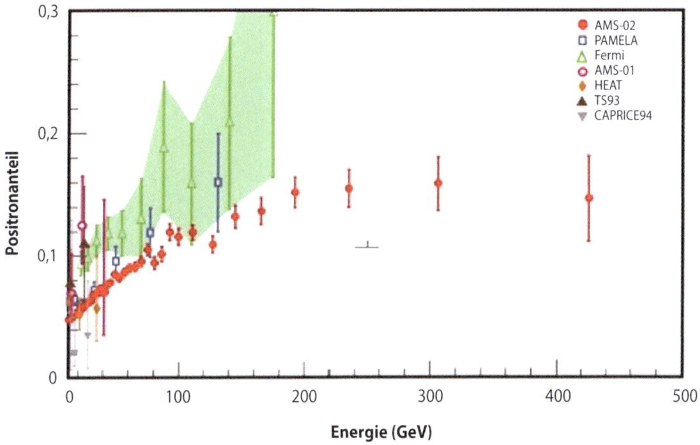

Abbildung 5.21: Der Positronanteil als Funktion der Energie aller in der kosmischen Strahlung gefundenen Elektronen und Positronen, gemessen von verschiedenen Experimenten. Die letzten Resultate von AMS-02 vom September 2014, dargestellt durch die roten Punkte, sind inkludiert. Diese Positronen könnten von der Annihilation von Teilchen dunkler Materie herrühren und haben großes Interesse der Wissenschaftsgemeinschaft hervorgerufen. Hoffen wir, dass das Experiment AMS-02 die Frage entscheiden kann, sobald es mehr Daten aufgezeichnet und analysiert hat.

Quelle: AMS-02

genauesten von AMS-02 (rot), FERMI (grün) und Pamela (blau) stammen. Eines fällt auf: Die Kurve steigt an und bleibt dann bei hohen Energien fast konstant, etwa ab 200 GeV. Die entscheidende Frage ist jetzt, wie sie sich bei höheren Energien verhalten wird.

Zwei Hypothesen erhalten die meiste Aufmerksamkeit. Bestimmte Theoretiker und Theoretikerinnen meinen, dass die Positronen aus astronomischen Quellen wie den *Pulsaren* stammen, jenen Neutronensternen, die sich sehr schnell um die eigene Achse drehen und aufgrund ihres starken Magnetfeldes ein pulsierendes Signal erzeugen. Andere wiederum glauben, dass man es vielleicht mit den ersten konkreten Anzeichen für dunkle Materie zu tun hat, die entweder mit der normalen Materie wechselwirkt oder die sich möglicherweise gegenseitig unter Erzeugung von Elektronen und Positronen vernichtet.

Welche Hypothese stimmt also? Diese beiden theoretischen Annahmen, jene der Pulsare und jene der Annihilation von dunkler Materie, sagen ein verschiedenes Verhalten der Positronen bei sehr hoher Energie voraus. Die

Debatte wird also so lange weitergehen, bis man genügend experimentelle Daten für kosmische Positronen bei hohen Energien und mit ausreichender Genauigkeit hat, und man somit feststellen kann, was wirklich stimmt. Die Wissenschaft wartet ungeduldig auf weitere Resultate des AMS-02-Experiments an Bord der Internationalen Raumstation (Abbildung 5.22). Dessen Forscher und Forscherinnen haben bereits die hochwertige Qualität ihrer ersten Daten unter Beweis gestellt, allerdings erst bei mittelhohen Energien. Ihr Experiment könnte aber schon bald ein Urteil fällen, wenn genügend Daten bei hohen Energien zur Verfügung stehen werden und deren Analyse abgeschlossen sein wird.

Zum Zeitpunkt des Erscheinens dieses Buches lagen diese Daten noch immer nicht vor, werden aber nach wie vor sehnsüchtigst erwartet, denn sie können uns einen ersten Beweis (wenn auch indirekt) einer Wechselwirkung von dunkler und normaler Materie liefern. Alles wird von der Qualität ihrer Daten abhängen. Viel graue Materie wird schon hineingesteckt!

Abbildung 5.22: Der AMS-Detektor an Bord der Internationalen Raumstation.
Quelle: AMS/NASA

Dunkle Materie am großen Hadronbeschleuniger (LHC)

Die Experimente tief in Bergwerken oder in der Erdumlaufbahn haben noch nichts entdeckt. Es bleibt der LHC. Die Experimente ATLAS und CMS liefern einen komplementären, wenn auch indirekten Zugang zur Erforschung dunkler Materie. Wir können mit ihnen vielleicht die Teilchen der dunklen Materie aufspüren, jedoch nur, wenn diese mit den Teilchen der normalen Materie wechselwirken. Da wir den exakten Prozess, durch den eine solche Wechselwirkung stattfinden könnte, nicht kennen, stellen wir Fallen für so viele Tierchen wie es Theorien gibt. Mit der Wiederinbetriebnahme des LHCs mit höherer Energie als zuvor hoffen wir, dass sich eine der experimentell untersuchten Hypothesen als die richtige herausstellen wird.

Die am weitesten verbreitete Idee ist, dass es eine Erweiterung des Standardmodells gibt, eine Theorie, die auf den Grundlagen dieses Modells beruht, die aber viel weiter als jenes geht. Eine dieser beliebten Hypothesen nennt sich Supersymmetrie. Ihr widme ich das nächste Kapitel. Wir werden dann sehen, wie die Supersymmetrie ermöglicht, das Problem der dunklen Materie zu lösen. Ich werde nun noch dieses Kapitel abschließen, indem ich die verschiedenen Arten und Weisen betrachte, mit denen man den LHC verwendet, um der dunklen Materie auf die Spur zu kommen.

Erzeugung dunkler Materie am LHC

Wie glaubt man, Teilchen der dunklen Materie am LHC erzeugen zu können? Ich nenne nur einige Beispiele, von denen es viele Variationen gibt. So ist es etwa vorstellbar, dass die Quarks und Gluonen in den Protonen, die im LHC zusammenstoßen, Bosonen erzeugen könnten – sowohl solche des Standardmodells als auch neue hypothetische. Diese neuen Teilchen sollten verschiedene Charakteristika haben, die noch unbekannt sind. Deshalb müssen wir jeden möglichen mit jedem dieser Charakteristika assoziierten Parameterwert überprüfen. Und wir müssen auch gewisse Annahmen treffen. Beispielsweise ist es möglich, dass diese Bosonen ihrerseits in zwei Teilchen aus dunkler Materie zerfallen, deren genaue Eigenschaften ebenso unbekannt sind. Wir wissen nur, dass sie elektrisch neutral sein müssen. Im Endeffekt suchen wir Teilchen, deren Masse wir nicht kennen. Wir wissen weder, welche Teilchen sie erzeugen noch durch welchen Mechanismus dies geschieht, wenn es überhaupt einen gibt! Kurz, all diese Unbekannten bedeuten, dass eine Vielzahl von Möglichkeiten überprüft werden muss. Somit ist es nicht überraschend, dass Hunderte Physiker und Physikerinnen daran arbeiten und alle Hebel in Bewegung setzen, damit diese Suche erfolgreich ist.

Untenstehend sehen Sie ein so genanntes *Feynman-Diagramm*, das eine der Möglichkeiten illustriert. Man erkennt die zwei Quarks, die zu den zusammenstoßenden Protonen gehören (die Linien, die mit q bezeichnet sind). Die bei der Kollision frei werdende Energie kann sich in verschiedene Bosonen umwandeln, dargestellt durch Symbole wie V und A. Diese können bekannte oder auch hypothetische Bosonen bezeichnen. Um ihre Besonderheiten zu unterstreichen, sind die mit jeder Teilchensorte assoziierten Linien verschieden. Wir verwenden gerade Linien für die Fermionen (Quarks, Leptonen oder dunkle Materieteilchen, bezeichnet mit χ), spiralförmige Linien für die Gluonen (bezeichnet mit g) und wellenförmige Linien für die anderen Bosonen. Die Symbole g_q und g_{DM} bezeichnen die „Kopplungen". Grob gesprochen ist g_q ein Maß für die Wahrscheinlichkeit, dass Quarks zu einem V oder A verschmelzen, während g_{DM} angibt, wie oft aus diesen Bosonen Teilchen dunkler Materie entstehen.

Das Diagramm in Abbildung 5.23 zeigt zwei zusammenstoßende Quarks, die sich verbinden, um ein beliebiges Boson zu erzeugen, das in ein Paar von Teilchen dunkler Materie zerfällt, und zwar in ein Teilchen und sein Antiteilchen. Im gezeigten Beispiel wird ein Gluon von einem der ursprünglichen Quarks emittiert. Das ist ein bisschen so wie wenn das Quark ein Radfahrer wäre, der zu schnell fährt. Er könnte seine Kappe in einer zu engen Kurve verlieren. Letztendlich bleiben nach der Kollision nur das Gluon und zwei dunkle

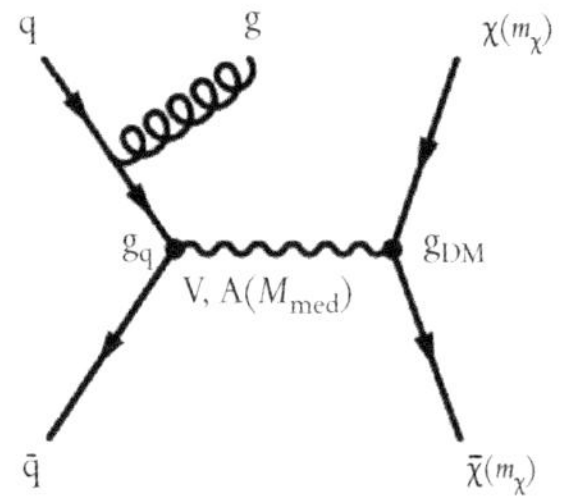

Abbildung 5.23: Dieses „Feynman-Diagramm" stellt schematisch dar, wie Teilchen erzeugt werden und zerfallen. Die Zeitachse läuft von links nach rechts. Der Konvention folgend werden Teilchen durch nach rechts gerichtete und Antiteilchen durch nach links gerichtete Pfeile dargestellt. Letztere laufen also rückwärts in der Zeit. Wir können die beiden Quarks (q) links sehen, die zusammenstoßen und einen Zwischenzustand erzeugen, ein Boson, das mit V oder A bezeichnet ist, das seinerseits so zerfällt, dass zwei dunkle Materieteilchen entstehen. Dieses bestimmte Diagramm stellt eine der Möglichkeiten dar, wie dunkle Materieteilchen am LHC produziert werden könnten. Jede der theoretischen Annahmen muss experimentell überprüft werden.

Quelle: Dark Matter Forum Report

Materieteilchen übrig. Das Gluon wird Paare von Quarks und Antiquarks erzeugen, die ein Bündel aus Hadronen (Teilchen, die aus Quarks bestehen) bilden. Diese Bündel nennt man *Jets*. Das Ereignis wird somit einen Teilchenjet und zwei dunkle Materieteilchen enthalten.

Wie man Unsichtbares sichtbar macht

Wie wir im Kapitel 2 gesehen haben, ist ein Ereignis ein Schnappschuss, der zeigt, wie schwere und instabile Teilchen zerfallen, indem sie mehrere leichtere und langlebigere Teilchen produzieren. Um die Prinzipien der Energie- und Impulserhaltung zu wahren, müssen sowohl Energie als auch Impuls in jedem Ereignis ausgeglichen sein[22]. Wenn man die Richtung des Rückstoßes eines Gewehrs betrachtet, muss die Kugel zwangsweise in die Gegenrichtung geflogen sein. Die gleiche Feststellung trifft auf einen aufgeblasenen Ballon zu, den man loslässt: Der Ballon verliert seine Luft, und die ausströmende Luft treibt den Ballon in die Gegenrichtung.

Das Gleiche tritt bei Teilchen ein, die bei einer Kollision entstehen: Sie fliegen in entgegengesetzte Richtungen, wobei sie sich gegenseitig abstoßen, wie die Fragmente eines Feuerwerks. Dadurch kann ein Teilchen, auch wenn es im Detektor keinerlei Signal hinterlässt, dank der unausgeglichenen Energiebilanz des Ereignisses nachgewiesen werden. Man kann so im Detektor unsichtbare Teilchen wie Neutrinos oder auch dunkle Materieteilchen erkennen.

Abbildung 5.24 zeigt zwei Ereignisse mit Teilchenjets, die im ATLAS-Experiment aufgezeichnet wurden. Auf dem ersten Bild links sieht man einen sehr häufig vorkommenden Ereignistyp mit zwei Teilchenbündeln, die man gemeinhin Jets nennt. Das Ereignis ist energetisch ausgeglichen, keine Energie fehlt. Rechts sieht man ein Ereignis, welches nur ein einziges Teilchenbündel enthält, das von etwas, was dem Detektor entkommt, abgestoßen wird. Dieses Ungleichgewicht an Energie könnte die Signatur des leichtesten supersymmetrischen Teilchens sein, ein Teilchen, das eine bestimmte Energiemenge davonträgt, welches aber

22. Genaugenommen ist Energie eine skalare Größe. Das heißt, dass sie keine Richtung hat. Ein Vektor stellt hingegen etwas dar, was sowohl eine Größe als auch eine Richtung hat. Die Geschwindigkeit eines Teilchens kennzeichnet seine Schnelligkeit und seine Richtung. In der Teilchenphysik fügt man allerdings oft die Bewegungsrichtung zur Energie eines Teilchens hinzu.

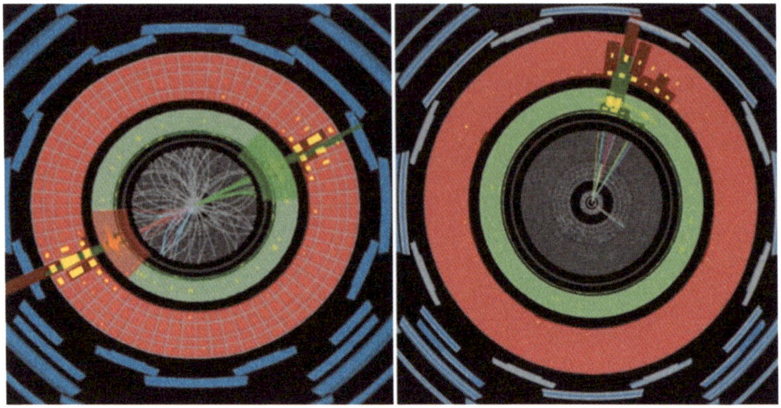

Abbildung 5.24: Das linke Bild von ATLAS zeigt einen häufigen Ereignistyp mit zwei Teilchenjets (Doppeljet), die sich gegenseitig abstoßen. Rechts sieht man ein sehr seltenes Ereignis mit nur einem einzigen Jet (Monojet), was der Signatur eines supersymmetrischen Teilchens entsprechen könnte.

Quelle: ATLAS

nicht mit dem Detektor wechselwirkt und man deshalb nicht sieht. Das gezeigte Ereignis stammt aber vermutlich vom Untergrund, denn es wurden zu wenig ähnliche Ereignisse gefunden.

Ereignisse mit einem einzelnen Photon und fehlender Energie

In dem vorher gezeigten Feynman-Diagramm wurde ein Gluon von einem Quark kurz vor der Kollision emittiert. Dieses Quark hätte genauso gut ein Photon abgeben können. Glücklicherweise passieren solche Prozesse, denn sonst wären die einzigen Teilchen, die bei der Kollision entstehen, die dunklen Materieteilchen, und wir hätten keine Möglichkeit, sie in unserem Detektor nachzuweisen. Das Photon macht solche Ereignisse nachweisbar, ähnlich wie bei dem in Abbildung 5.25 gezeigten Ereignis des ATLAS-Experiments mit einem einzelnen Photon (die auf dem linken Bild mit gelber Farbe gekennzeichnete Energieablagerung bei der 4-Uhr-Stellung, welche auch rechts oben sichtbar ist) und fehlender Energie, die durch die punktierte rosa Linie bei der 10-Uhr-Stellung dargestellt ist. Die blauen Linien gehören zu Teilchen, die bei anderen, gleichzeitig stattfindenden niederenergetischen Kollisionen entstanden sind. Man kann sie deshalb ignorieren.

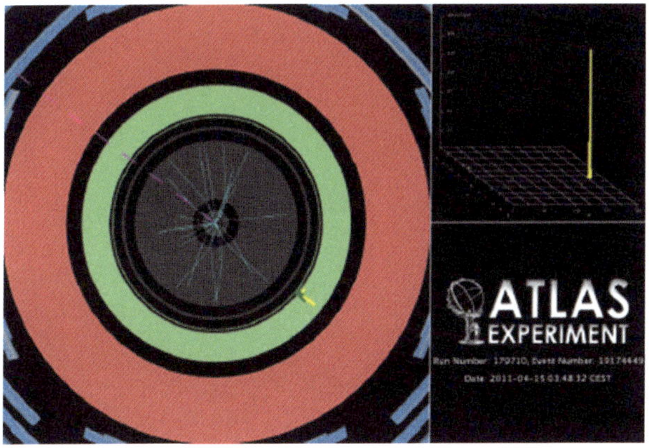

Abbildung 5.25: Ein mit dem ATLAS-Detektor aufgezeichnetes Ereignis mit nur einem Photon (gelb dargestellt im rechten oberen Bildausschnitt) und fehlender Energie (punktierte rosa Linie). Dieses Ereignis hätte die Charakteristika eines zusammen mit einem Photon produzierten Neutralinos, jedoch wurden zu wenige Ereignisse dieser Art gefunden. Es handelt sich deshalb mit hoher Wahrscheinlichkeit um ein Ereignis, das dem Untergrund zuzurechnen ist.

Quelle: ATLAS

Andere Typen von bei ATLAS aufgezeichneten Ereignissen haben die gleichen Charakteristika wie diese Ereignisse. Sie gehören zum berüchtigten Untergrund[23], von dem ich schon gesprochen habe. Zum Beispiel kann ein Ereignis mit einem *Z*-Boson und einem Photon täuschend echt aussehen, wenn das *Z*-Boson in zwei Neutrinos (Teilchen, die ebenso wie dunkle Materie nicht mit dem Detektor wechselwirken) zerfällt.

In beiden Fällen würde man nur das Photon und eine bestimmte Menge an fehlender Energie finden. Man muss auf Simulationen zurückgreifen, um die Anzahl der Untergrundereignisse abzuschätzen. Das Ereignis oben wurde nicht supersymmetrischen Teilchen, sondern dem Untergrund zugeordnet, denn es wurde nichts gefunden, was über das Niveau des erwarteten Untergrunds hinausginge.

23. Der Untergrund entspricht allen Ereignistypen, die nicht dem Signal zuzuordnen sind. Er kommt von bekannten Quellen, die ähnliche Signaturen wie das Signal hervorrufen.

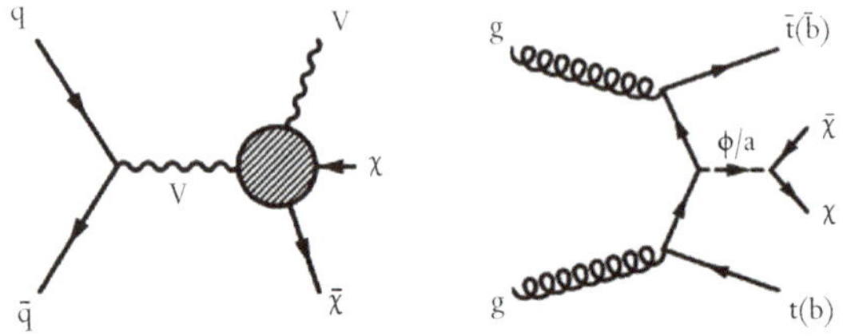

Abbildung 5.26: Diese „Feynman-Diagramme", wie jenes vorhin gezeigte, stellen schematisch dar, wie Teilchen entstehen und wie sie zerfallen. Die Zeitachse läuft von links nach rechts. Hier sehen wir, wie zwei Teilchen zusammenstoßen und andere Teilchen erzeugen. Diese beiden Diagramme illustrieren bestimmte vorstellbare Möglichkeiten, wie dunkle Materieteilchen am LHC produziert werden könnten.

Quelle: Dark Matter Forum Report

Ereignisse mit großer fehlender Energie

Man kann ebenso andere Arten ersinnen, Teilchen der dunklen Materie am LHC zu produzieren. Zum Beispiel erzeugen zwei kollidierende Quarks ein gewöhnliches Boson des Standardmodells: ein Photon oder ein Higgs-Boson, oder auch ein Z oder ein W (Abbildung 5.26 links). Der Kreis rechts stellt eine noch unbekannte Art von Wechselwirkung dar, durch die ein anderes Boson zusammen mit dunklen Materieteilchen entsteht. Wieder würde der Detektor die von diesen Bosonen hinterlassenen Signale oder deren Zerfallsprodukte sowie eine große Menge an fehlender Energie registrieren, was auf unsichtbare dunkle Teilchen hindeuten würde.

Das rechte Diagramm beschreibt den Fall von zwei Gluonen, die Paare von schweren t- oder b-Quarks erzeugen, die sich ihrerseits zu einem hypothetischen Boson ϕ/a verbinden. Wieder könnte das Boson in ein Paar dunkler Materieteilchen zerfallen, bezeichnet mit dem Symbol χ. All diese Szenarien entsprechen verschiedenen von Theoretikern und Theoretikerinnen erdachten Hypothesen. Nur ein experimenteller Beweis kann uns sagen, ob eine von ihnen die richtige ist.

Sämtliche Ereignisse mit Teilchen dunkler Materie, wenn sie existieren, haben eine gemeinsame Eigenschaft: Sie weisen alle ein energetisches Ungleichgewicht in Form von großer fehlender Energie auf. Solche Ereignisse wären ohne das Vorhandensein von einem oder manchmal zwei sichtbaren Teilchen nicht nachweisbar. Die Suche nach einer ungewöhnlich hohen

Anzahl von Ereignissen mit großer fehlender Energie stellt die wichtigste Strategie von ATLAS und CMS dar, Teilchen dunkler Materie am LHC aufzuspüren.

Könnte das Higgs-Boson etwas mit der dunklen Materie zu tun haben?

Wie schon weiter vorne, könnten die dunklen Materieteilchen mit dem Brout-Englert-Higgs-Feld wechselwirken, wenn sie Masse besitzen. Dies scheint der Fall zu sein, da sie ein Gravitationsfeld erzeugen. Ein Higgs-Boson würde dann auch in dunkle Materieteilchen zerfallen können. An dieser Möglichkeit habe ich viele Jahre lang gearbeitet.

Am LHC werden Higgs-Bosonen oft zusammen mit einem *Z*-Boson erzeugt. Das linke Diagramm in Abbildung 5.27 zeigt, wie das geht. Zwei Quarks *q*, welche zu den zwei Protonen, die im LHC zusammenstoßen gehören, können ein angeregtes *Z*-Boson (man kennzeichnet einen solchen angeregten Zustand durch einen Stern nach dem Buchstaben *Z* im Diagramm) erzeugen. Dieses zerfällt, indem es ein Higgs-Boson emittiert (bezeichnet mit *H* im Diagramm), genauso wie ein angeregtes Atom durch Abstrahlen eines Photons in den Grundzustand übergeht. Man erhält auf diese Weise ein normales *Z*-Boson und ein Higgs-Boson.

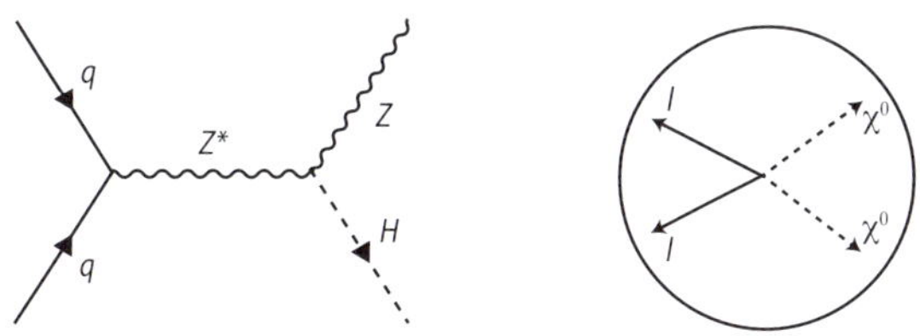

Abbildung 5.27: Skizze, wie zwei Quarks aus zwei im LHC kollidierenden Protonen ein Higgs-Boson begleitet von einem *Z*-Boson erzeugen können. Wenn das Higgs-Boson in Teilchen dunkler Materie zerfällt, sind diese im Detektor unsichtbar, führen aber zu einem Energieungleichgewicht im Ereignis. Darüberhinaus sind die Zerfallsprodukte des *Z*-Bosons (zwei Myonen oder zwei Elektronen) nachweisbar. Somit erhält man eine charakteristische Signatur, um nach dieser Art von Ereignissen zu suchen.

Quelle: Pauline Gagnon

Das *Z*-Boson kann manchmal zwei Leptonen (zwei Elektronen oder zwei Myonen) generieren, bezeichnet mit dem Buchstaben *l* im rechten Diagramm. Es zeigt, was man im Detektor sehen würde, wenn wir zu unserer anfänglichen Hypothese zurückkehren, könnte das Higgs-Boson in zwei Teilchen dunkler

Materie zerfallen, die in der Abbildung 5.27 mit χ^0 bezeichnet sind. Letztendlich würden wir nur die Überreste des *Z*-Bosons sehen, da die Zerfallsprodukte des Higgs-Bosons im Detektor unsichtbar wären. Man muss also nach zwei Leptonen (Elektronen oder Myonen) und fehlender Energie suchen, die den zwei unsichtbaren Teilchen entspricht.

Die Analysen am LHC sind auch für sehr leichte dunkle Materieteilchen empfindlich. Erinnern Sie sich noch an das sehr komplizierte Diagramm mit den Resultaten der direkten Suchen nach dunkler Materie in Abbildung 5.20? Die ATLAS- und CMS-Kollaborationen können beitragen, die Situation zu klären, auch wenn ihre Ergebnisse im Gegensatz zu den direkten Suchen von theoretischen Hypothesen abhängen. Die Anstrengungen gehen weiter, und neue Hoffnungen sind seit der Wiederinbetriebnahme des LHCs im Frühjahr 2015 mit höherer Energie erlaubt. Mehr Higgs-Bosonen als zuvor werden jetzt erzeugt, was die Chancen erhöht, selbst sehr seltene Zerfälle des Higgs-Bosons in dunkle Materie aufzuspüren.

Merkzettel

Das Universum enthält sehr viel mehr Materie und Energie als das, was sichtbar ist. Die normale, sichtbare Materie in allen Sternen und Galaxien stellt nur 5 Prozent des gesamten Inhalts des Universums dar. Der größte Teil, 68 Prozent, erscheint in Form einer unbekannten Energie und ist noch immer sehr mysteriös. Der Rest, also 27 Prozent des Universums, besteht aus sogenannter „dunkler" Materie, die Licht weder aussendet noch absorbiert. Es handelt sich um eine Art von Materie, die anscheinend fast nichts mit den fundamentalen Teilchen des Standardmodells gemein hat. Ihre Existenz wird jedoch keineswegs angezweifelt, denn man kann ihr Vorhandensein durch ihre gravitationellen Auswirkungen auf viele Arten belegen. Die dunkle Materie ist auch ein wesentlicher Bestandteil, der zur Entstehung der Galaxien beigetragen hat. Ohne sie wäre es unmöglich, die Entwicklung des Universums seit dem Urknall, vor 13,8 Milliarden Jahren und bis zum heutigen Tag zu rekonstruieren.

Tief unter der Erde, im Weltall und am LHC laufen zahlreiche Experimente, die versuchen, die dunkle Materie aufzuspüren. Die Suche wird aber nur dann von Erfolg gekrönt sein, wenn dunkle Materie auf irgendeine Art und Weise mit der normalen Materie wechselwirkt. Ob sie das tut, wissen wir noch immer nicht. Gewisse Experimentkollaborationen glauben, sie entdeckt zu haben. Es gibt jedoch noch immer keinen direkten Beweis für ihre Wechselwirkung mit Teilchen des Standardmodells, der von einem anderen Experiment bestätigt worden wäre. Ganz im Gegenteil – mehrere Experimente widersprechen ihren Resultaten, aber rasche Fortschritte sind in Kürze zu erwarten (Abbildung 5.28).

Abbildung 5.28: Wie werden dunkle Materieteilchen aussehen? Hier sehen Sie, wie Julie Peasley sie sich vorstellt.
Quelle: ©ParticleZoo

KAPITEL 6

Retterin SUSY

Wie wir im Kapitel 1 gesehen haben, beschreibt das Standardmodell die fundamentalen Bestandteile der Materie und die Kräfte, die ihren Zusammenhalt sicherstellen. Das Modell beruht auf zwei Prinzipien: Erstens, die gesamte Materie besteht aus Teilchen, und zweitens, diese Teilchen wechselwirken miteinander, indem sie andere Teilchen austauschen, die mit den fundamentalen Kräften assoziiert sind. Dieses Modell ist einerseits einfach und andererseits sehr leistungsfähig, denn diese beiden Prinzipien werden natürlich von komplexen Gleichungen begleitet, die mit mathematischen Ausdrücken die Wechselwirkungen zwischen den Teilchen beschreiben. Diese Gleichungen erlauben es den Theoretikern und Theoretikerinnen, mit äußerster Genauigkeit vorherzusagen, welche Teilchen miteinander wechselwirken, wie sie zerfallen und wie oft diese Zerfälle stattfinden. Bis heute stimmt fast jede der in den Teilchenphysiklaboratorien im Lauf der letzten 40 Jahre gemessenen Größen haarscharf (unter Berücksichtigung der experimentellen Fehlergrenzen) mit dem von der Theorie vorhergesagten Wert überein, bisweilen auf die neunte Kommastelle genau. Es gibt dennoch einige Anomalien.

Deshalb wissen die Theoretikerinnen und Theoretiker (wie John Ellis in Abbildung 6.1), dass das Standardmodell seine Grenzen hat und dass man eine leistungsfähigere und umfassendere Theorie finden muss, die noch nicht entwickelt wurde. Trotz seines unglaublichen Erfolgs kann das Standardmodell nicht alles erklären. Dies zeigt die Tatsache, dass Neutrinos – wie im Kapitel 1 erwähnt – eine Masse haben.

Das Standardmodell ist vielleicht in der Teilchenphysik das, was die vier Grundrechenarten (Addition, Subtraktion, Multiplikation und Division) in der Mathematik sind. Diese vier Rechnungsarten genügen für die Bewältigung des Großteils der täglichen Aufgaben, auch wenn man für komplexere Berechnungen Geometrie, Algebra, oder Integral- und Differentialrechnung braucht. Das Standardmodell reicht aus, um mehr oder weniger alles, was bisher beobachtet

Abbildung 6.1: John Ellis, Theoretiker am CERN sowie am King's College, London und ein glühender Verfechter der Supersymmetrie, beim Lesen einer der zahlreichen physikalischen Fachartikel, die Tag für Tag erscheinen, um die vielen noch immer unbeantworteten Fragen zu klären.

Quelle: CERN

wurde, zu reproduzieren. Vermutlich handelt es sich aber nur um die sichtbare Spitze des Eisberges, der die Basis einer umfassenderen und ausgefeilteren Theorie darstellt (Abbildung 6.2). Es werden deshalb beträchtliche Anstrengungen unternommen, um das Standardmodell in Bedrängnis zu bringen, denn jede Ungereimtheiten kann uns den richtigen Weg nach vorne zeigen. Nichtsdestotrotz ist es ungeachtet der ständigen Verbesserungen der experimentellen und theoretischen Genauigkeiten immer noch nicht gelungen, eine Anomalie zu finden, die eine Bresche ins Standardmodell schlagen und uns das Tor zur sogenannten „neuen Physik" öffnen würde.

Das Standardmodell: eine schöne Theorie ... aber mit Haken

Was stimmt also mit dem Standardmodell nicht? Warum will man ihm an den Kragen gehen, obwohl sich alle seine Vorhersagen als exakt erweisen? Im Wesentlichen deshalb, weil es mehrere Punkte offenlässt. Das Modell erklärt zum Beispiel nicht die Asymmetrie zwischen Materie und Antimaterie. Warum besteht das Universum überwiegend aus Materie, obwohl gleich viel Materie wie Antimaterie beim Urknall entstanden sein müsste?

Abbildung 6.2: Das Standardmodell ist nur die Spitze des Eisbergs. Welche andere Theorie wird die „neue Physik" erklären können?
Quelle: Anchor Inn, Twillingate, Neufundland

Das Standardmodell inkludiert auch nicht die Gravitation, eine der vier fundamentalen Kräfte. Es erklärt auch nicht, warum die Schwerkraft so viel schwächer als die elektromagnetische, die schwache und die starke Kraft ist. Ein ganz kleiner Magnet schafft es etwa, wie wir schon gesehen haben, sich der Anziehungskraft der gesamten Erde zu widersetzen und somit an der Kühlschranktüre haften zu bleiben. Einige Theoretiker und Theoretikerinnen postulierten Modelle mit mehr als drei Raumdimensionen, um dieses Phänomen zu erklären. Wie wir im Kapitel 5 gesehen haben, kann ein starkes Schwerefeld den Raum verformen, indem es ihn krümmt. Der Raum kann sich sogar zusammenziehen. Es könnte somit passieren, dass einige Dimensionen vollständig in sich aufgerollt sind, sogar soweit, dass sie mikroskopische Ausmaße annehmen. Sie wären also für unser Auge unsichtbar. Die Stärke der Schwerkraft könnte in ihnen konzentriert sein, was sie anderswo völlig schwächen würde. Dies könnte erklären, dass sie so schwach erscheint, weil man nur die Ausläufer einer Kraft beobachtet, die in Wirklichkeit so stark wie die anderen ist.

Nach heutigem Wissen leben wir in einer Welt mit vier Dimensionen: drei räumlichen und einer zeitlichen. Es kann gut sein, dass es weitere gibt, die uns aber verborgen sind. Ein Beispiel, um dies zu illustrieren, ist das eines Akrobaten, der sich auf einem gespannten Seil fortbewegt. Aus seiner Sicht ist nur eine einzige Dimension möglich: Er kann auf dem Seil nur vorwärts oder rückwärts gehen. Wenn er am Leben bleiben will, darf er sich weder zur Seite noch nach oben oder nach unten bewegen. Eine Ameise kann jedoch sehr wohl um das Seil herumkrabbeln (Abbildung 6.3). Für sie gibt es nicht nur eine einzige Dimension, sondern zwei, wobei die zweite in sich aufgerollt und auf unserer Größenskala (fast) unsichtbar ist. Die Theorien mit zusätzlichen Dimensionen beziehungsweise *Extradimensionen* (*extra dimensions* auf englisch) sagen die Existenz von neuen Teilchen voraus. Wenn das stimmt, könnten diese am LHC entdeckt werden. Mehrere Forschungsvorhaben in dieser Richtung sind im Gange. Zur Zeit wissen wir nicht, ob diese Theorien richtig sind oder nicht.

Dieser enorme Unterschied in der Stärke der fundamentalen Kräfte, der sich durch die Schwäche der Gravitationskraft manifestiert, ist nur ein Aspekt

Abbildung 6.3: Ein Seiltänzer auf einem Seil kann sich nur in einer Dimension fortbewegen (vorwärts oder rückwärts), während eine Ameise auch um das Seil herumkrabbeln kann und somit eine zweite Dimension zur Verfügung hat.

Quelle: Symmetry Magazine

eines allgemeineren Problems, das „Hierarchieproblem“ genannt wird. Dieser Ausdruck bezieht sich auch auf die großen Unterschiede in den Massen der Elementarteilchen. In Abbildung 6.4 sind die Massen in Elektronvolt (eV), Millionen Elektrovolt (MeV) oder sogar Milliarden Elektrovolt (GeV) angegeben. Das Elektron (0,511 MeV) ist also 3500 mal leichter als das Tau (1,777 GeV). Für die Quarks gilt: Das *top*-Quark mit seinen 173,5 GeV Masse ist 75 000 mal schwerer als das *up*-Quark (2,3 MeV). Warum gibt es so große Massenunterschiede bei den Bestandteilen der Materie? Warum gibt es drei Generationen dieser Teilchen? Diese Fragen warten immer noch auf Antworten.

Das Standardmodell hat auch noch ein anderes Problem: Die Bausteine der Materie, die Quarks und Leptonen, haben einen Spin von ½ und gehören somit zur Kategorie der Fermionen. Die Kraftüberträger haben ihrerseits ganzzahlige Spinwerte, wie aus Abbildung 6.4 ersichtlich. Sie gehören deshalb zu den Bosonen. Warum ist das so? Weshalb gibt es solche Unterschiede zwischen den beiden Teilchengruppen? Man weiß es nicht.

Abbildung 6.4: Alle bekannten Elementarteilchen mit ihrer Masse, elektrischen Ladung und ihrem Spin. Für die Fermionen entspricht jede Spalte einer Generation.
Quelle: Pauline Gagnon und ©ParticleZoo

Wie bereits im Kapitel 1 beschrieben, führen diese Unterschiede zu einem völlig anderen Verhalten der zwei Teilchensorten, so als ob sie anderen Welten angehören würden. Die Fermionen müssen strikten Verbotsregeln folgen, während die Bosonen Gesellschaft lieben. Anders ausgedrückt: Je mehr man Boson ist, desto besser amüsiert man sich. Man kann unendlich viele Bosonen an einem Ort vereinen. Das Phänomen der Supraleitung rührt beispielsweise daher.

Das Problem der Massenhierarchie betrifft auch die Masse des Higgs-Bosons. Die Gleichungen des Standardmodells bestimmen die Beziehungen zwischen den Elementarteilchen. In den Gleichungen hat zum Beispiel das Higgs-Boson eine Grundmasse, die man „theoretische Masse" nennt. Zu ihr müssen Theoretiker und Theoretikerinnen noch eine Korrektur für jedes Teilchen (Fermion, Lepton oder Boson) hinzufügen, das mit dem Higgs-Boson wechselwirkt. Je schwerer ein Teilchen ist, desto größer ist diese Korrektur. Da das *top*-Quark bei Weitem das schwerste aller Teilchen ist, führt es zu einer großen Korrektur der *theoretischen* Masse des Higgs-Bosons. Es ist jedoch nicht leicht zu begreifen, wie die *gemessene* Masse dieses Bosons so klein sein kann. Die Masse eines Teilchens wird vom theoretischen Standpunkt aus in etwa wie der Preis eines Flugtickets bestimmt. Zur Grundmasse, dem Basistarif entsprechend, müssen Korrekturen verschiedenster Art hinzugefügt werden. Diverse Steuern werden aufgerechnet, während Ermäßigungscodes Preisreduktionen bewirken. Wenn eine Steuer im Vergleich zum Basistarif extrem hoch ist, zum Beispiel millionenmal höher als dieser, kann nur ein Rabatt in der gleichen Größenordnung wie die exorbitante Steuer zu einem vernünftigen Endpreis führen. Das Problem der aufgrund der Korrektur durch das *top*-Quark wild fluktuierenden Grundmasse kann man in den Griff bekommen, falls es neue Teilchen gibt, welche die Beiträge der schon bekannten Teilchen kompensieren. Die Korrektur der Higgs-Boson-Masse durch das *top*-Quark könnte durch jene anderer noch unbekannter Teilchen ausgeglichen werden, wodurch erklärt wäre, warum die Masse des Higgs-Bosons so klein ist.

Streng genommen könnte es gelingen, das theoretische Problem der Masse des Higgs-Bosons zu lösen, indem man „an den Haaren des Standardmodells zieht". Damit ist gemeint, dass man mehreren Parametern sehr präzise Werte aufzwingt. Das wäre so wie wenn man versuchte, ein Kleid mit ganz wenig Stoff zu nähen, obwohl der Schnitt eigentlich mehr erfordern würde. Wenn dies gelingen soll, müsste man alle Stücke absolut perfekt ausrichten und alle Verschnitte wiederverwenden. Diese maximale Feinabstimmung (*fine tuning* auf englisch) der Theorieparameter missfällt den Theoretikern und Theoretikerinnen in höchstem Maße, da sie diese für äußerst unwahrscheinlich halten und es vorziehen, nicht auf sie zurückgreifen zu müssen.

Wenn all diese Argumente Sie noch nicht überzeugt haben, gibt es womöglich einen weiteren wichtigen Grund, der Sie von der Unvermeidlichkeit einer umfassenderen Theorie überzeugen könnte. Das Standardmodell beschreibt nur die gewöhnliche Materie, die wir auf der Erde vorfinden und in den Sternen und Galaxien beobachten (siehe Kapitel 5). Aus der Analyse des Lichtes, das von den Sternen und Galaxien zu uns kommt, schließt man, dass dort die gleichen chemischen Elemente wie auf der Erde vorkommen. Die Beweise sind überwältigend, dass das Universum fünfmal mehr dunkle Materie – eine völlig andere Art von Materie als wir sie kennen – als gewöhnliche Materie enthält. Von allen Teilchen des Standardmodells besitzt keines die Eigenschaften der dunklen Materie. Es ist also klar, dass dieses Modell kein vollständiges Bild der Bestandteile des Universums liefern kann.

Wenn wir zusammenfassen, sind dies die Unzulänglichkeiten des Standardmodells, welche die Notwendigkeit einer umfassenderen Theorie für eine neue, noch nicht entdeckte Physik aufzeigen:

- Man weiß nicht, warum die Massen der Neutrinos so klein sind und ob Neutrinos ihre eigenen Antiteilchen sind.
- Das Modell kann die Asymmetrie zwischen Materie und Antimaterie (das fast vollständige Fehlen von Antimaterie im Universum) nicht erklären.
- Es enthält kein Teilchen, das den Eigenschaften der dunklen Materie entspricht.
- Die Schwerkraft ist nicht berücksichtigt.
- Es kann die geringe Stärke der Schwerkraft nicht erklären.
- Es liefert keine Erklärung, warum es drei Teilchengenerationen gibt und warum deren Massen so verschieden sind.
- Die Unterteilung in Fermionen und Bosonen wird nicht begründet.
- Es löst das Problem der *theoretischen* Masse des Higgs-Bosons nicht.

Aus all diesen Gründen versuchen Theoretiker und Theoretikerinnen seit vielen Jahren eine umfassendere Theorie zu entwickeln, die auf dem Standardmodell aufbaut und, wenn auch nicht alle, dann doch zumindest den Großteil seiner Probleme löst. Eine dieser vorgeschlagenen Theorien nennt sich „Supersymmetrie".

Supersymmetrie: eine verlockende Theorie

Die Supersymmetrie ist eine Theorie, die Anfang der 1970er-Jahre als eine mathematische Symmetrie innerhalb der „Stringtheorie" aufkam. Letztere wurde ebenfalls in der Hoffnung entwickelt, die vier fundamentalen Kräfte vereinen zu können. Die Supersymmetrie erklärt ihrerseits die Unterteilung in Bosonen und Fermionen. Im Laufe der Zeit wurden von verschiedenen Wissenschaftlern neue Elemente zur Theorie der Supersymmetrie hinzugefügt, sodass zurzeit neben weiteren Ansätzen, die versuchen das Standardmodell zu vervollständigen, schließlich eine vielversprechende Theorie vorliegt.

Unter den Pionieren dieser Theorie muss man als zuallererst zwei Theoretiker erwähnen, D. V. Volkov und V. P. Akulov. Später, im Jahr 1973, erstellten Julius Wess und Bruno Zumino das erste vierdimensionale supersymmetrische Modell, das den Weg für die weiteren Entwicklungen ebnete.

Im Folgejahr verallgemeinerte Pierre Fayet den Brout-Englert-Higgs-Mechanismus auf die Supersymmetrie und führte zum ersten Mal „Superpartner" der Teilchen des Standardmodells ein. Dieser entscheidende Schritt erlaubte es, eine Symmetrie zwischen Bosonen und Fermionen herzustellen – daher rührt auch der Name „Supersymmetrie", oder – für Eingeweihte – „SUSY".

Die mithilfe der Supersymmetrie entwickelten Modelle gehen vom Standardmodell aus und teilen jedem Elementarteilchen einen oder mehrere Partner zu. Fermionen erhalten Bosonen als Superpartner, Bosonen Fermionen. Dies vereint die fundamentalen Bestandteile der Materie mit den Kraftteilchen. Alles wird harmonischer und symmetrischer.

Man kennzeichnet supersymmetrische Teilchen durch eine Tilde (~) über ihrem Symbol, wie in Abbildung 6.5 ersichtlich, die aus dem ausgezeichneten Film *Particle Fever* stammt. Bei Fermionen trägt der Superpartner den gleichen Namen wie das mit ihm assoziierte Teilchen, unter Voranstellung des Buchstabens *s*, der seinen supersymmetrischen Charakter kennzeichnet. So wird mit dem *bottom*-Quark das *sbottom*-Quark, und mit dem Lepton *Tau* das

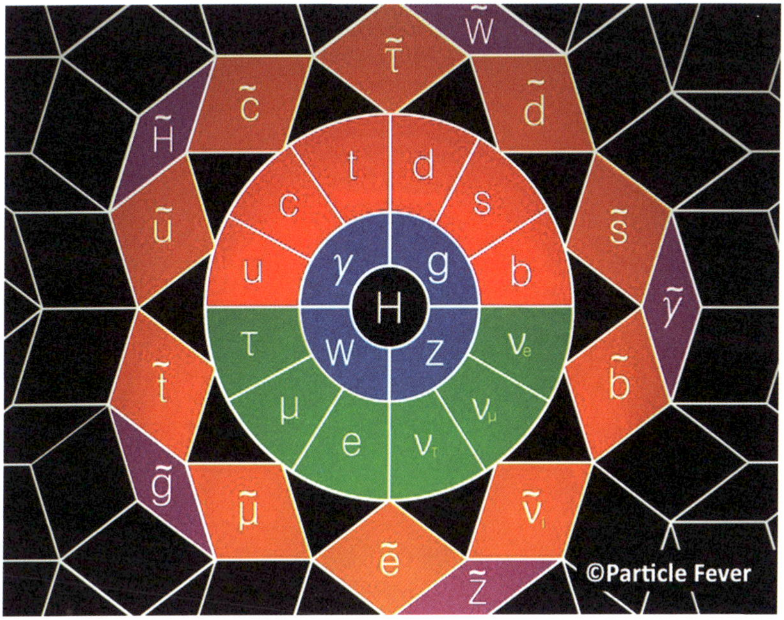

Abbildung 6.5: Die Supersymmetrie fügt dem Standardmodell eine ganze Reihe von neuen Teilchen hinzu.

Quelle: Mark Levinson, Particle Fever

stau-Lepton assoziiert. Das Modell sagt somit eine ganze Reihe von neuen Bosonen voraus, die *Squarks* und die *Sleptonen*.

Die mit den Bosonen des Standardmodells assoziierten Teilchen sind die *Gluinos*, die *Photinos*, die *Winos*, die *Zinos* (auch *Binos* genannt), die *Gravitinos* und die *Higgsinos*. Sie alle sind Fermionen. Durch „Kombination" der mit den Bosonen der elektroschwachen Wechselwirkung assoziierten Fermionen (*Photinos*, *Winos* und *Zinos*) mit dem *Higgsino* erhält man *Charginos*, die eine elektrische Ladung besitzen, und *Neutralinos*, die neutrale Teilchen sind. Die Supersymmetrie sieht auch fünf Higgs-Bosonen vor, wie wir später sehen werden. Zum Teilchenzoo des Standardmodells gesellt sich also die Menagerie der supersymmetrischen Teilchen. Dies ist eine der negativen Seiten dieser Theorie. Die Anzahl der Elementarteilchen hat sich mehr als verdoppelt; man ist also weit von einer Vereinfachung des Ganzen entfernt.

Auf der positiven Seite gibt es zwei wesentliche Konsequenzen. Erstens können die Superpartner des *top*-Quarks, die *Stops*, die vom *top*-Quark herrührende Korrektur zur theoretischen Masse des Higgs-Bosons kompensieren. Zweitens besitzt – unter Voraussetzung, dass eine *R-Parität* genannte Eigenschaft erhalten bleibt – das leichteste supersymmetrische Teilchen genau die erwarteten Eigenschaften der dunklen Materie. Diese Größe ist nicht neu. Sie ist bei den Standardmodellteilchen ebenfalls erhalten.

Apropos *R-Parität*. Sie funktioniert ein bisschen so, wie wenn ein Spieler bei einem bestimmen Kartenspiel eine unheilbringende Karte – etwa die Pik-Dame – von einem anderen erhält. Wenn er diese Karte nicht an jemand anderen weitergeben kann, bleibt sie ihm erhalten. Die Erhaltung der *R-Parität* bedeutet demnach, dass alle supersymmetrischen Teilchen nur zerfallen können, wenn beim Zerfall mindestens ein anderes supersymmetrisches Teilchen entsteht. Die Folge davon ist, dass das leichteste supersymmetrische Teilchen, das LSP (Akronym von *Lightest Supersymmetric Particle*) als letztes Glied der Zerfallskette in nichts anderes zerfallen kann und somit stabil sein muss. Laut Supersymmetrie gibt es dieses seit ewigen Zeiten, genauso wie die dunkle Materie. Dieses Teilchen, das *LSP*, könnte das so lange gesuchte Teilchen der dunklen Materie sein. Es muss elektrisch neutral sein, da die dunkle Materie, wie wir gesehen haben, keine Ladung haben kann, weil sie sonst Licht aussenden würde. In mehreren supersymmetrischen Modellen entspricht dieses Teilchen dem leichtesten Neutralino.

Fassen wir zusammen. Die Supersymmetrie wurde zunächst entwickelt, um mehr Harmonie durch Verbindung der Bosonen und Fermionen des Standardmodells zu erzeugen. Sie löst dadurch gewisse Hierarchieprobleme wie das Problem der theoretischen Masse des Higgs-Bosons. Wirklich bemerkenswert ist jedoch, dass diese neue Theorie, die ursprünglich zu ganz anderen Zwecken entwickelt worden war, das ungeheure Problem der dunklen Materie lösen könnte, denn sie sagt die Existenz von neuen Teilchen voraus, die genau die charakteristischen Eigenschaften der dunklen Materie haben. Dies erklärt ihre große Popularität, zumal sie zwei Fliegen mit einer Klappe schlägt. Leider wird aber SUSY, falls sie entdeckt wird, nicht die endgültige Antwort sein, da sie auch nicht alle Probleme lösen kann. Es gelingt ihr nicht, alle Kräfte zu vereinen, zumal sie genauso wie das Standardmodell die Gravitation bislang beiseite lässt.

Abbildung 6.6: Eine Physikerin an den Schalthebeln des Kontrollzentrums von CMS. Trotz der von ATLAS und CMS aufgezeichneten eindrucksvollen Datenmengen hat man immer noch nicht das geringste Anzeichen für die Existenz supersymmetrischer Teilchen gefunden.
Quelle: CERN

Hat jemand meine supersymmetrischen Teilchen gesehen?

Warum wurde bis zum heutigen Tag noch kein einziges supersymmetrisches neues Teilchen gefunden, wenn die Supersymmetrie wirklich eine so wunderbare Theorie ist wie sie scheint? Dafür gibt es mehrere mögliche Gründe.

Der einfachste wäre natürlich, dass diese Theorie falsch ist und dass es supersymmetrische Teilchen ganz einfach nicht gibt. Wenn dies der Fall ist, muss eine andere theoretische Lösung zur Behebung der Mängel des Standardmodells entwickelt oder experimentell etwas Neues entdeckt werden, das der Theorie den Weg weisen könnte. Theorie und experimentelle Forschung gehen normalerweise Hand in Hand, wobei die eine die andere andauernd inspiriert. Wie dem auch sei, sind die Theoretiker und Theoretikerinnen kategorisch: Eine neue Theorie, die über das heutige Standardmodell hinausgeht, muss gefunden werden.

Auch wenn man noch immer keine supersymmetrischen Teilchen gefunden hat, bleibt SUSY eine vollkommen plausible Hypothese. Ihre Teilchen können uns aus verschiedenen Gründen durch die Lappen gegangen sein. Vielleicht haben wir nicht an den richtigen Stellen oder mit den richtigen Methoden gesucht. Vielleicht sind die supersymmetrischen Teilchen aber auch zu schwer und somit unseren Beschleunigern nicht zugänglich. Wir haben sicher seit dem im Jahr 2015 erfolgten Neustart des LHCs mit 13 TeV Energie statt mit 8 TeV wie im Jahr 2012 größere Chancen sie zu entdecken, nicht zuletzt auch aufgrund der bedeutend höheren Datenmengen (Abbildung 6.6).

Und wenn wir sie dann immer noch nicht finden, können wir trotzdem weitere Bereiche von Massen oder anderen Parametern ausschließen und uns auf die noch möglichen Modelle konzentrieren.

Zahlreiche Parameter und mehrere Modelle

Mit SUSY zu arbeiten ist nicht leicht (und ich meine hier niemanden im Speziellen). Was ist ihr größtes Manko? Das Modell enthält zahlreiche unbestimmte Parameter. Darüber hinaus gibt es mehrere Modellvarianten. Eine von ihnen, eine Minimalversion, die MSSM-Modell (Minimal Supersymmetric Standard Model) genannt wird, beinhaltet 105 freie Parameter. Zu ihnen gehören die Massen der supersymmetrischen Teilchen und ihre Kopplungen, also die Wahrscheinlichkeiten, mit denen sie in andere Teilchen zerfallen oder mit denen sie erzeugt werden können. Man hat somit 105 verschiedene Parameter, von denen jeder praktisch jeden Wert annehmen kann.

Ein Parameter ist so etwas wie eine Dimension. Stellen Sie sich vor, man sucht nach Bergsteigerinnen, die sich irgendwo in den Alpen verirrt haben. Mann muss jeden „Kartenpunkt" im gesamten Gebiet überprüfen (zum Beispiel, alle zehn Meter), wenn man weder Längen- noch Breitengrade ihres Aufenthaltsortes kennt. Selbst in einem zweidimensionalen Raum (ein Raum mit zwei Parametern) wie die Oberfläche der Alpen wäre eine ungeheure Menge an möglichen Punkten in Betracht zu ziehen. In einem Raum mit 105 Dimensionen müsste man die Werte von 105 Parametern zur Lokalisierung eines Objekts angeben. Versuchen Sie sich jetzt vorzustellen, wie man ein Objekt finden sollte, wenn man keinen seiner 105 Parameter kennt. Die genaue Zahl der Punkte, die zum Auffinden des Objekts in diesem Raumvolumen geprüft werden muss, wird astronomische Werte annehmen.

Die Supersymmetrie gibt nicht an, welche Werte all diese Parameter annehmen können. Sobald sie aber bekannt sind oder man ihre Werte festgelegt hat, sind alle Relationen zwischen den Teilchen bestimmt. Da man noch keinen dieser Parameter gemessen hat, muss man sich damit begnügen, eine möglichst intelligente Wahl zu treffen, ihnen also die Werte zuzuordnen, die man am plausibelsten hält. Man weist ihnen vernünftige Grenzwerte zu. Im Fall der Bergsteigerinnen beschränkt man sich etwa auf festen Boden, unter Auslassung aller Seen oder Orte, an denen man schon gesucht hat. Genau so geht man bei der Suche nach supersymmetrischen Teichen vor: Man grenzt den Suchbereich ein, indem man alle unwahrscheinlichen Orte ausnimmt. Die Physiker und Physikerinnen müssen ebenso Annahmen treffen, um die Parameterräume zu verkleinern. So sind verschiedene Supersymmetriemodelle entstanden. Jedes stellt einen Versuch dar, den Suchbereich aufgrund von verschiedenen Annahmen einzuengen.

Ein Untermodell des MSSM-Modells mit Namen CMSSM (*Constrained MSSM*) wurde mit dem Ziel entwickelt, nur eine Handvoll Parameter frei wählbar zu lassen, was das Modell wesentlich vereinfacht. Dafür mussten schwierige grundsätzliche Entscheidungen getroffen und Werte mehrerer Parameter gemäß bestimmten Hypothesen festgelegt werden. Ein bisschen war das so, als wenn man die gesamte Schweiz bei der Suche nach den Bergsteigerinnen außer Acht ließe, weil man annimmt, dass sie keinen Käse mögen. Das Modell verliert aber immer mehr seiner Anhänger, da die experimentellen Ergebnisse eher dazu tendieren es auszuschließen. Die Techniken haben sich seitdem auch weiterentwickelt und erlauben es, neue Modelle auszuarbeiten, die objektive Informationen über gesuchte Personen berücksichtigen anstatt sich auf Annahmen von Rettern zu verlassen.

Theoretische Fortschritte

Die Messung der Masse des Higgs-Bosons schränkt die existierenden Modelle noch weiter ein und hat somit eine entscheidende Rolle bei der Entwicklung einer neuen Klasse von sogenannten phänomenologischen Modellen (bezeichnet als pMSSM) gespielt. Wie ihr Name schon sagt, wurden sie unter Berücksichtigung der existierenden experimentellen Schranken entwickelt, also der tatsächlich beobachteten Phänomene, da jedes gültige Modell die Realität widerspiegeln muss. Die 105 Parameter des MSSM wurden eingeschränkt, indem man ihre möglichen Werte aufgrund von anderen experimentellen Messungen eingegrenzt hat. Durch Kombination der Ergebnisse all dieser Messungen konnte die Anzahl der Parameter der pMSSM-Modelle auf

19 oder 20 reduziert werden. Diese Modelle haben den Vorteil, dass sie auf soliderer Basis als frühere stehen.

Mehrere Teams von Theoretikern und Theoretikerinnen, Experimentalpysikern und -physikerinnen haben alle neuen und älteren Resultate kombiniert, um zu bestimmen, welche Regionen des zwar eingeschränkten aber immer noch beträchtlich großen Raums mit 19 oder 20 Parametern noch infrage kämen. Dazu mussten sie zuerst eine Liste aller möglichen Punkte in diesem vieldimensionalen Raum generieren, entsprechend den Millionen und Abermillionen von erlaubten Werten für die Massen und Kopplungen[24] der hypothetischen supersymmetrischen Teilchen. In diesem Stadium wurden den 19 oder 20 Parametern noch keine Werte zugeordnet. In unserem Beispiel der Suche nach den Bergsteigerinnen entspricht dies der Erstellung einer Liste aller möglichen Punkte im Abstand von ein paar Metern, auf der gesamten Oberfläche der Alpen.

Als nächstes berücksichtigt man die Ergebnisse aller bekannten experimentellen Messungen, um herauszufinden, welche Punkte von all den möglichen noch erlaubt sind. Dafür benützt man Messungen der Eigenschaften von *Z*-, *W*- und Higgs-Bosonen sowie Präzisionsmessungen von schweren Quarks, Resultate aus der Kosmologie und natürlich die Ergebnisse der direkten Suchen nach supersymmetrischen Teilchen am LHC und nach der dunklen Materie in unterirdischen Experimenten. In unserem Beispiel würde man von der ursprünglichen Liste von Suchpunkten jene streichen, an denen schon ergebnislos gesucht worden ist.

Diese Technik hat zwar den Nachteil, dass enorme Rechenkapazitäten erforderlich sind, um jeden Punkt dieses 19-dimensionalen Raums zu überprüfen. Am Ende kann man aber wirklich sehen, wo sich die supersymmetrischen Teilchen noch verstecken könnten. Und es funktioniert! So war es möglich zu zeigen, dass die Klasse von sehr spezifischen SUSY-Modellen wie das vorhin erwähnte CMSSM nur noch für sehr wenige Parameterwerte Gültigkeit haben kann. Die stärksten Schranken kommen von den Experimenten ATLAS und CMS, die keinerlei Squarks mit Massen bis über einem TeV, also etwa der achtfachen Masse des Higgs-Bosons, finden konnten. Die gleiche Technik,

24. Wie vorher erwähnt, sind Kopplungen von Teilchen im Wesentlichen Größen, die mit ihrer Erzeugungswahrscheinlichkeit am LHC zusammenhängen.

angewendet auf die neuesten pMSSM-Modelle, zeigt hingegen, dass es noch sehr viele Bereiche in diesem riesigen 19-dimensionalen Raum gibt, in denen die eine oder andere Version der Supersymmetrie existieren kann, auch wenn der Platz dafür kleiner geworden ist.

Diese Technik, die experimentelle Ergebnisse und theoretische Kenntnisse verknüpft, erlaubt es nun, eine nahezu unendliche Anzahl von Möglichkeiten auf einen ganz kleinen Prozentsatz zu reduzieren und somit die Suchen zielgerechter durchzuführen. Darüber hinaus hat diese Technik schon viele Modelle, die anscheinend nicht der Realität entsprechen, praktisch eliminiert.

Signatur eines supersymmetrischen Teilchens

Wie kann der Large Hadron Collider helfen? Wie wir im Kapitel 3 gesehen haben, arbeiten die großen Detektoren entlang des Beschleunigerrings wie gigantische Fotoapparate, die aufzeichnen, wie die neu entstandenen, höchst instabilen Teilchen zerfallen. Diese Bilder gestatten es, bei jeder Kollision den Ursprung, die Richtung und die Energie aller Fragmente aufzuzeichnen und daraus die ursprünglichen Teilchen zu rekonstruieren und zu identifizieren.

Die Suche nach supersymmetrischen Teilchen ähnelt sehr jener nach den Teilchen dunkler Materie, die am Ende des Kapitels 5 beschrieben ist. Der Grund dafür ist, dass das leichteste supersymmetrische Teilchen sich als das so lange gesuchte Teilchen der dunklen Materie herausstellen könnte. Diese haargenau gleichen Teilchen würden in unseren Detektoren unsichtbar sein.

In Abbildung 6.7 sieht man eine typische Zerfallskette eines supersymmetrischen Teilchens. Am LHC sollten immer zwei supersymmetrische Teilchen gleichzeitig erzeugt werden (dies ist eine Konsequenz der Erhaltung der *R-Parität*, falls diese wirklich erhalten ist). Jedes würde über eine ähnliche Kette zerfallen. Die SUSY-Teilchen sind durch schwarze Linien dargestellt, während die Standardmodellteilchen durch rote gekennzeichnet sind. Der Kaskadenzerfall endet mit dem leichtesten supersymmetrischen Teilchen. Hier nehmen wir an, dass es ein Neutralino ist. Mehrere normale Teilchen werden ebenfalls produziert und von den LHC-Detektoren nachgewiesen. Man würde auch eine bestimmte Menge an fehlender Energie entdecken, die der Energie des leichtesten supersymmetrischen Teilchens entspricht. Die zur Anwendung kommenden Analysetechniken sind somit jenen ähnlich, die im vorhergehenden Kapitel bei der Suche nach dunklen Materieteilchen am LHC beschrieben sind.

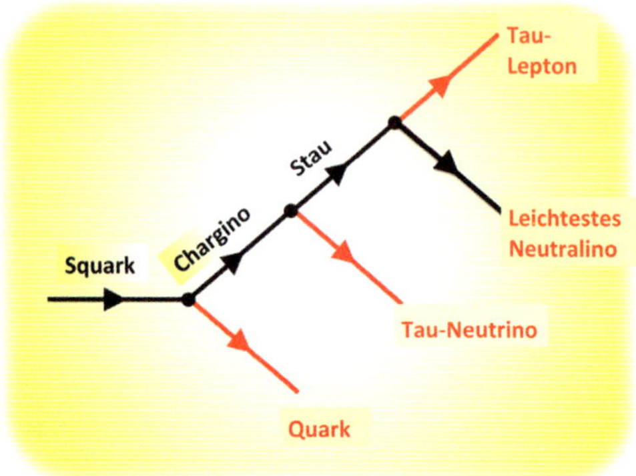

Abbildung 6.7: Typischer Kaskadenzerfall eines supersymmetrischen Teilchens. Jedes instabile supersymmetrische Teilchen muss zerfallen, indem mindestens ein anderes, leichteres supersymmetrisches Teilchen (schwarze Linien) und ein normales Teilchen (rote Linien) entsteht. Die Zerfallskette endet mit dem leichtesten SUSY-Teilchen (hier nehmen wir an, dass es ein Neutralino ist), wenn die R-Parität erhalten ist. Solche Ereignisse würden somit mehrere normale Teilchen sowie eine große Menge an fehlender Energie enthalten. Diese entspricht den leichtesten supersymmetrischen Teilchen, die ohne im Detektor ein direktes Signal zu hinterlassen entkommen sind.

Quelle: Fermilab

Wenn bei der Kollision der Protonen in den LHC-Strahlen nur das leichteste supersymmetrische Teilchen entstünde, würde ein solches Ereignis nichts Sichtbares enthalten und nicht nachzuweisen sein. Die unsichtbaren Teilchen müssen von etwas anderem begleitet sein, damit man sie detektieren kann. Eine der vielen Strategien der ATLAS- und CMS- Kollaborationen besteht darin, nach Ereignissen mit hoher, den unsichtbaren Teilchen entsprechender fehlender Energie, begleitet von anderen Teilchen wie etwa einem Schauer von Hadronen oder einem einzelnen Photon zu suchen. Solche Ereignisse wären jenen mit dunkler Energie ähnlich, die nur einen einzigen Jet oder ein einzelnes Photon enthalten (siehe Kapitel 5).

Ist das Higgs-Boson ein supersymmetrisches Boson?

Aufgrund der Messung seines Spins weiß man jetzt, dass das 2012 entdeckte Teilchen sehr wohl ein Higgs-Boson ist. Aber um welches Higgs-Boson handelt es sich? Ist es das einzige Higgs-Boson des Standardmodells oder hat man es mit dem leichtesten der fünf vorhergesagten Higgs-Bosonen der Supersymmetrie zu tun? Man wird dies erst entscheiden können, wenn man supersymmetrische Teilchen entdeckt, denn das Higgs-Boson des Standardmodells und das leichteste der Supersymmetrie haben fast die gleichen Eigenschaften. Im Moment misst man alle Kenngrößen dieses Bosons mit größtmöglicher Genauigkeit. Man hat schon mit Sicherheit herausgefunden, dass sein Spin null ist, eine Eigenschaft, die nur das Higgs-Boson besitzt. Es bleibt noch, alle Zerfallskanäle mit höchster Präzision zu vermessen. Man muss sich vergewissern, ob für jeden Zerfallskanal genau die Vorhersagen des Standardmodells erfüllt sind, denn jede noch so kleine Abweichung würde eine Lücke des Modells offenbaren.

Von der Entdeckung an wurde gezeigt, dass das Higgs-Boson in andere Bosonen zerfallen kann (Photonen, Z und *W*). Im Jahr 2014 lieferten ATLAS und CMS – unter Verwendung aller Daten, die bis zum Beginn der technischen Wartungspause 2013 aufgezeichnet worden waren – den Nachweis, dass es auch in Fermionen zerfällt, und zwar entweder in Paare von *b*-Quarks und *b*-Antiquarks oder in Tau- und Antitau-Leptonen. Die ab 2015 gesammelten Daten mit höherer Energie dienen teilweise der Verfeinerung dieser Messungen und werden dazu beitragen, die Frage endgültig zu klären. Bis jetzt sind alle durchgeführten Messungen im Einklang mit dem Higgs-Boson des Standard-

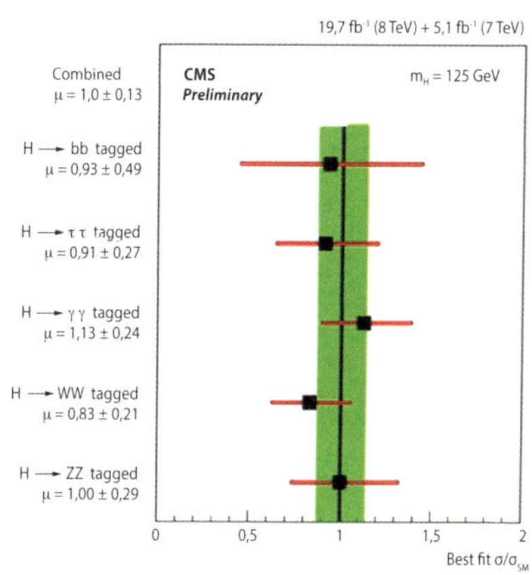

Abbildung 6.8: Die Resultate der CMS-Messungen in verschiedenen Zerfallskanälen des Higgs-Bosons, wie sie im Juli 2014 gezeigt wurden. Im Fall des Higgs-Bosons des Standardmodells müsste jeder Kanal einen Wert 1,0 aufweisen. Tatsächlich stimmen alle Messungen mit diesem Wert überein, wenn man die Messfehler berücksichtigt.
Quelle: CMS

modells. So hat man zum Beispiel die Raten der verschiedenen Zerfallskanäle gemessen und mit den Vorhersagen des Standardmodells verglichen.

In der Grafik in Abbildung 6.8 kann man die beim CMS-Experiment gemessenen Werte für verschiedene Zerfallskanäle sehen. Der Messwert für jeden Kanal ist durch einen Punkt dargestellt. Ein Messwert von 1,0 besagt, dass genau der von der Theorie vorhergesagte Wert gefunden wurde. Die fünf gemessenen Kanäle weisen, sowohl einzeln als auch gemeinsam, einen mit 1,0 kompatiblen Wert auf, wenn man die Fehlergrenzen[25] berücksichtigt. Der kombinierte Wert von 1,00 ± 0,13 entspricht dem Mittel über die fünf Kanäle und fällt zufällig genau mit dem theoretisch vorhergesagten Wert zusammen, obwohl man irgendeinen Wert innerhalb der Fehlergrenze von 0,13 hätte erhalten können. Was die ATLAS-Kollaboration betrifft, erzielte diese einen über alle Kanäle gemittelten Wert von 1,30 ± 0,19, was ebenfalls mit den theoretischen Vorhersagen vereinbar ist. Die experimentellen Fehler sind jedoch noch zu groß, um definitive Aussagen treffen zu können. Anomalien wurden jedenfalls keine festgestellt. Man muss warten, bis weit mehr Daten bei hoher Energie aufgezeichnet und analysiert sind, um dieses Kapitel abzuschließen.

Die Physiker und Physikerinnen bei ATLAS und CMS haben die circa 20 Milliarden Ereignisse, die von beiden Experimenten für die Suche nach supersymmetrischen Teilchen aufgezeichnet wurden, auf das Penibelste durchforstet. Ohne Erfolg! Jede Kollaboration hat Dutzende verschiedene Strategien erprobt, und neue sind ständig in Entwicklung. Nur um eine kleine Vorstellung vom Ausmaß dieser Anstrengungen zu erhalten, sollten Sie ein Auge auf Abbildung 6.9 werfen. Die erste Spalte listet die Ergebnisse von ungefähr 50 verschiedenen Analysen der ATLAS-Kollaboration auf. CMS hat ungefähr ebenso viele durchgeführt. Die grünen oder blauen horizontalen Balken geben die bereits ausgeschlossenen Massenbereiche für verschiedene supersymmetrische Teilchen an, auf welche die jeweiligen Analysen abzielten. Bevor man noch auf irgendwelche Details eingeht, begreift man schnell, dass es nicht an mangelnden Versuchen liegen kann, warum Supersymmetrie noch nicht entdeckt ist! SUSY hat aber noch nicht ihr letztes Wort gesprochen. Es gibt noch gute Chancen, dass sich nach dem Neustart des LHCs im Jahr 2015 supersymmetrische Teilchen zeigen könnten. Und wenn dies tatsächlich der Fall wäre, würde das genauso umwerfend wie die Entdeckung eines neuen Kontinents sein.

25. Die hier angeführten Messwerte wurden im Juli 2014 von CMS und ATLAS bei der ICHEP-Konferenz in Valencia, Spanien, präsentiert.

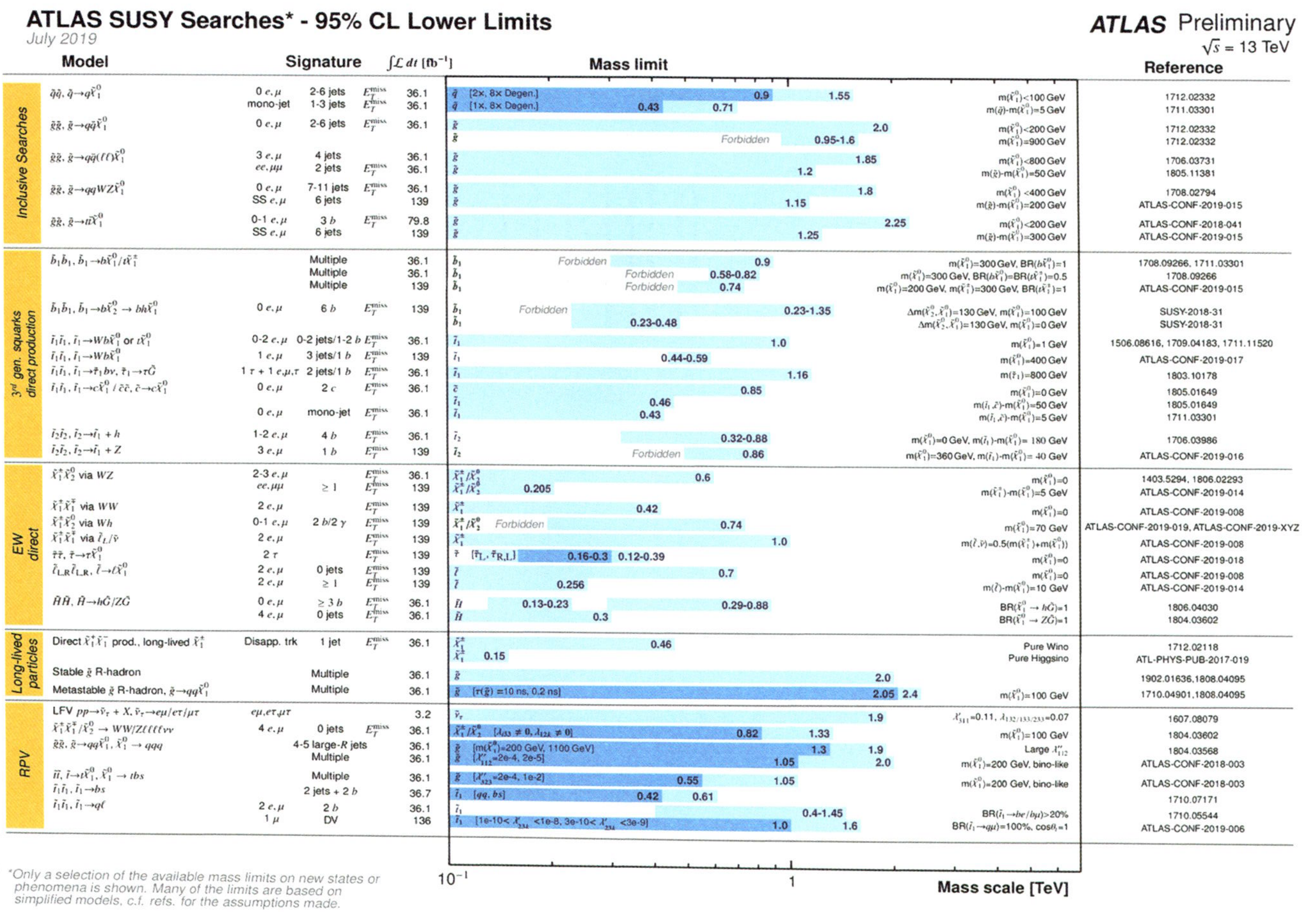

Abbildung 6.9: Unvollständige Liste von Analysen zur Suche von supersymmetrischen Teilchen. Keines der 50 untersuchten Szenarien hat die Existenz dieser Teilchen bestätigt. Die Tabelle zeigt die Massenwerte, die bereits ausgeschlossen sind.

Quelle: ATLAS

Parallele Welten

Eine Gruppe von Theoretikern und Theoretikerinnen hat eine kuriose Theorie der dunklen Materie[26] aufgestellt. Sie beinhaltet die Ideen für ein „verborgenes Tal" (Hidden Valley), das zwei Welten trennt, die sich parallel[27] entwickeln: die materielle Welt mit den bekannten Teilchen des Standardmodells und der Supersymmetrie (obwohl diese noch hypothetisch sind), und eine „dunkle" Welt, die von dunklen Teilchen bevölkert ist, wie in Abbildung 6.10 gezeigt wird. Die vertikale Achse gibt die Teilchenmasse an, und jeder horizontale Balken stellt ein Teilchen mit einer bestimmten Masse dar. Die schwereren Teilchen befinden sich somit über den leichteren.

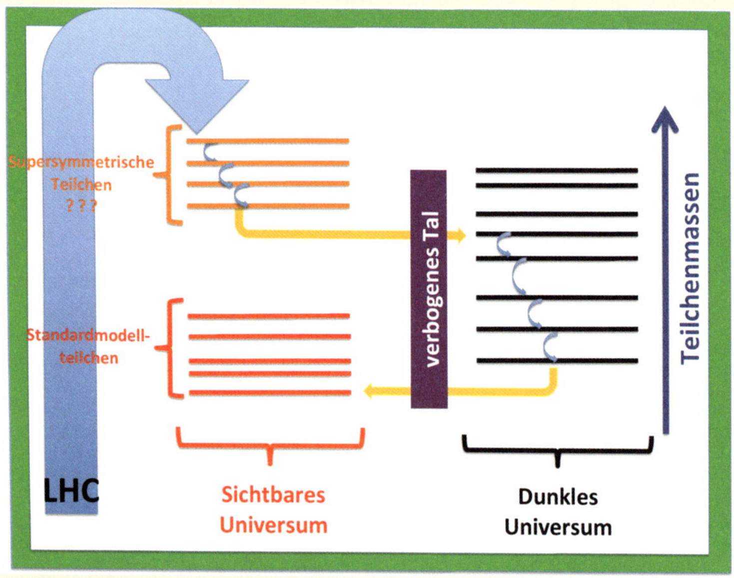

Abbildung 6.10: Theoretisch könnte der LHC schwere supersymmetrische Teilchen erzeugen. Diese würden bis zum leichtesten supersymmetrischen Teilchen kaskadenartig zerfallen. In bestimmten Theorien wird postuliert, dass dieses Teilchen ein Bote ist, der zwischen unserer Welt und einer anderen, dunklen Parallelwelt pendeln kann.

Quelle: Pauline Gagnon

26. Hier geht es zum Originalartikel: http://arxiv.org/abs/0810.0713.
27. Ich habe hier nichts erfunden, sehen Sie selbst: http://arxiv.org/abs/hep-ph/0604261.pdf.

Der Grundgedanke ist, dass der LHC schwere supersymmetrische Teilchen erzeugen könnte, die über eine Kaskade in das leichteste SUSY-Teilchen zerfallen. Dieses wäre ein „Bote“, der das verborgene Tal durchqueren könnte, so als ob er einen Tunnel benutzen würde. Es könnte also in ein Paralleluniversum, den dunklen Sektor, entwischen und somit für uns unsichtbar werden.

Im dunklen Sektor würde es wiederum kaskadenartig in dunkle Teilchen zerfallen, bis am Ende das leichteste dunkle supersymmetrische Teilchen entsteht, welches wiederum ein Bote ist, der durch das verborgene Tal in unsere Welt zurückkehren kann und dann in mehrere Paare von Elektronen oder Myonen zerfällt. Diese Theorie liefert den unwiderlegbaren Beweis, dass die Physik der Science-Fiction in nichts nachsteht!

Ich war bis vor Kurzem eine der Experimentalphysikerinnen, die nach Hinweisen auf dieses verborgene Tal suchen. Wir selektierten Ereignisse mit zwei eng benachbarten Elektronen oder Myonen, haben aber nichts gefunden, was über den erwarteten Untergrund hinausging. Das mit dem ATLAS-Detektor aufgezeichnete Ereignis in Abbildung 6.11 zeigt die Art von Signatur, die wir suchen: eng benachbarte Elektronen (grüne Linien)

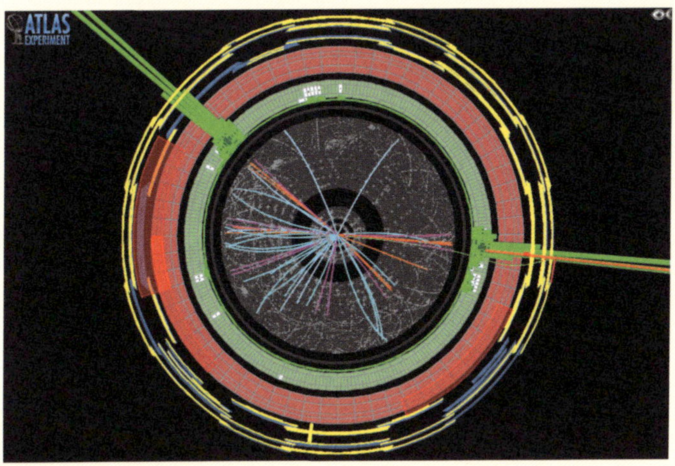

Abbildung 6.11: Ein mit dem ATLAS-Detektor aufgezeichnetes Ereignis, das die Auswahlkriterien für ein Teilchen der dunklen Materie, das in Leptonenbündel zerfällt, erfüllt. Es gehört leider sehr wahrscheinlich zum Untergrund.

Quelle: Pauline Gagnon

mit hohen Energien. Ihre Spuren sind somit praktisch gerade, da sie zu schnell fliegen, als dass die Magnete ihre Trajektorien krümmen könnten.

Das Suchen geht weiter, sowohl auf den bisherigen Wegen als auch auf neuen, indem die Analysemethoden ständig verfeinert oder innovative Strategien erprobt werden. Wenn die dunkle Materie mit der gewöhnlichen Materie wechselwirkt, werden wir sie auch finden.

Merkzettel

Trotz seiner höchst präzisen Voraussagen und seines unleugbaren Erfolges hat das Standardmodell verschiedene Mängel. Die gravierendsten sind das Fehlen von Teilchen der dunklen Materie und die Asymmetrie zwischen Materie und Antimaterie im Universum. Die Theoretiker und Theoretikerinnen wissen also, dass es eine umfassendere und vollständigere Theorie geben muss. Eine gängige Theorie für die so genannte „neue Physik" ist die Supersymmetrie oder SUSY. Sie löst mehrere Probleme des Standardmodells und setzt die Existenz neuer Teilchen voraus, von denen eines die Eigenschaften der dunklen Materie haben sollte. Ihr größtes Manko? Man hat bis jetzt trotz beträchtlicher Anstrengungen kein einziges supersymmetrisches Teilchen entdeckt. Allerdings sind noch zahlreiche Möglichkeiten offen. Falls diese Teilchen sehr schwer sind, waren sie natürlich für den Large Hadron Collider außer Reichweite, als er mit der Energie von 8 TeV in Betrieb war. Man kann nun nach dem Neustart des Beschleunigers mit 13 TeV im Jahr 2015 auf eine schöne Überraschung bei höheren Energien hoffen.

KAPITEL 7

Was bringt uns die Grundlagenforschung?

Die Grundlagenforschung auf dem Gebiet der Teilchenphysik ist sicher faszinierend (Ich hoffe, ich habe Sie davon überzeugt), jedoch hat sie ihren Preis. Die Projektkosten für den LHC (Entwicklungskosten, Personal- und Sachkosten) beliefen sich auf etwa drei Milliarden Euro. Das jährliche Gesamtbudget des CERN beträgt ungefähr 825 Millionen Euro. Dies entspricht aber lediglich dem Preis für eine Tasse Kaffee pro Bürger oder Bürgerin Europas, die alt genug sind, diesen zu trinken. Der Bau des ATLAS-Detektors verschlang 455 Millionen Euro.

Solche Summen sind natürlich bei Weitem nicht vernachlässigbar. Sind sie gerechtfertigt? Ich versuche in diesem Kapitel aufzuzeigen, wie jeder in die Forschung investierte Euro nicht nur hundertfachen wirtschaftlichen Nutzen bringt, sondern auch der Gesellschaft als Ganzes dient, dank dem technologischen Fortschritt, der zum Beispiel in der Medizin oder der Kommunikationstechnik als Nebenprodukt anfällt. Die physikalische Grundlagenforschung hat in der Tat unser Leben völlig verändert und wird es auch in Zukunft tun.

Durch dieses ganze Kapitel hindurch werde ich hauptsächlich CERN als Beispiel anführen, da es zurzeit das größte sich in Betrieb befindende internationale Forschungslaboratorium für Teilchenphysik ist. J-PARC in Japan ist ein Mehrzweckforschungszentrum, das ebenfalls einen Protonenbeschleuniger betreibt. Die amerikanischen Laboratorien SLAC und Fermilab, genauso wie das deutsche Laboratorium DESY, waren bis vor Kurzem sehr aktive Forschungszentren der Teilchenphysik, aber ihre Beschleuniger haben inzwischen den Betrieb großteils eingestellt. Am Fermilab ist nur der Main Injector noch in Betrieb und liefert Neutrinostrahlen für drei Experimente – MINOS, Minerva und NOvA. Weitere Experimente sind entweder in Planung oder in Bau. Es gibt noch andere kleinere Forschungszentren wie SNOLAB in Sudbury in Kanada, KEK in Japan oder Gran Sasso in Italien, die alle hauptsächlich auf die Neutrinoforschung und die Suche nach dunkler Materie spezialisiert sind.

Alle an diesen Forschungsprojekten teilnehmenden Länder sind übereingekommen, gemeinsam die großen internationalen Kollaborationen am CERN und anderswo auf der Welt zu finanzieren.

Der sich aus der Teilchenphysik ergebende Nutzen ist nicht immer offensichtlich. Niemand weiß heute, ob das Higgs-Boson jemals irgendeine praktische Bedeutung haben wird. Es ist sogar ziemlich wahrscheinlich, dass es nie eine haben wird. Das ist aber unwesentlich, denn man muss sich bewusst sein, dass diese Art von Forschung nicht dazu gedacht ist, die großen Probleme der Menschheit zu lösen. Sie wird zu dem Zweck unternommen, die materielle Welt, die uns umgibt, besser zu verstehen und unseren Wissensstand zu erweitern.

Dies ist übrigens die Hauptaufgabe eines Laboratoriums für Grundlagenforschung: dem tiefen Bedürfnis der Menschheit, die sich seit ewigen Zeiten über ihre Herkunft und ihr weiteres Schicksal Gedanken macht, entgegenzukommen. Darüberhinaus haben diese Laboratorien noch drei weitere Hauptzielsetzungen: zum technischen Fortschritt beizutragen, hochspezialisierte Arbeitskräfte auszubilden und, im Fall der internationalen Laboratorien, den Frieden und die Zusammenarbeit der Nationen durch die wissenschaftliche Forschung zu fördern (Abbildung 7.1).

Abbildung 7.1: Die ungefähr 250 Studenten und Studentinnen, die am Sommerprogramm des CERN teilnehmen, kommen aus etwa fünfzig verschiedenen Ländern. Dieses Programm erlaubt es ihnen, nicht nur an verschiedenen Forschungsarbeiten mitzuwirken, sondern auch junge Leute aus anderen Regionen der ganzen Welt zu treffen.

Quelle: CERN

Man darf aber das Potenzial einer jeden Entdeckung nicht unterschätzen. Wer hätte vor hundert Jahren die unglaublichen Auswirkungen der Erforschung des Elektrons und der elektromagnetischen Wellen auf unser Leben vorhersagen können? Eine Anekdote, deren Echtheit allerdings nicht bewiesen ist, illustriert dies sehr schön. Michael Faraday hatte angeblich dem Finanzminister Großbritanniens auf dessen Frage über den möglichen Nutzen seiner Arbeiten an der Elektrizität geantwortet: „Ich weiß nicht, wofür das einmal gut sein wird, aber Sie werden aller Wahrscheinlichkeit nach dafür Steuern einheben können".

Die Forschungen über die Elektrizität und den Elektromagnetismus führten zur Entwicklung von Elektronik, Telekommunikation und Computern. Die verschiedenen von den Physikern und Physikerinnen der vorhergehenden Jahrhunderte durchgeführten Forschungsarbeiten, gepaart mit dem Können der Techniker, Technikerinnen, Ingenieure und Ingenieurinnen, die sie in die Praxis umsetzten, haben unser tägliches Leben geprägt. Ohne die physikalische Grundlagenforschung müssten wir noch bei Kerzenlicht lesen! Wir hätten sicher sehr schöne Kerzen, aber Kerzen wären sie allemal, wie einer meiner Kollegen bemerkte. Die Grundlagenforschung hat nicht nur eine große Auswirkung auf unser Leben, sondern sie erhellt auch unseren Geist und befreit die Menschheit vom Joch des Unwissens.

Grundlagenforschung, theoretisch sowie experimentell, wird von Wissbegierde und Neugier getrieben. Sie muss völlig unbeeinflusst und ohne Zwänge durchgeführt werden, sodass Fantasie und Kreativität sich frei entfalten können. Man muss forschen, auch wenn man nicht weiß, was man entdecken könnte. Die angewandte Forschung hat hingegen das Ziel, praktische Lösungen für konkrete Aufgabenstellungen zu finden. Sie erschließt den Nutzen der technologischen Fortschritte, die sich aus der Grundlagenforschung ergeben, und entwickelt diese weiter. Die physikalischen Wissenschaften dienen als Grundlage für zahlreiche andere Disziplinen und spielen eine wesentliche Rolle in verschiedenen Industriezweigen. Vom wirtschaftlichen Standpunkt aus hat die Physik Einfluss auf die ganze Gesellschaft, und ihre Auswirkungen in den verschiedensten Bereichen berühren jeden und jede von uns im täglichen Leben, wie wir in diesem Kapitel noch sehen werden.

Wirtschaftlicher Nutzen

Mehrere Studien haben versucht, den Nutzen der Grundlagenforschung für die Wirtschaft zu beziffern. Eine von ihnen[28], von der Europäischen Physikalischen Gesellschaft in Auftrag gegeben und vom CEBR (*Centre for Economics and Business Research*) durchgeführt, ist sehr aufschlussreich. Es wurde der Ertrag des Industriesektors evaluiert, der mit Physik in Zusammenhang steht, und zwar sowohl vom technologischen als auch vom wissenschaftlichen Gesichtspunkt her. Dazu gehört der ganze Sektor, der mit Elektrotechnik, Maschinenbau, Bauingenieurswesen, Energietechnik, Informatik, Telekommunikation, Design und Fertigung, Transport, Medizin oder Luftfahrttechnik zu tun hat.

Im Jahr 2010 hat dieser Bereich in den 27 Ländern der Europäischen Union, Norwegen und der Schweiz 3,8 Milliarden Euro an Einkünften generiert, was in etwa 15 Prozent des globalen Einkommens dieser Länder ausmacht – mehr als der Einzelhandel. Insgesamt arbeiten 15,4 Millionen Menschen in diesem Zweig, das entspricht 13 Prozent der arbeitenden Bevölkerung in Europa (Abbildung 7.2).

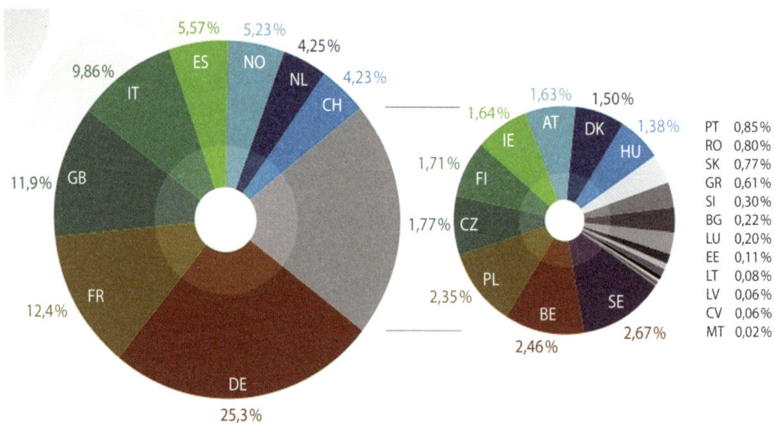

Abbildung 7.2: Prozentuelle globale Einkünfte verschiedener europäischer Länder im industriellen Sektor, der mit Physik in Zusammenhang steht. Die Länder sind durch ihre Kürzel gekennzeichnet. DE: Deutschland, FR: Frankreich, GB: Großbritannien, IT: Italien, ES: Spanien, NO: Norwegen, NL: Niederlande, CH: Schweiz, etc.

Quelle: Europäische Physikalische Gesellschaft

28. Die Studie ist hier abrufbar: http://www.eps.org/?page=policy_economy.

Beiträge zur technologischen Entwicklung

Wie wir bereits bisher erfahren haben, braucht Forschung auf dem Gebiet der Teilchenphysik hochkomplexe Werkzeuge. Im Allgemeinen sind die erforderlichen Technologien zum Zeitpunkt der Planung der Experimente noch nicht verfügbar und müssen erst im Lauf der Zeit entwickelt werden, insbesondere wenn Projekte wie der Large Hadron Collider lange im Voraus geplant werden. Der Bau des LHC hatte zur Folge, dass in mehreren Technologiesparten die damaligen Grenzen überschritten wurden. Abgesehen von der Größe des Vorhabens selbst hatte man noch nie eine Maschine mit so starken und leistungsfähigen supraleitenden Magneten gebaut. Alle relevanten Technologien für die Supraleitung, die Hochvakuumtechnik und die Tieftemperaturphysik haben signifikante Entwicklungen durchgemacht.

Das gleiche trifft auch auf die Messgeräte zu, welche die großen LHC-Kollaborationen für ihre Detektoren verwenden. Sie erforderten alle leistungsfähigere und robustere elektronische Komponenten, die trotz der Strahlung einwandfrei funktionieren, die erforderlichen Messgeschwindigkeiten erreichen und die großen Datenmengen bewältigen. Man musste einen großen Rechnerverbund, das Grid, erfinden und aufbauen – jenes immense Netzwerk, das Hunderttausende Computer an allen Ecken und Enden der Welt verbindet, um die für die LHC-Experimente erforderliche Rechenleistung zu erbringen.

All diese Entwicklungen an der vordersten Front der Technologie gehen Hand in Hand mit einer Unzahl von industriellen Anwendungen in verschiedensten Fachgebieten. Als Beispiele mögen Feuchtigkeitssensoren mit optischen Fasern, ein Diaphragmensystem für Motoren mit Permanentmagneten, eine Open-Source-Software zur Entwicklung von Printplatten oder die 3D-Drucktechnik dienen.

Zahlreiche Erfindungen haben auch eine unmittelbare Auswirkung auf das tägliche Leben eines Großteils der Menschen auf diesem Planeten. Dies trifft sicher auf das phänomenalste Nebenprodukt des CERN zu, das World Wide Web, welches den Zugang zu Information und Wissen selbst in Entwicklungsländern zutiefst verändert hat und den Alltag von Milliarden von Menschen dieser Erde beeinflusst (siehe Infobox).

Das schönste Geschenk des CERN

Bislang hat nicht die Entdeckung des Higgs-Bosons die größte Auswirkung des CERN auf die Menschheit gehabt, sondern die Erfindung des World Wide Web (WWW). Es wurde 1989 von Tim Berners-Lee (Abbildung 7.3) und seinen Kollegen am CERN mit dem Ziel entwickelt, die Kommunikation zwischen den tausenden Forscherinnen und Forschern der Organisation zu erleichtern. Die Wissenschaftler brauchten eine effiziente Methode, um Informationen auszutauschen. Ein Großteil dieser Physiker und Physikerinnen fuhr regelmäßig von ihren Heimatinstituten zum Laboratorium, um dort an den Forschungsaktivitäten teilzunehmen. Das Web entstand somit aus dem Bedarf heraus, Informationen auszutauschen, ohne tonnenweise Papier im Koffer mitschleppen zu müssen.

Abbildung 7.3: Tim Berners-Lee erfand 1989 das World Wide Web, während er am CERN arbeitete. Hier sieht man ihn 1994 vor dem Computer, der die allererste Webseite anzeigt. Bestimmte Quellen schätzen, dass das Web jährlich 1,5 Millionen Milliarden Euro an Umsatz generiert.

Quelle: CERN

Tim Berners-Lee war ein Visionär, aber noch viel mehr war es CERN selbst aufgrund des Beschlusses, das Web der Menschheit zu schenken, ohne dafür Urheberrechte zu beanspruchen. Da die Forschung dort mit öffentlichen Mitteln finanziert wird, wollte CERN sicherstellen, dass das

Web für alle nutzbar ist. Seither können seine Auswirkungen auf unser Leben kaum überschätzt werden. Dieses Kommunikationswerkzeug hat den einfachen Zugang zu Information und deren Verbreitung über alle Kontinente hinweg ermöglicht.

Die Teilchenphysikgemeinschaft wendet sich immer mehr Open-Source-Lösungen zu. Das bedeutet, dass wissenschaftliche Erkenntnisse frei und kostenlos zum Beispiel über das Web zugänglich sind und nicht wie früher nur in spezialisierten und für die meisten Universitäten und Institutionen in Entwicklungsländern unerschwinglichen Zeitschriften veröffentlicht werden. Dies betrifft nicht nur wissenschaftliche Publikationen, sondern auch Software, die von anderen Institutionen, der Industrie oder der Gesellschaft im Allgemeinen im Geiste von Zusammenarbeit und Teilen von Wissen genutzt werden kann.

Ausbildung hochspezialisierter Arbeitskräfte

Weltweit tragen Physiklaboratorien zur Ausbildung von hochspezialisierten Arbeitskräften bei. CERN beherbergt zum Beispiel zusätzlich zu den eigenen 2500 Angestellten über 13000 männliche und weibliche Forscher, Doktoranden, Ingenieure und Techniker aus Instituten in 78 Ländern und mit 112 verschiedenen Nationalitäten, um die Forschungsarbeiten durchzuführen.

Während des ganzen Jahres kommen etwa tausend Sekundarschullehrer und -lehrerinnen aus allen Kontinenten zum CERN, um das Laboratorium und sein Forschungsprogramm zu entdecken und anschließend die erworbenen Kenntnisse ihren Schülern weiterzugeben. 2014 hat CERN einen neuen Wettbewerb für Sekundarschüler aller Länder ausgeschrieben. Die Gewinnergruppen dürfen am CERN ihr eigenes Experiment durchführen. Weiters kommen Studenten und Studentinnen, Forscher und Forscherinnen sowie technisches Personal regelmäßig für mehr oder weniger lange Fortbildungsaufenthalte. Jeden Sommer nehmen ungefähr 300 Studenten und Studentinnen aus der ganzen Welt am Sommerstudentenprogramm teil. Die jungen Leute erhalten dort eine vielseitige Ausbildung, während sie selbst an Forschungsarbeiten teilnehmen. Viele Physikinstitute veranstalten Sommerschulen für fortgeschrittene Studierende, mit verschiedenen Unterrichtsschwerpunkten wie Physik, Informatik oder Beschleunigertechnologien und erweitern dadurch ihren Bildungsauftrag.

Lediglich ein Teil der Studentinnen und Studenten mit Ausbildung in Teilchenphysik verfolgt eine Karriere in der Grundlagenforschung, entweder weil sie es so wollen oder weil es viel zu wenige offene Stellen gibt. Diese hochqualifizierten Menschen zieht es in verschiedenste Wirkungsbereiche, wie etwa in die Finanz, die Industrie, die Telekommunikation oder in die Informatik. (Gewisse Physikerinnen kurz vor der Pensionierung gehen sogar so weit, populärwissenschaftliche Bücher zu schreiben!)

Abbildung 7.4: Besucher erkunden den CMS-Detektor anlässlich der Tage der offenen Tür im September 2013. Die jüngsten fanden am 14. und 15. September 2019 statt.
Quelle: CERN

Alle Physiklaboratorien empfangen kostenlos Besucher. CERN allein wird jedes Jahr von über hunderttausend Personen besucht. Im Jahr 2013 hatten Leute aus 63 Ländern, davon etwa 40 Prozent Studenten und Studentinnen, Besichtigungen gebucht. CERN muss Besucher wirklich mögen, denn darüberhinaus wurden Tage der offenen Tür am 28. und 29. September 2013 (Abbildungen 7.4 und 7.5) veranstaltet, die 70 000 zusätzliche Personen anzogen, die aus aller Welt anreisten. Glücklicherweise gab es 2300 Freiwillige, die sie betreuten. Dadurch konnten 20 000 von ihnen die unterirdischen Anlagen besuchen. Die restlichen hatten die Qual der Wahl zwischen 40 angebotenen Aktivitäten, bei denen sie mit Forschern und Forscherinnen diskutieren, Technikworkshops besuchen, diverse Vorträge anhören und eine facettenreiche und faszinierende Welt entdecken konnten. Tage der offenen Tür werden alle fünf Jahre veranstaltet. Der Ausflug lohnt sich auf jeden Fall. Man kann auch CERN darüber hinaus jederzeit nach Anmeldung beim Besucherservice[29] besichtigen.

Abbildung 7.5: An den beiden Tagen der offenen Tür im Jahr 2013 zog CERN 70 000 Besucher an, wie jene hier in einem kryotechnischen Laboratorium, in dem mit Temperaturen nahe dem absoluten Nullpunkt gearbeitet wird. Der kleine supraleitende „Roller" schwebt ohne jede Reibung über der Schiene.

Quelle: CERN

Förderung von Frieden und internationaler Zusammenarbeit

Heutzutage werden praktisch alle Experimente in der Teilchenphysik von internationalen Teams durchgeführt. Die Größe der Forschungsprojekte erfordert diese Zusammenarbeit und die Zusammenlegung von Ressourcen. CERN zeich-

29. http://visit.cern.

Abbildung 7.6: Kurz vor seinem 103. Geburtstag besuchte François de Rose, ehemaliger französischer Botschafter und einer der Gründer des CERN, das ATLAS-Experiment. Er war stolz auf CERN, das er als „großen europäischen Erfolg" ansah. Er verstarb im März 2014, kurz nachdem er seine Memoiren publiziert hatte: *Un diplomate dans le siècle*.
Quelle: CERN

net sich hier besonders aus, denn dieser Geist der Zusammenarbeit entstand lange bevor die Forschungsprojekte gigantische Ausmaße annahmen.

Das Laboratorium wurde 1954 unter der Schirmherrschaft der UNESCO gegründet, „kurz nach dem Ende des Zweiten Weltkriegs, in einem zerstörten Europa, wo absolut alles wieder aufgebaut werden musste". Einige Wissenschaftler und Diplomaten, darunter François de Rose (Abbildung 7.6), hatten *„die Notwendigkeit erkannt, die Grundlagenforschung wieder auf die Beine zu bringen und die europaweite Zusammenarbeit als treibende Kraft für dieses ehrgeizige Ziel zu nützen*", wie es meine Kollegin Corinne Pralavorio in ihrer Grabrede für François de Rose formulierte[30].

Zwölf Staaten folgten diesem Aufruf: Die Gründerstaaten waren Belgien, Dänemark, Deutschland, Frankreich, Griechenland, Großbritannien, Italien,

30. Artikel im CERN-Bulletin: http://cds.cern.ch/record/1690337.

Abbildung 7.7: Die Physikerin Sumera Yamin und der Elektroingenieur Khalid Mansoor Hassan, beide Wissenschaftler des Nationalen Physikinstituts Islamabad, am CERN während ihrer Ausbildung für die Herstellung von Magneten, die für den Teilchenbeschleuniger von SESAME bestimmt sind. Auftrag erfüllt! Man sieht hier den ersten SESAME-Magneten.
Quelle: CERN

Jugoslawien, die Niederlande, Norwegen, Schweden und die Schweiz. Mehr als sechzig Jahre später hat CERN 23 Mitgliedsstaaten. Jugoslawien zog sich nach seiner Auflösung zurück und 11 weitere Länder kamen dazu: Bulgarien, Finnland, Israel, Polen, Portugal, Österreich, Rumänien, die Slowakei, Spanien, die Tschechische Republik und Ungarn. Insgesamt entsenden 78 verschiedene Länder Wissenschaftler und Wissenschaftlerinnen, damit sie dort forschen. In den letzten Jahren hat CERN eine größere Kursänderung durchgeführt. Neue Mitgliedsländer dürfen nicht nur wie in der Vergangenheit in Europa liegen, sondern auf der ganzen Welt. Israel war das erste Land, das diese Möglichkeit im Januar 2014 genutzt hat. Pakistan und die Türkei wurden assoziierte Mitglieder. Japan, Russland und die USA haben bereits den Status von Beobachtern und könnten später vollwertige Mitglieder werden. Serbien wurde im März 2019 ordentliches Mitglied. Zypern und Slowenien haben ebenfalls die Absicht kundgetan, Vollmitglieder zu werden. Die Mitgliedsländer bezahlen einen Teil ihres Bruttoinlandsprodukts als Mitgliedsbeitrag und entscheiden über die Agenden des CERN mittels zwei Vertretern im CERN-Rat, dem obersten Entscheidungsgremium des Laboratoriums. Weitere Nichtmitgliedsländer tragen finanziell zu den verschiedenen Projekten, an denen sie beteiligt sind, bei.

Die Teilchenphysikexperimente sind also Vorbilder für internationale Zusammenarbeit. Man findet dort manchmal Wissenschaftler und Wissenschaftlerinnen aus Ländern, die keine diplomatischen Beziehungen unterhalten. Trotzdem arbeiten sie miteinander an ein und demselben Projekt und an einem gemeinsamen Ziel. CERN funktioniert so gut, dass es als Modell für die Schaffung eines ähnlichen Forschungszentrums im Nahen Osten diente. Das Projekt SESAME (*Synchroton-light for Experimental Science and Applications in the Middle East*), ein Zentrum für multidisziplinäre Forschung, wurde 2017 in Jordanien eröffnet. Es beherbergt Forscher und Forscherinnen aus der ganzen Region inklusive Palästina, Israel und Pakistan. Mehrere Wissenschaftler und Wissenschaftlerinnen wurden übrigens am CERN ausgebildet (Abbildung 7.7).

Wissenstransfer

Die Grundlagenforschung ist der Motor der Innovation. Die Teilchenphysikexperimente arbeiten mit Spitzentechnologie und erfordern eine kontinuierliche technische Weiterentwicklung. Eine neue Technologie ist gut, praktische Anwendungen zu erfinden und sie zu vermarkten ist jedoch noch besser. Die Laboratorien haben dies sehr wohl verstanden, und die Anstrengungen in diese Richtung werden immer zahlreicher. Das Technologietransferbüro des CERN hat zum Beispiel die Aufgabe, die verschiedenen Erfindungen des Laboratoriums zu erfassen und kommerzielle Partner anzuwerben.

Techniker, Technikerinnen, Ingenieure, Ingenieurinnen, Physiker und Physikerinnen können formlos eine neue, interessante Technologie dem Büro melden. Dieses kümmert sich dann um deren Verwertung, indem es passende Patentanträge einreicht und potenzielle industrielle Partner informiert. Diskussionen über eine mögliche Errichtung von Inkubationszentren für Unternehmen sind in einigen Ländern im Gange. Solche „Ideenwerkstätten“ wurden bereits in Großbritannien und den Niederlanden errichtet. Eine weitere wird in Kürze in Griechenland entstehen.

Das Ziel ist es, kleinen Vorreiterunternehmen auf den Gebieten der Spitzentechnologie Zugang zum Know-how und den technischen Entwicklungen des CERN zu verschaffen, um eine Brücke zwischen der Grundlagenforschung und der Industrie zu bauen. Ein vielversprechendes Zeichen ist der Anstieg von potenziellen Partnerschaften und bereits unterzeichneten Technologietransferabkommen. Diese Aktivitäten tragen dazu bei, den Zeitraum zwischen einer Entdeckung und seiner Anwendung zu verkürzen. Im vorigen Jahrhundert musste man oft mehrere Jahrzehnte auf konkrete technische Umsetzungen warten.

Kleine Unterstützung, große Wirkung

Dank einem speziellen Fonds für Wissenstransfer investiert CERN einen Teil der Einkünfte aus diesem Transfer in neue Projekte mit den vielversprechendsten Technologien. So erhielt vor einigen Jahren ein ehemaliger Angestellter des CERN eine finanzielle Unterstützung, um effizientere Sonnenkollektoren mithilfe einer speziellen Vakuumtechnik zu entwickeln, die ursprünglich für die LHC-Teilchenstrahlen erfunden wurde.

Diese Thermopaneele, konzipiert für die Erzeugung von Heißwasser mit Solarenergie, wären viel weniger effizient, wenn die der Sonne ausgesetzten

Abbildung 7.8: Effizientere Sonnenkollektoren für Heizung und Klimatisierung des Genfer Flughafens, entwickelt dank der am LHC verwendeten Vakuumtechnik. Sie funktionieren sogar bei bedeckter Witterung oder unter einer dicken Schneeschicht.

Quelle: CERN

Rohrleitungen nicht perfekt isoliert wären. Man erzielt diesen hohen Isolationsgrad, indem man die Rohre in einem Vakuum verlegt. Dies ermöglicht eine Isolation, die im Prinzip jener einer Thermosflasche ähnlich ist. Eine derartig innovative Methode war nun eben für die Erzeugung eines quasi perfekten Vakuums in den Strahlrohren des LHCs ersonnen worden, die tatsächlich die bestmögliche Isolation erzielte. Das verwendete Material kann die von den Vakuumpumpen nicht vollständig entfernten Luftmoleküle einfangen. Das Ganze funktioniert genau so wie die altbekannten Fliegenklebefallen: Die Restgasmoleküle haften an den Wänden, sodass man ein fast absolutes Vakuum erzeugen und dadurch Wärmeverluste vermeiden kann.

Solche Sonnenkollektoren, die viel effizienter als klassische Solarpaneele sind, bedecken heute das gesamte Hauptgebäude des Genfer Flughafens (Abbildung 7.8). Sie bewerkstelligen Heizung und Klimatisierung und funktionieren selbst unter einer dicken Schneeschicht oder bei bedecktem Wetter.

Medizinische und andere Anwendungen

Die beeindruckendsten Anwendungen der Teilchenphysik gibt es in der Medizin. Sowohl die Methoden der Teilchendetektoren als auch die der Beschleuniger (siehe Infobox) werden nutzbringend eingesetzt. Das Gebiet der medizinischen Bildgebung hat besonders von der physikalischen Forschung profitiert. Alles begann mit der Erfindung der Röntgentechnik. Heute gibt es viele neuere Techniken wie die Computertomografie (CT), die Magnetresonanztomografie (MRT) oder die Positronenemissionstomografie (PET). Alle diese Erfindungen waren eine direkte Folge der Arbeiten der Physiker und Physikerinnen des vorigen Jahrhunderts an den Röntgenstrahlen, der Antimaterie, dem Elektron und seinem Spin, dem Elektromagnetismus und anderen verwandten Themen. Wer hätte diese Anwendungen wohl seinerzeit vorhersehen können?

Zu diesen Techniken für die medizinische Bildgebung gehören auch die Beiträge der Radioisotope, also der radioaktiven Kerne. Diese werden sowohl in der Diagnostik als auch zur Behandlung von bestimmten Krebsarten wie zum Beispiel dem Schilddrüsenkrebs verwendet. Seit 2015 entwickelt CERN-MEDICIS, ein ganz neues, den Lebenswissenschaften und der Medizin gewidmetes Physiklaboratorium, neuartige Radioisotope für medizinische Anwendungen.

Ein großes Problem dieser Radioisotope ist ihr schneller Zerfall, was ihren Einsatz auf medizinische Einrichtungen in der Nähe ihrer Produktionsstätte beschränkt. CERN arbeitet mit CIEMAT zusammen, einem spanischen Forschungszentrum für Energie, Umwelt und Technologie, um Mini-Beschleuniger zu entwickeln. Mit ihnen könnte man jedes Spital zur lokalen, bedarfsorientierten Erzeugung kleiner Dosen von Radioisotopen ausrüsten.

Eine neue Waffe gegen den Krebs

Ungefähr 10000 Beschleuniger dienen weltweit der Medizin. Sie verwenden Technologien, die in den Teilchenphysiklaboratorien entwickelt wurden. Teilchenbeschleuniger haben die Eigenschaft, enorme Energiemengen auf kleinstem Raum zu konzentrieren. Ihre extreme Präzision macht sie zu einem idealen Werkzeug, Krebszellen zu bekämpfen.

In jüngster Zeit wurden spezielle Beschleunigertypen für die Hadrontherapie entwickelt, die allerneueste Technologie im Wettlauf um den Kampf gegen den Krebs. Sie erlaubt es, ein befallenes Organ mit Hadronen (Protonen oder Kohlenstoffionen) zu bestrahlen, anstatt wie bisher in der konventionellen Strahlentherapie Röntgenphotonen zu verwenden. Die Hadrontherapie hat den immensen Vorteil, Krebszellen effizienter zu zerstören und gleichzeitig gesundes Gewebe zu schonen (Abbildung 7.9). Mehrere Behandlungszentren sind auf der ganzen Welt in Betrieb. Bob Wilson, der erste Direktor des Fermilab in den USA, schlug die Hadrontherapie 1946 vor. Die ersten Behandlungen fanden bereits um 1950 statt. Das Neutronentherapiezentrum des Fermilab behandelt Patienten seit 1976.

Die Beschleuniger der Hadrontherapiezentren CNAO (*Centro Nazionale d'Adroterapia Oncologica*) in Italien und MedAustron in Österreich wurden in Partnerschaft mit CERN entwickelt (Abbildungen 7.10 und 7.11). Ein Forschungsprogramm zur Weiterentwicklung und Vereinfachung der relevanten Beschleunigertechnologie läuft übrigens am CERN. Mehrere junge Forscher und Forscherinnen wurden dort ausgebildet und arbeiten seither in medizinischen Einrichtungen in verschiedenen Ländern.

Sogar die Antimaterieforschung trägt bei. Das Experiment ACE bei der „Antimateriefabrik" des CERN hat gezeigt, dass Antiprotonen sogar noch effizienter bei der Tumorzerstörung sind. Antiprotonen geben nicht nur wie die Protonen den Großteil ihrer Energie an einer definierten Stelle ab, sondern sie annihilieren sich beim Zusammenstoß mit den Protonen der Krebszellen. Die dabei frei werdende Energie tötet dann weitere Krebszellen in der unmittelbaren Umgebung.

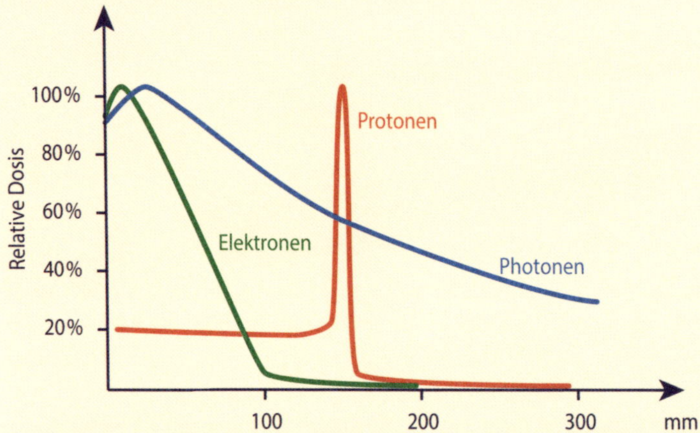

Abbildung 7.9: Die vertikale Achse bezeichnet die von verschiedenen Teilchen abgegebene prozentuelle Energie als Funktion ihrer Eindringtiefe in das menschliche Körpergewebe (angegeben in mm), die von der horizontalen Achse angezeigt wird. Die Röntgenphotonen, die in der konventionellen Strahlentherapie verwendet werden, haben das Problem, dass sie einen Großteil ihrer Energie auf dem Weg durch das Körperinnere verlieren, wie durch die blaue Kurve gezeigt wird. Sie beschädigen somit gesundes Gewebe, bevor sie ihr Ziel erreichen, zumal sich Krebstumore üblicherweise in einer gewissen Tiefe im Körper befinden. Protonen hingegen, die in der Hadrontherapie verwendet werden, haben den immensen Vorteil, dass sie praktisch ihre gesamte Energie an einer wohldefinierten Stelle abgeben (rote Kurve). Man kann sie deshalb zur Zerstörung von Krebszellen verwenden, ohne dabei gesunde Zellen auf ihrem Weg durch den Körper zu schädigen. Man sieht auch, dass Elektronen praktisch ihre ganze Energie an der Gewebeoberfläche verlieren und daher für die Zerstörung von Tumoren tief in einem Organ ungeeignet sind (grüne Kurve).

Quelle: Jean-François Héron (Oncoprof)

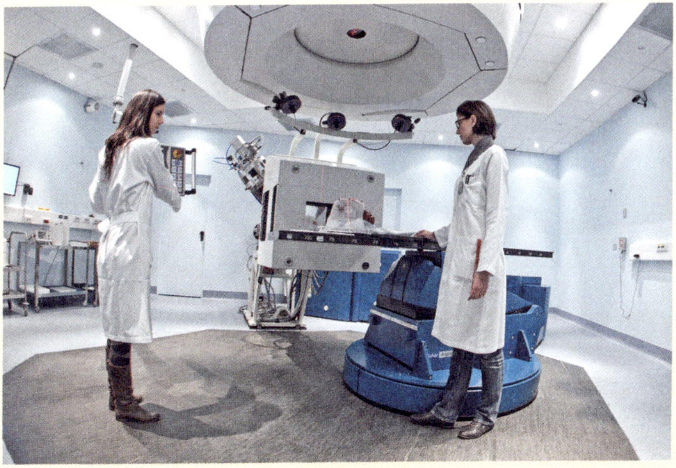

Abbildung 7.10: Das sehen Patienten und Patientinnen während der Hadrontherapie-behandlung am CNAO in Italien...

Quelle: ©CNAO

Abbildung 7.11: ... und was sich hinter der Wand befindet, sehen Patienten und Patientinnen nicht. Dieser Beschleuniger wurde in Zusammenarbeit mit CERN entwickelt, um Krebszellen durch Hadrontherapie wirksamer zu zerstören.

Quelle: ©CNAO

Elektronik und Telekommunikation sind auch direkt aus den Arbeiten über das Elektron und die elektromagnetischen Wellen hervorgegangen. Dank dieser Forschungen gibt es heute nicht nur Radio und Fernsehen, sondern auch Mobiltelefone, Navigationssysteme (GPS und andere) und Satellitenkommunikation, sowie Laser und Digitalkameras. Im Herzen der modernen Computer befindet sich die CPU (*Central Processing Unit*) mit Abermillionen von Transistoren. Man ist weit vom ersten Transistor entfernt, der im Jahr 1947 das Licht der Welt erblickte und beeindruckende Ausmaße hatte (Abbildung 7.12). Er wurde durch die Technik der gedruckten Schaltkreise miniaturisiert.

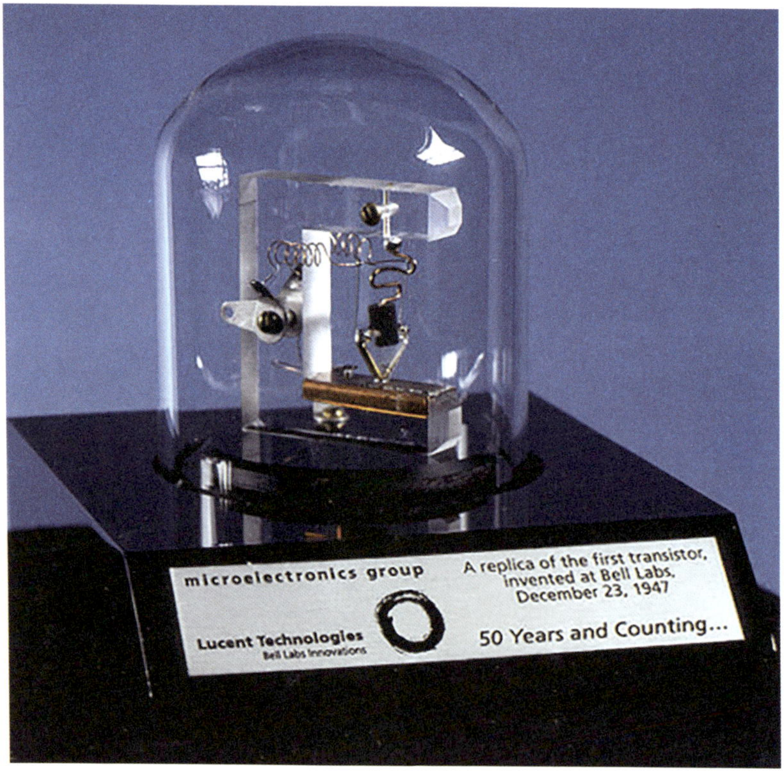

Abbildung 7.12: Replika des ersten Transistors, der von den Bell Laboratories 1947 hergestellt wurde. Heute enthält die CPU eines Computers viele Millionen Transistoren.

Quelle: Wikipedia

Ingenieure und Ingenieurinnen des CERN testen supraleitende Kabel mit höheren Betriebstemperaturen von ungefähr −250 Grad Celsius für spätere Anwendungen. Das ist ziemlich warm für einen Supraleiter, aber dennoch sehr kalt, selbst in den Augen der Autorin, die aus Quebec stammt. Das Ziel dieser Arbeiten ist es, herauszufinden, ob man elektrischen Strom mit supraleitenden Kabeln über große Entfernungen hinweg verlustfrei transportieren kann.[31] Konventionelle Überlandleitungen haben hohe Energieverluste. Versuche zur Umwandlung von hoch radioaktiven nuklearen Abfällen in unschädliche Materialien sind ebenfalls am CERN und anderswo wie etwa in Belgien im Gange (siehe Infobox).

Was legt uns also die physikalische Grundlagenforschung auf unsere Teller? Zugegeben, nichts, was wir wirklich essen könnten. Dennoch sind ihre Nebenprodukte von enormer Bedeutung. Die Forschung hat große Auswirkungen auf unsere Gesellschaft und verändert ständig unsere Art zu leben und zu denken.

Saubere und sichere Kernenergie

Die physikalische Forschung führte zur Entwicklung verschiedener Energiequellen. Eine davon ist beispielsweise die elektrische Energie, gleich ob sie aus der Sonne oder aus Atomkernen kommt. Kernkraftwerke arbeiten auf der Basis der *Kernspaltung*, indem schwere Atomkerne in zwei oder mehrere leichtere Kerne gespalten werden, wodurch die Bindungsenergie frei wird, die Protonen und Neutronen im Inneren der Kerne zusammen hält.

Leider ist diese Technologie mit Risiken behaftet. Sie belastet die Umwelt und zukünftige Generationen mit radioaktiven Abfällen, von denen man nicht wirklich weiß, was man mit ihnen anfangen soll. Nukleare Kettenreaktionen können außer Kontrolle geraten, wenn die Steuersysteme versagen. Störfälle oder Naturereignisse können zu Katastrophen führen, wie es die Unfälle von Tschernobyl und Fukushima gezeigt haben. Auf diese Art von Nebenprodukten kann ich als Physikerin nicht wirklich stolz sein, auch wenn jede Energiegewinnung mit Risiken verbunden ist. Wie viele

31. Mehr Details unter: http://cds.cern.ch/record/1693853.

Menschen haben bei der Kohle- oder Erdölgewinnung ihr Leben verloren? Es ist also wichtig, sicherere Alternativen zu erkunden.

Forschungsarbeiten zur Entwicklung einer anderen Art von Kernreaktion, der Kernfusion, sind im Gange. Dabei verschmelzen leichte Kerne, zum Beispiel Wasserstoff, zu schwereren Kernen, ähnlich wie in der Sonne. Die Fusion würde es – unter Vermeidung der innewohnenden Probleme herkömmlicher Kernkraftwerke – erlauben, große Energiemengen zu erzeugen. Leider ist diese Technologie extrem schwer in den Griff zu bekommen, und sie wäre auch nicht gänzlich ohne schädliche Einflüsse auf die Umwelt, da bestimmte verwendete Materialien radioaktiv würden. Die internationale Gemeinschaft arbeitet dennoch an einem Großprojekt namens ITER in Cadarache in Südfrankreich.

Es gibt aber eine dritte, vielversprechendere Möglichkeit. Dank der Verwendung eines Teilchenbeschleunigers zur Herbeiführung der Kernspaltung, die ständig unter Kontrolle bleibt, würde sie es gestatten, Kernenergie auf saubere und sichere Art – ohne radioaktiven Abfall – zu gewinnen.

Eine Variante dieser Technologie nennt sich *beschleunigergesteuerte Kernspaltung* oder *ADS* (*Accelerator Driven System*). Sie wurde unter anderen vom Physiker und Physiknobelpreisträger des Jahres 1984 Carlo Rubbia vorgeschlagen, der auch Generaldirektor des CERN war. Sie besteht darin, die Spaltung von nichtradioaktiven Atomkernen durch Beschuss mit Neutronen hervorzurufen. Die Neutronen werden erzeugt, indem man einen Protonenstrahl auf ein Quecksilber-, Blei- oder Wismuttarget lenkt. Die Reaktion läuft also kontrolliert ab.

Im Gegensatz zu konventionellen Kernkraftwerken können Reaktoren vom Typ ADS nicht „durchgehen", da weit weniger Brennstoff im Spiel ist. Damit eine Kernreaktion stattfindet, brauchen sie eine Neutronenzufuhr von außen. Diese Technik ist somit völlig beherrschbar. Man kann die Kernreaktion im Fall einer Panne oder Naturkatastrophe jederzeit stoppen. Dies erlaubt auch, die Stromerzeugung nach Bedarf zu regeln, anstatt kontinuierlich große Elektrizitätsmengen zu erzeugen, mit dem einzigen Ziel, zu Stoßzeiten die Versorgung garantieren zu können. Darüberhinaus würde es möglich sein, den größten Teil der entstandenen radioaktiven Abfälle zu neutralisieren, indem man sie ihrerseits bestrahlt, um sie in besser beherrschbare Materialien umzuwandeln.

Leider wird diese Technik von der gegenwärtigen Nuklearindustrie ignoriert[32] (um nicht zu sagen, blockiert). Sie weigert sich aus rein ökonomischen Gründen einen Kurswechsel vorzunehmen, auch wenn mehrere am CERN und anderswo durchgeführte Experimente die Machbarkeit der ADS-Technologie bewiesen haben (Abbildung 7.13). Trotz allem geben mehrere Wissenschaftler und Wissenschaftlerinnen nicht auf und versuchen weiter hin, sowohl politische als auch industrielle Unterstützung zu gewinnen.

Abbildung 7.13: Tests am Centre d'étude de l'énergie nucléaire de Belgique (SKC-CEN) für die Entwicklung eines Reaktors des Typs ADS, der radioaktive Abfälle aus Kernkraftwerken als Brennstoff zur Energieerzeugung verwenden soll und somit diese Abfälle unter Kontrolle bringen könnte.

Quelle: SKN-CEN

Eine Konferenz mit mehreren Hundert an dieser Technologie interessierten Wissenschaftlern und Wissenschaftlerinnen fand im November 2013 in Genf statt. Viele davon hoffen, dass das Kooperationsprojekt namens

32. Die ADS-Technologie scheint nicht unter den sechs Typen der vom Internationalen Forum der 4. Generation (GIF) in Betracht gezogenen Kernreaktoren auf. Es handelt sich dabei um einen internationalen Nuklearindustrieverband von 13 Ländern mit dem Ziel, neue Generationen von Kernreaktoren zu entwickeln.

MYRRHA in Mol im Norden Belgiens sehr bald in Betrieb gehen wird. Im Rahmen dieses Projekts soll ein ADS-System entwickelt werden, das radioaktive Abfälle existierender Kernkraftwerke als Brennstoff verwendet. Längerfristig soll die Gruppe der dortigen Wissenschaftler und Wissenschaftlerinnen einen neuen sicheren und sauberen ADS-Reaktortyp entwickeln.

Diese Technologie zieht auch immer mehr das Interesse von aufstrebenden Ländern mit riesigem Energiebedarf wie China oder Indien auf sich. Hoffen wir, dass diese Forschungs- und Entwicklungsarbeiten bald zu einer sicheren und umweltfreundlichen Energiequelle führen.

Merkzettel

Die physikalische Grundlagenforschung hat verschiedenste Nebenprodukte zur Folge, die nicht nur von ökonomischer, sondern vor allem von gesellschaftlicher Bedeutung sind. Sie hat somit eine weitreichende Auswirkung auf unser tägliches Leben. Die wissenschaftlichen Entdeckungen finden nicht immer eine sofortige Anwendung, aber ohne sie hätten wir heute weder medizinische Bildgebemethoden noch das World Wide Web, weder Elektronik noch Computer oder Mobiltelefone. Der industrielle Sektor, der auf Physik und Technologie beruht, erzeugt in Europa 15 Prozent des Wohlstands und beschäftigt 13 Prozent der Arbeitskräfte.

Die physikalische Forschung führt nicht nur zur Erweiterung des Wissens und zur Beantwortung der großen Fragen der Menschheit über ihren Ursprung und ihre Zukunft, sondern auch zur Ausbildung von hochspezialisierten Arbeitskräften und zur Stimulation des technischen Fortschritts. CERN ist insbesondere ein Musterbeispiel der internationalen Zusammenarbeit. Die Organisation trägt zum Weltfrieden bei, indem sie Tausende Wissenschaftler und Wissenschaftlerinnen aus 112 verschiedenen Nationalitäten zusammenbringt.

KAPITEL 8

Die CERN-Experimente: Musterbeispiele für Management und Kooperation

Wie wir im vorhergehenden Kapitel gesehen haben, nehmen mehr als 13 000 Physiker und Physikerinnen sowie Ingenieure und Igenieurinnen am Forschungsprogramm des CERN, dem Europäischen Laboratorium für Teilchenphysik, teil. Diese Leute, *User* genannt, arbeiten nicht direkt für CERN, sondern für Hunderte Institute in 78 Ländern in Europa, Nord- und Südamerika, Asien, Afrika und Australien. Heutzutage kann nur internationale Kooperation den Erfolg wissenschaftlicher Projekte von der Größenordnung jener am CERN sicherstellen.

Das Laboratorium hat weiters 2500 eigene Angestellte (Abbildung 8.1), hauptsächlich wissenschaftliches und technisches Personal, das meist in den Mitgliedsländern rekrutiert wird. Weniger als hundert Physiker und Physikerinnen des CERN arbeiten in der Grundlagenforschung. Die große Mehrheit ist in der angewandten Forschung tätig. Das Laboratorium ist für die administrativen und technischen Agenden der Aktivitäten zuständig und hat die volle Verantwortung über die Beschleuniger, unter anderem den Large Hadron Collider (LHC). Diese werden vom Personal des CERN, in Zusammenarbeit mit industriellen Partnern und anderen Laboratorien wie dem Fermilab in den USA und KEK in Japan geplant und gebaut. Während das CERN-Personal auch den Betrieb der Beschleuniger bewerkstelligt, laufen die Physikexperimente hingegen unter der Ägide der großen internationalen Kollaborationen. Diese bestehen aus Forschergruppen, die aus etwa hundert Instituten stammen und in einer großen, nicht hierarchisch organisierten Struktur, gleichberechtigt und gemeinschaftlich arbeiten. Jedes Institut nominiert eine Person, die sie im höchsten Gremium der Kollaboration vertritt, um dort die Regeln der Gruppenzusammenarbeit zu definieren, neue Institute aufzunehmen und deren tatsächliche Arbeit zu überwachen. Jede Kollaboration erstellt gemeinsam

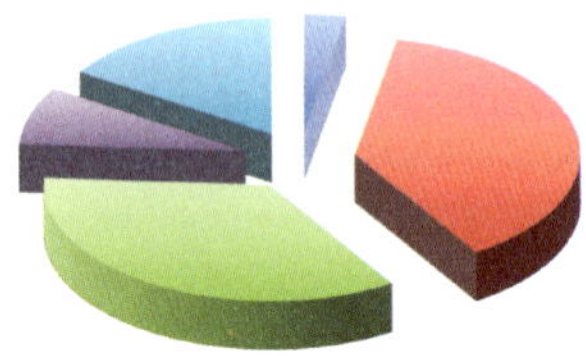

Abbildung 8.1: Verteilung des direkt am CERN angestellten Personals. CERN kümmert sich um alle administrativen und technischen Aspekte des Laboratoriums und hat die Verantwortung über die Beschleuniger. Die Kontrolle über die Experimente haben hingegen die großen internationalen Kollaborationen, durch die mehr als 13 000 Wissenschaftler mit CERN assoziiert sind.

Quelle: CERN

ihr wissenschaftliches Programm, das anschließend von einem vom CERN-Rat beauftragten wissenschaftlichen Begutachtungskomitee approbiert werden muss.

Wie wir gesehen haben, beherbergt CERN vier große Detektoren am LHC, genannt ALICE, ATLAS, CMS und LHCb. Wer hat sie sich ausgedacht? Wer bestimmt, plant, koordiniert und leitet die Forschungsarbeiten von Tausenden Wissenschaftlern und Wissenschaftlerinnen, die zu diesen Experimenten gehören? Alle und niemand. Die Wissenschaftler arbeiten nämlich in der Praxis so wie sie es für richtig halten. Chaotisch, nicht? Ein bisschen, sicher, aber es ist letztendlich sehr effizient und vielleicht die einzige Möglichkeit, solch riesige Projekte erfolgreich abzuwickeln.

Am Anfang weiß niemand genau, welche Gestalt ein Projekt annehmen wird. Nahezu jeder hat seine eigene Vorstellung, die er dann mit den anderen Gruppenmitgliedern diskutieren muss. Die Ideen entwickeln sich mit der Zeit weiter, je nach dem Verlauf der Diskussionen und den Versuchsergebnissen mit Prototypen. Die Evaluationskriterien sind objektiv: Es muss die in Bezug auf Leistungsfähigkeit, Robustheit und Kosten bestmögliche Technologie gewählt werden. Für eine Einzelperson wäre es völlig unmöglich, alleine irgendeinen dieser Detektoren zu ersinnen und zu bauen.

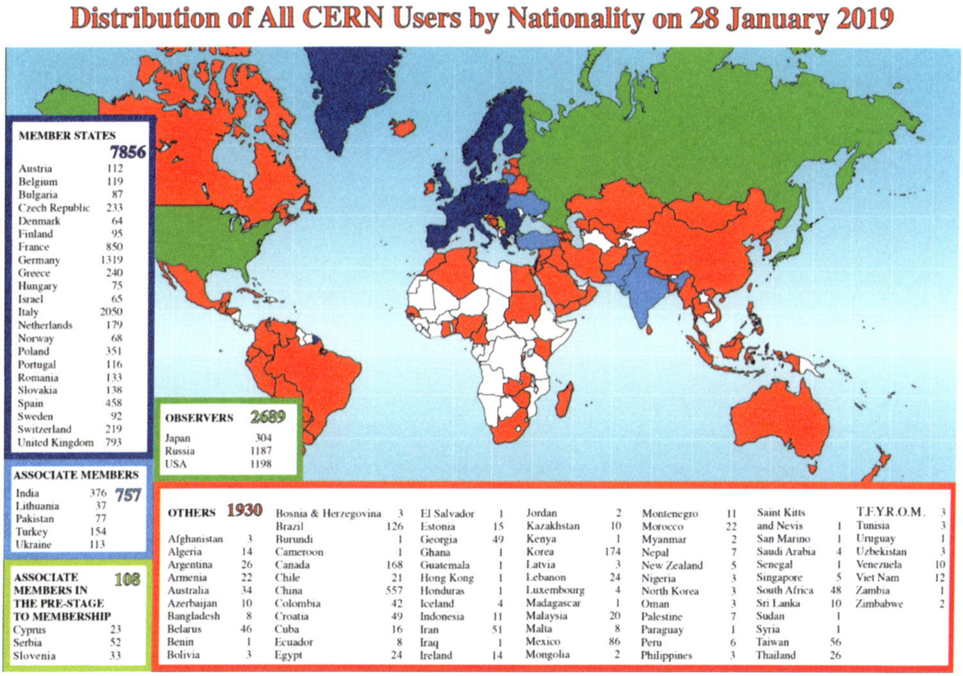

Abbildung 8.2: Verteilung der 13 000 *User* des CERN nach Staatsangehörigkeit, Stand Januar 2019. Insgesamt sind 112 Nationalitäten vertreten.
Quelle: CERN

Es gibt in der Tat niemanden, der weiß, wie jeder Detektor in allen Einzelheiten funktioniert. Dieses Wissen teilt sich die Gesamtheit der Forscher und Forscherinnen, so wie bei jedem industriellen Großprojekt. Was diese Kollaborationen wirklich von kommerziellen Unternehmen unterscheidet ist, dass keine Einzelperson jemand anderem diktiert, was er zu tun hat. Es obliegt jedem Einzelnen und jedem Institut herauszufinden, wie und wo sie zum Erfolg der verschiedenen laufenden Forschungsprojekte beitragen können.

Wie funktioniert das also alles? Wie gelang es zum Beispiel den 5000 Physikern und Physikerinnen, Ingenieuren und Technikerinnen aus 175 Instituten in 38 verschiedenen Ländern (Abbildung 8.2), den ATLAS-Detektor (eines der größten und komplexesten jemals gebauten wissenschaftlichen Instrumente) zu bauen? Die gleiche Frage stellt sich bei CMS oder bei den etwa tausend Wissenschaftlern bei ALICE und LHCb. Was motiviert all diese Menschen? Wie schaffen sie es, gemeinsam daran zu arbeiten, die Grenzen des Möglichen zu sprengen?

Ein einziges gemeinsames Ziel

Der Zusammenhalt jeder Kollaboration beruht auf einer gemeinsamen Zielsetzung: zu verstehen, welche Teilchen die Grundbausteine der Materie sind und wie diese miteinander wechselwirken. Die Wissenschaftler und Wissenschaftlerinnen möchten wissen, woraus unser Universum besteht, wie es entstand und wie seine Zukunft ist. Das ist eine kolossale Herausforderung, die nur von einem höchst motivierten Team bewältigt werden kann. Die Motivation entsteht aus der wissenschaftlichen Neugier, jenem unersättlichen Bedürfnis, die Welt, in der wir leben, zu verstehen und zu erklären. Diese Neugier ist die gleiche, die Sie antreibt, dieses Buch zu lesen, um ein bisschen mehr über unser Universum zu erfahren. Dieser gemeinsame Antrieb liegt der Arbeitsweise und dem Erfolg jeder Kollaboration zugrunde.

Die Wissenschaftler und Wissenschaftlerinnen müssen eine Strategie ausarbeiten, die es ihnen erlaubt, Antworten auf die aktuellen großen Fragen zu liefern. Zur Zeit der Entstehung der vier LHC-Kollaborationen Anfang der 1990er-Jahre war eine der Hypothesen, die die Physiker und Physikerinnen von ATLAS und CMS überprüfen wollten, jene der Existenz des Higgs-Bosons. Es handelte sich aber nur um eine von vielen offenen Fragen, deren Beantwortung die vier Experimente in Angriff nehmen wollten.

Die Hauptzielsetzung des Experiments LHCb ist es zu verstehen, warum die gesamte beim Big Bang entstandene Antimaterie verschwunden ist. Die ALICE-Kollaboration (Abbildung 8.3) will herausfinden, wie die Materie nach dem Urknall entstanden ist. Was ist die dunkle Materie? Was ist diese „neue Physik“, die Phänomene jenseits des Standardmodells erklären könnte? Ist die Supersymmetrie letztlich die richtige Antwort?

Entwicklung der notwendigen Werkzeuge

Die vielen offenen Fragen haben die Experimentatoren und Experimentatorinnen in den 1990er-Jahren bewogen, einen riesigen Teilchenbeschleuniger, den Large Hadron Collider (LHC), mit seinen vier Großexperimenten (ALICE, LHCb, CMS und ATLAS) zu entwerfen (Abbildung 8.4). Die Idee fasste

Abbildung 8.3: Teil des ALICE-Detektors, der auf die Untersuchung des Verhaltens der Materie in den ersten Momenten nach dem Urknall spezialisiert ist.
Quelle: CERN

in der Gemeinschaft der Teilchenphysiker und -physikerinnen Fuß, und die am Projekt interessierten Personen trafen sich regelmäßig, um zusammen die Anforderungen der notwendigen Werkzeuge zu definieren, die es erlauben würden, Antworten auf die offenen Fragen zu finden. So wurde der LHC geboren.

Die Experimentatoren und Experimentatorinnen möchten die plausibelsten theoretischen Hypothesen prüfen. Die Rolle der Theoretiker und Theoretikerinnen besteht darin, aufbauend auf dem bereits etablierten Wissen und den in den letzten Jahrzehnten experimentell gewonnenen Erkenntnissen, verschiedene Theorien zu entwickeln, die zu einer besseren physikalischen Beschreibung der Welt, die uns umgibt, führen sollen. Diese Wissenschaftler und Wissenschaftlerinnen müssen auch Vorhersagen über das Verhalten der neuen Teilchen treffen, die aus den Hypothesen folgen. Dazu gehören zum Beispiel die Prognosen, wie das Higgs-Boson erzeugt wird und wie es zerfallen kann. Diese Informationen benützen dann die Experimentatoren und Experimentatorinnen, um die beste Strategie und die bestmöglichen Werkzeuge zur Entdeckung der Teilchen und Überprüfung der verschiedenen Hypothesen auszuarbeiten.

Abbildung 8.4: Einbau des weltgrößten Spurendetektors aus Silizium am CMS-Experiment. Quelle: CERN

Damit das gelingt, benötigen die Physiker und Physikerinnen zwei Hauptwerkzeuge, wie wir im Kapitel 3 gesehen haben: einen Beschleuniger, um neue Teilchen zu erzeugen, und einen Detektor, um sie zu nachzuweisen. Letzterer ist nichts mehr und nichts weniger als eine gigantische Kamera, die die Bilder der erzeugten neuen Teilchen aufzeichnet.

Vom Hauptziel ausgehen

Es wurde also ein Beschleuniger mit der höchstmöglichen Energie entwickelt, um die Wahrscheinlichkeit der Erzeugung von Teilchen, die noch nie in einem Laboratorium produziert worden waren, zu maximieren. CERN besaß schon einen Tunnel mit 27 Kilometern Umfang, der den Vorgänger des LHCs, LEP, den großen Elektron-Positron Beschleuniger (*Large Electron-Positron Collider*), beherbergte. Derselbe Tunnel wurde wiederverwendet, um die Baukosten gering zu halten. Allerdings musste er mit neuen, supraleitenden Magneten bestückt werden, die wesentlich leistungsstärker als konventio-

Abbildung 8.5: Zusammenbau des 42. und letzten Moduls des Vertexdetektors des LHCb-Experiments im Reinraum. Dieser Detektor dient dazu, den Ursprung jeder geladenen Teilchenspur präzise zu bestimmen, wodurch die ursprünglich erzeugten Teilchen rekonstruiert werden können.

Quelle: CERN

nelle Magnete sind. Dadurch konnten statt Elektronen Protonen beschleunigt werden, die 1836 mal schwerer als Elektronen sind. Dadurch erhöhte sich die Kollisionsenergie enorm, nämlich von 200 GeV am LEP auf 8000 GeV (oder 8 TeV) am LHC.

Sobald die Beschleunigerparameter (Kollisionsenergie, Frequenz und Anzahl der Kollisionen pro Sekunde) festgelegt waren, konnte man als Nächstes die Detektoranforderungen definieren, die nicht nur die Entdeckung des Higgs-Bosons, sondern auch eines ganzen Zoos von hypothetischen Teilchen mit verschiedensten Eigenschaften erlauben würden. Auch wenn die Jagd auf das Higgs-Boson von den Medien am meisten thematisiert wurde, standen die Suche nach der Supersymmetrie, der dunklen Materie oder den ersten Anzeichen für neue Physik seit Projektbeginn auf dem Forschungsprogramm der Experimente.

Abbildung 8.6: Einbau des zentralen Spurendetektors im Herzen des ATLAS-Experiments. Quelle: ATLAS

Die Wissenschaftler haben also Detektoren entworfen, die so vielseitig wie möglich sind, da damals niemand wusste, wie genau das Higgs-Boson und alle anderen gesuchten hypothetischen Teilchen sich manifestieren würden. Die Monte-Carlo-Simulationen, von denen ich im Kapitel 4 gesprochen habe und die auf den von den Theoretikern und Theoretikerinnen ausgearbeiteten Theorien beruhen, haben die Kriterien für die Auswahl der Detektoren bestimmt.

Herstellung der notwendigen Werkzeuge

Wie werden Detektoren entworfen? Der Ausgangspunkt ist ein gemeinsames Ziel: das Wissen der Menschheit voranzutreiben, indem man neue Teilchen findet und deren Eigenschaften bestimmt, um die verschiedenen bestehenden Theorien zu überprüfen. Jede der vier Experimentkollaborationen entstand aus einer gemeinsamen Zielsetzung – der Beantwortung der spezifischen Fragen der Wissenschaftler – und ließ sich dann von diesem Ziel leiten, um den bestmöglichen Detektor zu konzipieren.

Abbildung 8.7: Der CMS-Detektor kurz vor seiner Schließung anlässlich der ersten Inbetriebnahme zur Erprobung des Magneten und für Detektortests mit kosmischen Strahlen.
Quelle: CERN

Im Kapitel 3 haben wir gesehen, dass ein Detektor die Rekonstruktion der Ereignisse ermöglichen muss. Das heißt, er muss aufgrund ihrer Zerfallsprodukte bestimmen, welche Teilchen bei den Kollisionen entstanden sind. Der Detektor muss also alle Arten von leichteren und stabileren Teilchen identifizieren können, die beim Zerfall der ursprünglich erzeugten Teilchen entstanden sind.

Ein Detektor ist aus mehreren Lagen aufgebaut, wie eine Zwiebel. Wie aus den Abbildungen 8.3 bis 8.7 der vier großen Experimente am LHC ersichtlich ist, besteht jede Lage aus einem bestimmten Subdetektor, der die Aufgabe hat, einen Teil der Informationen über jedes durchlaufende Teilchen zu sammeln. Man muss also die Spuren der Teilchen rekonstruieren und ihre Energien, ihre elektrischen Ladungen und ihre Identität bestimmen. Um jede dieser Eigenschaften zu messen braucht man einen oder mehrere Subdetektoren. Sie und die anderen für diese Aufgabe notwendigen Werkzeuge haben sich somit zu spezifischen Projekten entwickelt. Innerhalb einer Kollaboration widmen

Abbildung 8.8: Kerstin Jon-And, ehemalige Vorsitzende des Kollaborationsgremiums von ATLAS, im Kontrollraum des ATLAS-Experiments. Dieses Gremium überwacht die Wahlen zur Besetzung der wichtigsten Managementposten und bestimmt die strategischen Entscheidungen der Kollaboration. Jeder nimmt an der Datennahme im Kontrollraum teil, unabhängig von seiner Funktion, abgesehen von einigen seltenen Ausnahmen für Personen, die Posten mit höchsten Anforderungen bekleiden.

Quelle: CERN

sich die Wissenschaftler und Wissenschaftlerinnen je nach den Anforderungen des Projekts, aber auch gemäß ihren Interessen, ihren Ressourcen und ihrer Erfahrung bestimmten Tätigkeiten, sodass dies dem einen oder anderen Projekt zugutekommt. Jeder muss jedoch auch an gemeinschaftlichen Aufgaben teilnehmen, wie zum Beispiel an der Datennahme in den Kontrollräumen der Experimente (Abbildung 8.8).

Ein gigantisches wissenschaftliches Picknick

Die Kollaborationen legen relativ lockere Regeln fest, die keinerlei rechtliche Verbindlichkeiten nach sich ziehen und nur vorschreiben, dass jedes teilnehmende Institut zum diesem oder jenen Projekt beitragen muss. Diese Beiträge können aus dem Entwurf oder dem Bau eines Subdetektorsystems, das zur Rekonstruktion von Teilchenspuren dient, bestehen. Es können auch Algorithmen und Programme zur Verarbeitung der Daten entwickelt werden.

Möglich wäre ebenso die Bereitstellung eines Systems, das die Daten auf Tausende parallel arbeitende Computer zu ihrer Rekonstruktion aufteilt.

Es handelt sich also eigentlich um nichts weniger als das Prinzip des Kommunismus: „Jeder nach seinen Fähigkeiten". Jedes Institut trägt gemäß seinen Ressourcen – die im Allgemeinen davon abhängen, wie viel die einzelnen Geldgeberorganisationen in den betreffenden Ländern beisteuern können – seinen Anteil bei. Die verschiedenen Institute eines bestimmten Landes müssen sich über die Aufteilung der bereitgestellten Mittel einigen. Sie müssen auch das nötige Personal zur Bewältigung ihrer gewählten Aufgaben einstellen.

Die großen wissenschaftlichen Kollaborationen wie jene am CERN arbeiten ganz anders als große Unternehmen oder andere internationale Organisationen. Das Ganze ähnelt viel mehr einem gigantischen „wissenschaftlichen Picknick", bei dem jedes teilnehmende Institut etwas beisteuert. Wie bei einem Gemeinschaftsessen bringt jede Gruppe mit, was sie möchte. Jemand ist für die Koordination verantwortlich, sodass sichergestellt ist, dass es genug zu essen und zu trinken gibt.

Was die LHC-Kollaborationen betrifft, so sind alle nötigen Teile der Detektoren in einer vorab verfassten technischen Beschreibung definiert, die von der gesamten Kollaboration approbiert werden muss. Jedes Institut entscheidet frei über seinen Beitrag, muss aber der Kollaboration beweisen, dass es dieser Verantwortung gewachsen ist. Die endgültige Aufteilung der Aufgaben und Zuständigkeiten erfolgt in gegenseitigem Einvernehmen. Dieser Prozess ist dynamisch, er entwickelt sich während der gesamten Laufzeit des Projekts weiter.

Sobald die Aufgaben verteilt sind und der Zeitplan fixiert ist, verfolgen die Koordinatoren und Koordinatorinnen ganz genau den Fortschritt aller Aufgaben in ihrem Verantwortungsbereich. Es obliegt jeder Gruppe, mit allen zur Verfügung stehenden Mitteln und Wegen ihren Teil des Projekts fertigzustellen, damit das „Picknick" ein Erfolg wird. Die Gesamtverantwortung bleibt jedoch eine gemeinsame: Wenn eine Gruppe einem Institut eine Aufgabe übertragen hat, dieses jedoch Probleme hat, das gesteckte Ziel zu erreichen, dann wird die gesamte Gruppe versuchen, die nötigen Mittel (finanzielle, technische oder personelle) aufzutreiben, um dem sich in Schwierigkeiten befindlichen Institut zu helfen. Es kann nämlich niemand das Endziel erreichen, wenn ein einziges der Subsysteme nicht funktioniert.

Wer macht was?

Wer macht also was? Und wer entscheidet? Es gibt keine zentrale Befehlsgewalt. Die Vorgangsweise geht von der Basis aus, ohne von oben oktroyiert zu sein. Man setzt auf die Kreativität und die Erfahrung aller Teilnehmer. Niemand diktiert seine Sicht der Dinge, obwohl es einige gerne täten. Da es sich natürlich um Menschen handelt, wird das Ego bestimmter Personen manchmal dabei verletzt. Trotz allem müssen die Teilnehmer und Teilnehmerinnen miteinander über ihre Ideen diskutieren und letztendlich einen Konsens erreichen.

Innerhalb der Teams in einem Projekt muss jeder oder jedes Arbeitsteam die gesamte Gruppe von den Vorzügen der eigenen Ideen überzeugen, gestützt entweder durch Simulationen oder durch Ergebnisse von Tests an Prototypen. Dies geschieht in vielen Arbeitstreffen auf verschiedenen Niveaus. Zum Spaß habe ich die Anzahl der Meetings der ATLAS-Kollaboration an einem Tag gezählt – es waren 75. Diese Treffen finden am CERN oder per Videokonferenz statt, sodass sogar Forscher und Forscherinnen von Arbeitsplätzen an ihren eigenen Instituten aus teilnehmen können.

Wenn man seine Ideen einer Gruppe präsentiert, führt dies oft zu möglichen Verbesserungen oder zum Aufdecken eventueller Schwächen. Entscheidungen werden gemeinsam getroffen und beruhen auf wissenschaftlichen Beweisen, welche die Überlegenheit eines bestimmten Vorschlags aufzeigen. Es ist also die gemeinsame wissenschaftliche Zielsetzung, die die Arbeitsweise der Kollaboration bestimmt. Alle Entscheidungen werden einvernehmlich getroffen.

Beim Bau eines der Spurendetektoren von ATLAS etwa stieß man im Laufe des Projekts auf ein größeres Problem. Man hätte entweder einen Teil des Aufbaus neu konzipieren oder das für den Detektor vorgesehene Gas ändern müssen. Beide Lösungen wären mit großen Risiken und Nachteilen verbunden gewesen. Nach mehreren Tagen intensiver Diskussionen, bei denen jeder und jede seine oder ihre Meinung äußern und Ergebnisse von durchgeführten Tests präsentieren konnte, einigte sich die ganze Gruppe von etwa fünfzig Personen – bis auf eine – darauf, eine neue Gasmischung für den Detektor zu finden. Der einzige Abtrünnige war niemand anderer als der Koordinator des Projekts. Nachdem er nicht die ganze Gruppe von der Richtigkeit seiner Meinung überzeugen konnte, musste er sich der Mehrheit fügen.

Abbildung 8.9: Der Kontrollraum von LHCb bei den ersten Strahlkollisionen am 30. März 2010, nach der Wiederaufnahme des Betriebs aufgrund des technischen Zwischenfalls 2008.
Quelle: CERN

Bei einem kommerziellen Projekt hätte dieser Mann dem Rest des Teams vermutlich seine Autorität aufzwingen können, natürlich mit dem Risiko, später seinen Job zu verlieren, falls er die falsche Entscheidung getroffen hätte. In Kollaborationen wie jenen der LHC-Experimente übernimmt die gesamte Gruppe die Verantwortung über das Projekt. Es handelt sich um eine gemeinschaftliche Verwirklichung, deren Erfolg von der ganzen Gruppe geteilt wird, wie man in Abbildung 8.9 sehen kann.

Ideen entwickeln sich zweifellos weiter, aber selten ohne Umwege. Die notwendigen Technologien müssen oft während der Projektlaufzeit zur Erreichung der gesteckten Ziele aufgebaut werden. Darüberhinaus muss man einerseits immer mit den Anforderungen der Forschungsziele und andererseits mit dem Machbaren jonglieren, um die in Folge Charakteristika des Detektors anpassen zu können. Wenn schließlich die wissenschaftlichen Kriterien definiert sind, wechseln die Projekte von den Physikern und Physikerinnen zu den

Ingenieuren und Ingenieurinnen. Trotzdem müssen noch verschiedene Details im Fall von unvorhergesehenen Schwierigkeiten laufend angepasst werden.

Niemand wachte also eines Morgens auf und sagte sich: Man muss den LHC und seine vier Detektoren bauen. Das Projekt entwickelte sich unter ständiger Infragestellung der Details im Laufe von etwa fünfzehn Jahren. Bei großen wissenschaftlichen Kollaborationen gibt es auch keine Chefs eines Projekts, sondern nur Koordinatoren und Koordinatorinnen. Jede Entscheidung wird einvernehmlich getroffen, und die Diskussionen sind im Allgemeinen bereichernd, auch wenn die menschliche Natur manchmal die Debatten schwierig gestaltet. Das gemeinsame Ziel, die Beantwortung der wissenschaftlichen Fragen, hat immer das letzte Wort.

Motivation und Toleranz

Man muss sich also auf die Motivation aller verlassen, damit alle Teile des Projekts rechtzeitig und unter Erfüllung der besten Qualitätskriterien fertiggestellt werden. Zum Glück befeuert die wissenschaftliche Neugier alle Teilnehmer und Teilnehmerinnen und liefert den Ansporn und das für den Erfolg des Projekts nötige Engagement. Auch wenn die wissenschaftliche Neugier die hauptsächliche Motivation ist, spielt auch die Hoffnung, seinen Status innerhalb des Teams zu erhöhen, eine unleugbare Rolle. Ein weiterer Bonus ist das Vergnügen, in multikulturellen und internationalen Teams an der Spitze der Innovation und bei völliger intellektueller Freiheit zu arbeiten (siehe Infobox). Allerdings gibt es niemals eine finanzielle Abgeltung, die mit dem Erreichen eines Ziels verbunden wäre.

Darüberhinaus braucht es viel Toleranz und Wertschätzung von kultureller und individueller Diversität, wie wir im nächsten Kapitel sehen werden. Nur so können Menschen mit so vielen unterschiedlichen Nationalitäten zusammenarbeiten. Zum Beispiel hat ein Team von Technikern und Technikerinnen aus Russland, Israel, Pakistan, USA, China und Japan zusammen den Einbau der großen Myonräder von ATLAS (Abbildung 8.10) unter der Aufsicht eines französischen Ingenieurs bewerkstelligt, und zwar indem sie miteinander in mehr oder weniger gutem Englisch kommunizierten.

Damit das funktioniert, muss auch jeder bereit sein, selbst Hand anzulegen, egal welche Aufgabe erledigt werden muss. Eine Physikerin hat zum Beispielsweise zusammen mit einem Technikerteam monatelang Kabel auf

Abbildung 8.10: Die Technikerteams aus Pakistan und Israel vor einem Teil des großen Myonrades von ATLAS während des Baus. Nachdem sie Freundschaft geschlossen hatten, nützten Mitglieder beider Gruppen ihren Aufenthalt in Europa unter anderem für ein paar gemeinsame Tage in Paris.

Quelle: CERN

dem Detektor installiert. Warum? Einfach weil sie sicherstellen wollte, dass alles perfekt funktionierte und weil es ihr die größte Freude bereitete, ihre wissenschaftlichen Ziele zu erreichen. Sie ist bei Weitem kein Einzelfall. Ich könnte praktisch alle meine Kollegen und Kolleginnen anführen. Ich selbst habe zwei Jahre damit verbracht, mit einem Ingenieur, einigen Technikern, sowie Studenten und Studentinnen jeden einzelnen der 118 224 Drähte eines der zentralen Spurendetektoren zu testen.

Die Welt ist klein

Auf dem Gebiet der Teilchenphysik arbeitet man sicher an ungewöhnlichen Projekten mit. Mich jedenfalls hat aber am meisten die Tatsache bereichert, dass man innerhalb von so verschiedenartigen Teams tätig sein kann. Während der 19 Jahre, die ich am CERN verbrachte, und der fünf Jahre, in denen ich in den USA am SLAC und am Fermilab arbeitete, habe ich

Menschen aus mehreren Dutzend Ländern getroffen, mit denen ich diskutiert, gelacht und gemeinsam gegessen habe. Meine letzte Arbeitsgruppe zählte ein Dutzend Personen aus Indien, Pakistan, den USA, Kanada und den Niederlanden.

Im Laufe der Jahre habe ich direkt mit einer Chinesin zusammengearbeitet, einer Australierin, Russen, Griechen, Türken und Türkinnen, Schweden und Schwedinnen, einem Taiwanesen, einem Togolesen, Koreanern und Koreanerinnen, Algeriern und Algerierinnen, einem Kolumbianer, Spaniern und Spanierinnen, Serben, deutschen Männern und Frauen, Indern und Inderinnen, einem Vietnamesen, Japanern, Brasilianern und Brasilianerinnen ... genug jetzt, die Liste wäre viel zu lang! Es gab immer so viele Personen mit den verschiedensten Nationalitäten, sodass ich diese während der Arbeitstreffen oft zum Spaß zählte.

Ich konnte mich mit Menschen aus allen Ecken und Enden der Welt austauschen und ihre Arbeitsweisen, aber auch die Art, wie sie Dinge in Angriff nehmen, kennenlernen. Leute aus aller Welt zählen jetzt zu meinen Freunden und Freundinnen, mit denen ich über verschiedenste Dinge diskutieren kann. Das hat nicht nur meine Art zu kochen verändert, sondern auch und vor allem meine Sicht der Welt und mein Verständnis der politischen Lage eines Landes und seiner großen oder nicht so großen Geschichte. Zu einem besseren Verständnis von Politik, Geschichte oder Geografie geht nichts über eine Diskussion mit Menschen aus einem fremden Land.

Ich habe unzählige Diskussionen mit vielen Frauen und manchen Männern über die Situation der Frauen in ihren Ländern geführt. Ich konnte mit Menschen sprechen, die Krieg, Armut oder Naturkatastrophen erlebt haben, von denen ich kurz im Fernsehen gehört habe. Dieses bessere Verständnis des anderen erlaubt es, für fremde Kulturen und Problematiken offen zu sein und sich so weniger von der Außenwelt abzukapseln.

Schlussendlich verblüfft es am meisten, wie ähnlich wir eigentlich sind, trotz aller kultureller Unterschiede. Das ist so wahr, dass man sehr leicht vergisst, dass die Person vor uns aus einem Tausende Kilometer entfernten Land kommt, mit einer vollkommen verschiedenen Kultur, Sprache oder Religion (Abbildung 8.11). Jeder verwendet am Ende die gleiche Sprechweise, eine Mischung aus technischen und wissenschaftlichen Ausdrücken, gesprochen in einem Englisch mit verschiedensten Akzenten. Alle teilen das gleiche Ziel und die gleiche Leidenschaft, wodurch Schwierigkeiten oder Ängste aufgrund von Andersartigkeit leicht überwunden werden können.

Abbildung 8.11: Wie hier bei ATLAS sind die Kontrollräume 24 Stunden am Tag besetzt, um die Qualität der genommenen Daten sicherzustellen. Dort kann man sehr leicht neue Kolleginnen und Kollegen verschiedenster Herkunft kennenlernen.

Quelle: CERN

Ein Leben für die Forschung

Es ist nicht selten, dass sich Physiker und Physikerinnen einen großen Teil ihrer Karriere der Erreichung eines einzigen Zieles widmen, sei es der Entdeckung des Higgs-Bosons oder von supersymmetrischen Teilchen, oder aber der Lösung des Rätsels der dunklen Materie. Wenn man ein oder mehrere Jahrzehnte an einer Fragestellung arbeitet, dann zögert man nicht, ein oder zwei Jahre lang Hunderttausende dünne Drähte eines Subdetektors zu überprüfen, um sicherzustellen, dass sie richtig funktionieren. Es ist einem bewusst, dass dies zur Erreichung des endgültigen Ziels absolut notwendig ist.

Jeder übernimmt somit entsprechend den Bedürfnissen des Experiments verschiedenste Aufgaben. Während der Entwicklungsphase führten gewisse

Personen Machbarkeitstests durch. Beim Bau des Detektors musste ständig die Qualität aller Komponenten überprüft werden. Der Zusammenbau machte auch die Aneignung neuer Kompetenzen erforderlich. Viele mussten eine Ausbildung für die Arbeit auf Gerüsten oder für die Benützung einer Kletterausrüstung machen. Darüber hinaus wechseln sich alle während des Betriebs im Kontrollraum ab, um die Qualität der genommenen Daten sicherzustellen. Schichtbesatzungen werden gebildet und sind ständig in Bereitschaft, um jederzeit bei Ausfall von Komponenten oder Softwareproblemen so schnell wie möglich eingreifen zu können. Für die Datenanalyse treffen sich die Physiker und Physikerinnen regelmäßig, um über ihre Resultate zu diskutieren, die Kalibration zu verbessern, die Analysemethoden zu verfeinern oder leistungsfähigere Software zu entwickeln.

Letztlich ist jeder Detektor ein unglaubliches wissenschaftliches Instrument, das Gigantismus und höchste Präzision vereint. Der ATLAS-Detektor wiegt zum Beispiel 7000 Tonnen und besteht aus Millionen von Einzelteilen, die größtenteils handgefertigt wurden. Man findet dort 3000 Kilometer Kabel verschiedenster Bauart, um den Giganten mit Hoch- oder Niederspannung zu versorgen und die Signale seiner 100 Millionen Kanäle aufzuzeichnen. Es gibt genauso viele Leitungen, um Kühlmittel und andere Flüssigkeiten zuzuführen. Es ist ein Wunder, dass das alles funktioniert! (Abbildung 8.12)

Aber die Medaille hat auch eine Kehrseite. Die Leidenschaft für die Forschung wird manchmal zur Besessenheit und führt zu Arbeitssucht, obwohl dies nicht nur bei Wissenschaftlern und Wissenschaftlerinnen vorkommt. Viele arbeiten Tag und Nacht, vernachlässigen ihre Familie oder ihre Gesundheit, organisieren Meetings am Wochenende, nehmen keinen Urlaub, beantworten ihre E-Mails in Nullkommanichts, egal zu welcher Uhrzeit – kurz, Sie opfern alles für ihre Arbeit. Obwohl ich nicht glaube, dass das nötig ist, scheinen viele, die Posten mit hoher Verantwortung bekleiden, keine Wahl zu haben.

Ein demokratisches Modell

Um alles zu überwachen, gibt es weder eine Präsidentin noch einen Direktor, sondern nur einen Sprecher oder eine Sprecherin, deren Aufgabe es ist, den Überblick zu behalten. Vertreter oder Vertreterinnen jedes teilnehmenden Instituts wählen die Koordinatoren und Koordinatoren der verschiedenen Projekte. Manchmal kommt es auch vor, dass jemand für einen Posten teilweise aus politischen Gründen gewählt wird. Man versucht so weit wie möglich, eine gewisse Diversität bei den Koordinationsposten herzustellen und keine Personen zu benachteiligen, die aus weniger privilegierten Ländern stammen und nicht so viel Zeit am CERN verbringen können, wo es leichter ist, bei den Arbeitsgruppen mitzumachen und seine Ideen einzubringen. Diese Koordinationsposten sind einerseits sehr aufwendig, andererseits sehr stimulierend. Die übernommenen Verantwortlichkeiten erlauben es den Einzelnen, sich zu entfalten und zu bewähren und sich dadurch beruflich weiterzuentwickeln.

Zusammenarbeit und Konkurrenz

Die Forscher und Forscherinnen müssen ein Gleichgewicht zwischen Wettbewerb und Zusammenarbeit finden. Das ungeschriebene und unumgängliche Gesetz ist, dass zusammen gearbeitet werden muss. Wer das nicht will, muss damit rechnen, von den Arbeitsgruppen ausgeschlossen zu werden. Jedenfalls kann niemand alles alleine machen, und jeder braucht die anderen sowie die

Abbildung 8.12: Physiker und Physikerinnen nehmen am Bau von Detektoren teil, wie hier bei ATLAS.
Quelle: CERN

gemeinsam entwickelten Werkzeuge. Wissen und Ressourcen müssen geteilt werden.

Nichtsdestotrotz steht jedes Kollaborationsmitglied in Konkurrenz mit den anderen. Jeder muss sich beweisen und seine Kompetenzen zeigen, wenn er eine Dauerstelle in einem der teilnehmenden Institute erlangen möchte, denn der Großteil der Forscher und Forscherinnen, vor allem der jungen, hat nur kurzfristige Verträge. Es ist deshalb nicht leicht sicherzustellen, dass man auch in der Zukunft an diesem außergewöhnlichen wissenschaftlichen Abenteuer teilnehmen kann. Bei der Knappheit von Dauerstellen gelingt es nicht einmal allen Begabten in diesem Forschungsbereich zu bleiben.

Die Beiträge der Einzelnen sind innerhalb der Arbeitsgruppen bekannt und anerkannt, auch wenn alles eine Gemeinschaftsarbeit ist. Niemand kann aber den ganzen Verdienst für sich alleine in Anspruch nehmen. Trotzdem zählt die Arbeit jedes Einzelnen, und jede wissenschaftliche Publikation wird von der Gesamtheit der Wissenschaftler der Kollaboration (ungefähr 3000 Personen im Fall der Kollaborationen CMS und ATLAS) gezeichnet.

Natürlich sind es im Allgemeinen nur einige Dutzend Personen, die eine spezifische Analyse durchführen, die zu einer Publikation eines Artikels in einem wissenschaftlichen Journal führt. Ohne die Beiträge aller, die am Entwurf, am Bau, der Installation, der Kalibration und dem Betrieb des Detektors beteiligt waren, nicht eingerechnet die Simulationen, das Programmieren und die Errichtung des großen Rechennetzwerks (genannt Grid), würde es jedoch keinerlei Veröffentlichung geben. Jeder Autor oder jede Autorin kann also stolz sagen, dass er oder sie eine Rolle bei diesem Abenteuer gespielt hat. Die Schlüsselpersonen, deren Beiträge besonders wichtig waren, werden ausgewählt, die wissenschaftlichen Resultate der Kollaboration bei den prestigeträchtigsten internationalen Konferenzen zu präsentieren.

Die Kollaborationen am CERN funktionieren, weil es allen Beteiligten am Herzen liegt, dass ihr Experiment ein Erfolg wird. Es gibt weder Peitschenhiebe noch einen finanziellen Bonus. Die Anerkennung der Kollegen und die immense Genugtuung, zum Erfolg eines einzigartigen Projektes, das den Stand des Wissens vorantreiben soll, beigetragen zu haben, sind die Hauptmotivation für den Großteil der Teilnehmer und Teilnehmerinnen.

Merkzettel

Die wissenschaftlichen Kollaborationen des CERN wie ATLAS und CMS zählen jede etwa 5000 Forscher und Forscherinnen, Ingenieure und Ingenieurinnen, sowie Techniker und Technikerinnen aus allen fünf Kontinenten. Niemand leitet die Gruppe gemäß einem klassischen zentralistischen und hierarchischen Managementmodell. Jeder muss sich den Anforderungen der Gruppe anpassen und gemäß seinen Möglichkeiten zum Erfolg des Experiments beitragen. Der Erfolg solcher Unternehmungen beruht hauptsächlich auf der Existenz eines gemeinsamen Ziels, dem Engagement jedes Einzelnen und der Toleranz aller Beteiligten. Das Ganze funktioniert wie ein gigantisches Picknick, zu dem jede Gruppe ein Gericht entsprechend ihren Vorlieben, ihren finanziellen Möglichkeiten und ihren Kompetenzen beisteuert. Der Wunsch, dass das Experiment erfolgreich sein soll, motiviert jeden Einzelnen. Alle Entscheidungen innerhalb der Kollaborationen werden einvernehmlich unter Einhaltung der von der Mitgliedern erstellten Regeln getroffen. Es handelt sich um ein Konzept, das von der Basis ausgeht und auf das Talent der Mitarbeiter setzt. Die Koordinatoren und Koordinatorinnen des Projekts stellen sicher, dass alle Aspekte der Arbeit abgedeckt sind. Das Ganze ist manchmal ein bisschen chaotisch, aber es ist notwendig, um der Kreativität freien Lauf zu lassen und revolutionäre Entdeckungen zu ermöglichen. Letztlich ist es vielleicht die einzige Art und Weise, Projekte solchen Ausmaßes zu vollenden.

KAPITEL 9

Diversität in der Physik

Kreativität ist in der Wissenschaft essenziell. Sie ebnet den Weg für Entdeckungen. Wie wir im vorhergehenden Kapitel erfahren haben, setzen die großen Kollaborationen in der Teilchenphysik auf den Austausch von Ideen und auf Diskussionen, um die bestmögliche Strategie sowohl für die Konstruktion der Detektoren als auch für die Analyse der Resultate zu bestimmen. Die Kreativität wird von der Diversität inspiriert und blüht durch sie auf. Je mehr verschiedene Herangehensweisen es gibt, desto ausgeklügelter sind die Ideen, die aus ihr hervorgehen.

Trotzdem wird jedem, der ein internationales Forschungszentrum wie CERN besucht, schnell die Überzahl an Männern und die Dominanz von Menschen kaukasischen Ursprungs auffallen, obwohl die Wissenschaftler und Wissenschaftlerinnen mehr als hundert verschiedene Nationalitäten besitzen. Männer haben 82 Prozent aller wissenschaftlichen Positionen am CERN inne, und das Verhältnis der Personen kaukasischen Ursprungs ist im Allgemeinen ebenso hoch. Die Tatsache, dass CERN ursprünglich ein europäisches Laboratorium war, erklärt diese Situation nur teilweise.

Traditionellerweise war der Kreis der Physiker, Mathematiker und Ingenieure ziemlich konservativ. Innerhalb der letzten Jahrzehnte entstanden zahlreiche Initiativen zur Erhöhung der Diversität, die speziell darauf ausgerichtet sind, mehr Frauen und – wenn auch in viel geringerem Ausmaß – Menschen verschiedener Rassen und ethnischer Gruppierungen zu gewinnen. Diese Initiativen tragen Früchte. Der Anteil und die Sichtbarkeit von Minoritäten in der Teilchenphysik erhöhen sich ständig, was sehr ermutigend ist.

Das Spiel ist allerdings noch nicht gewonnen, weder vonseiten der Frauen noch von Behinderten oder von Minderheiten in Bezug auf Rasse, ethnische Zugehörigkeit oder Religion, sowie von Angehörigen der LGBT⁺-Community (Lesben, Schwule, Bisexuelle, Transgender, etc.). Man muss aber nicht nur zum Zeitpunkt der Anstellung die Diversität im Auge behalten. Wenn man Angehörige von Minderheitengruppen halten möchte, muss man auch vor allem vorantreiben, dass sich die Mentalitäten weiterentwickeln und ein Arbeitsumfeld schaffen, in dem jeder und jede sich wohlfühlen kann (siehe Infobox). Denn egal in welchem Beruf, jeder möchte lieber in einer angenehmen Umgebung als in einer feindseligen Atmosphäre arbeiten.

Wie im Kapitel über die gesellschaftlichen Rückflüsse der Grundlagenforschung führe ich hier hauptsächlich Beispiele aus dem CERN an, denn durch seine internationale Zusammensetzung und seine Größe gibt diese Auswahl ein gutes Gesamtbild, mit hoher statistischer Relevanz. Meine Äußerungen stützen sich auch auf verschiedene andere Studien, darunter eine groß angelegte Befragung von 15 000 Physikern und Physikerinnen aus 130 Ländern.

Physikerinnen am CERN

Erster Schritt: Bestandsaufnahme. Wie ich bereits in den vorhergehenden Kapiteln erläutert habe, gibt es am CERN zwei Kategorien von Arbeitnehmern und Arbeitnehmerinnen. 2014 beschäftigte CERN selbst 2513 Personen, von denen

Abbildung 9.1: Physikerinnen der LHCb-Kollaboration an den Schalthebeln des Experiments, zur Feier des Internationalen Frauentags am 8. März 2010. Zu dieser Gelegenheit war es Hunderten Frauen ein Anliegen, die erreichten Fortschritte aufzuzeigen, indem sie sich noch sichtbarer machten. In den Kontrollräumen des LHCs, von ATLAS, CMS, LHCb und ALICE arbeiteten an diesem Tag zwischen 7 und 23 Uhr ausschließlich Frauen.
Quelle: CERN

44 Prozent hauptsächlich in der angewandten Forschung tätige Physiker und Physikerinnen sowie Ingenieure und Ingenieurinnen waren. Diese erste Kategorie umfasste 12,2 Prozent Frauen[33].

Der Großteil der Wissenschaftler und Wissenschaftlerinnen, die in der Grundlagenforschung arbeiten, gehört zur zweiten Kategorie und ist bei den Hunderten Instituten der Länder angestellt, die am Laboratorium mitarbeiten. Diese Kategorie bestand 2014 aus 10 416 Personen, die *User* genannt werden. Sie setzte sich aus 85 Prozent Physikern und Physikerinnen sowie 9 Prozent Ingenieuren und Ingenieurinnen zusammen. Der Rest gehörte zum technischen oder administrativen Personal[34]. Der Prozentsatz der Frauen unter den Usern des CERN am 1. September 2014 betrug 17,5 Prozent. Das ist wenig, aber schon beträchtlich mehr als vor zehn oder zwanzig Jahren, und die Situation verbessert sich weiter (Abbildung 9.1) Beispielsweise lag im Jahr 2008 die Quote der ATLAS-Kollaboration nur bei 15,6 Prozent Physikerinnen. Dieser Anteil stieg auf 19,6 Prozent im Oktober 2012, betrug zwei Jahre später aber auch nur 19,7 Prozent. Die Zahl variiert leicht zwischen den verschiedenen Experimenten und stark von einem Land zum anderen, wie man aus Tabelle 9.1 ablesen kann.

Tabelle 9.1: Anteil der Wissenschaftlerinnen am CERN für die 33 Länder mit mehr als 50 Usern. Quelle: Pauline Gagnon, auf der Basis von CERN-Daten vom 1. September 2014.

CERN-USER NACH NATIONALITÄT	% FRAUEN	% FRAUEN UNTER 35 JAHREN	% PERSONEN UNTER 35 JAHREN	GESAMTZAHL DER PERSONEN AM CERN
Türkei	33%	40%	59%	159
Norwegen	29%	33%	41%	59
Griechenland	28%	32%	38%	152
Rumänien	26%	30%	36%	121
Belgien	25%	25%	54%	109
Spanien	25%	31%	38%	323
Schweden	24%	36%	39%	71

33. Offizielle Statistik des CERN vom 31. Dezember 2013, https://cds.cern.ch/record/1703227/files/CERN-HR-STAFF-STAT-2013.pdf.
34. Vom CERN zur Verfügung gestellte Daten vom 1. September 2014.

Tabelle 9.1: Fortsetzung

CERN-USER NACH NATIONALITÄT	% FRAUEN	% FRAUEN UNTER 35 JAHREN	% PERSONEN UNTER 35 JAHREN	GESAMTZAHL DER PERSONEN AM CERN
Italien	23%	31%	29%	1666
Indien	23%	26%	52%	214
Bulgarien	22%	44%	22%	74
China	22%	23%	72%	302
Portugal	20%	21%	45%	104
Brasilien	20%	12%	54%	111
Südkorea	19%	23%	49%	115
Finnland	19%	21%	30%	79
Mexiko	19%	28%	58%	69
Polen	19%	16%	39%	247
Frankreich	17%	25%	26%	731
Slowakei	17%	21%	51%	102
Kanada	16%	22%	48%	141
Israel	15%	29%	33%	52
USA	14%	18%	41%	973
Deutschland	14%	19%	47%	1095
Schweiz	14%	18%	31%	177
Großbritannien	12%	17%	46%	633
Ungarn	12%	22%	34%	67
Russland	11%	18%	22%	951
Österreich	11%	15%	33%	81
Niederlande	10%	28%	25%	144
Ukraine	10%	14%	58%	60
Dänemark	9%	21%	36%	53
Tschechien	9%	10%	51%	216
Japan	7%	8%	47%	253

Analyse der Resultate

Schauen wir uns die Tabelle 9.1 mit den Prozentsätzen von Frauen für jede Nationalität am CERN an. Es sind nur Länder mit mehr als 50 Personen berücksichtigt, damit die Aussagekraft vom statistischen Standpunkt verlässlich und repräsentativ ist. Die vollständige Liste für die 101 Nationalitäten am CERN im Jahr 2014 ist im Anhang zu finden. Die Länder sind absteigend geordnet, wobei jene mit dem höchsten Frauenanteil am Anfang stehen.

Alle CERN-User wurden nach Nationalität (gemäß Reisepass) eingeteilt, unabhängig von ihrer Institutszugehörigkeit (damit ist gemeint, zu welchem Land ihre Institution oder ihre Universität, bei der sie angestellt sind, gehört). Zum Beispiel werde ich aufgrund meiner Nationalität in den Statistiken zu Kanada gezählt, auch wenn ich bei einer amerikanischen Universität angestellt bin. Die Tabelle zeigt also die Verteilung aller CERN-User gemäß ihrer Staatszugehörigkeit.

Wo findet man den höchsten Anteil an Physikerinnen? In der Türkei. Vornehmlich in der Balkanregion (Türkei, Griechenland, Bulgarien) sind die Frauenanteile am höchsten, sowie anderswo in Europa (Norwegen, Rumänien, Belgien, Spanien, Schweden, Italien), aber auch in Indien. Im Gegensatz dazu sind Länder wie Japan, Österreich, Schweiz, Deutschland, die USA, Kanada und Großbritannien alle unterdurchschnittlich vertreten. Wie kann man diese Unterschiede erklären? Die Gründe sind vielfältig und es gibt keine einfache Erklärung, obwohl das Gehaltsniveau eine Rolle spielen könnte. Man findet oft viel mehr Frauen in Ländern, in denen die Gehälter in der Physik weniger hoch sind. Dies ist aber nur einer der möglichen Faktoren. Russland und die Tschechische Republik zum Beispiel haben sehr wenige Physikerinnen, obwohl die Gehälter dort sehr niedrig sind. Andere kulturelle und historische Elemente sind offensichtlich im Spiel. Jedes Land ist einzigartig und muss individuell betrachtet werden. Sie werden vielleicht auch anhand der vollständigen Liste im Anhang feststellen, dass in bestimmten Ländern die Prozentsätze höher als jener der Türkei mit 33 Prozent sind. Diese Werte beziehen sich jedoch auf sehr kleine Personenzahlen und sind deshalb *statistisch* nicht aussagekräftig.

Wenn man den Anteil der Frauen in der Altersgruppe der unter 35-Jährigen betrachtet (dritte Spalte), kann man vorhersagen, wie die Verteilung der Frauen in fünf oder zehn Jahren aussehen wird. Die hier angeführten Länder haben bei den unter 35-Jährigen fast alle einen höheren Prozentsatz an Frauen, außer Brasilien und Polen. Nur diese beiden Länder haben anteilsmäßig weniger Frauen unter den jüngeren Mitgliedern ihrer Gruppen.

Wenn der allgemeine Trend anhält, sollte in den nächsten fünf Jahren der Prozentsatz an Frauen unter den CERN-Usern von zur Zeit 17,5 auf ungefähr 19 Prozent ansteigen. Obwohl dies positiv ist, wird die Gleichstellung bei dieser Wachstumsrate nicht von heute auf morgen erreicht sein ... Es ist also wichtig, dass CERN und alle beteiligten Länder und Institutionen weiterhin Diversität fördern und ihre Bemühungen verstärken, um wissenschaftliche Karrieren für mehr junge Frauen und andere Angehörige von Minderheiten von Kindesbeinen an attraktiv zu machen. Es müssen auch gezielte Anstrengungen unternommen werden, um mehr Personal aus Minderheitengruppen zu rekrutieren und zu halten.

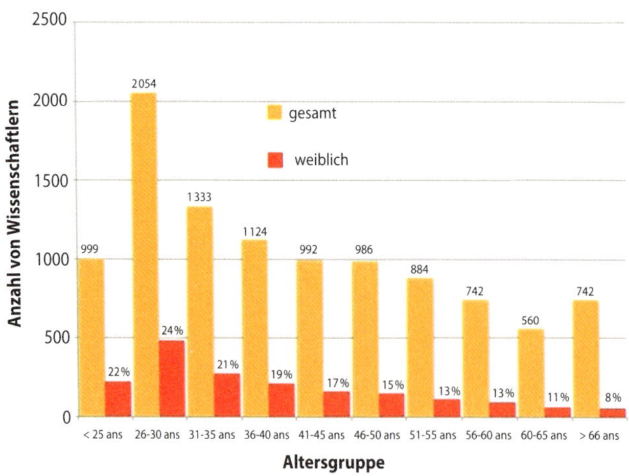

Abbildung 9.2: Verteilung der CERN-User nach Altersgruppen. Die gelben Balken geben die Zahlen der User aller Geschlechter an, während die roten die Anteile der Frauen in jeder Gruppe zeigen.

Quelle: CERN

Abbildung 9.2 zeigt die Verteilung der CERN-User nach Altersgruppen. Das mittlere Alter beträgt zurzeit 41 Jahre. Dies entspricht einem mittleren Alter von fast 42 Jahren bei den Männern und ein wenig mehr als 37 Jahren bei den Frauen. Die Frauen schaffen sich somit ihren Platz, obwohl diese Tendenz jüngeren Datums ist, wie aus der Differenz zwischen dem mittleren Alter für die beiden Geschlechter hervorgeht.

Es fällt auf, dass ein leichter Rückgang in der jüngsten Altersgruppe zu verzeichnen ist. Hoffen wir, dass das nur eine kleine Fluktuation und nicht ein Trend ist, der sich in den kommenden Jahren halten wird. Dieser Rückgang sollte alle erinnern, dass die Schlacht bei Weitem noch nicht gewonnen ist. Verschiedene Maßnahmen zum Kampf gegen Stereotype und zur Weckung des Interesses von jungen Frauen und Angehörigen anderer Minderheiten für die Wissenschaft existieren. Einige Wege sind in der nächsten Infobox aufgezeigt.

Warum gibt es so wenige Frauen in der Wissenschaft?

Die Gründe sind vielfältig und rühren hauptsächlich von Stereotypen und Vorurteilen her, denn niemand konnte die Überlegenheit von Männern in der Wissenschaft beweisen, genauso wenig wie die Existenz von biologischen Unterschieden, die eine solche rechtfertigen könnten. Verschiedene Studien haben hingegen gezeigt, dass die Mädchen auf Sekundarschulniveau leicht besser als die Jungen in naturwissenschaftlichen Fächern und in der Mathematik abschneiden.

Laut Catherine Vidal[35], Neurobiologin und Forschungsgruppenleiterin am Institut Pasteur in Paris, gibt es keinerlei signifikanten Unterschied in den Fähigkeiten zwischen den Geschlechtern, der biologischen Ursprungs sei. Genau das zeigt die große Mehrzahl der Studien mit bildgebenden Verfahren, mit denen die Aktivität des Gehirns untersucht wird. Catherine Vidal unterstreicht auch, dass nur 10% der Synapsen (die Verbindungen zwischen den Neuronen im Gehirn) zum Zeitpunkt der Geburt vorhanden sind. Der Rest, also Hunderte Milliarden, bildet sich durch Lernvorgänge. Sie verwendet deshalb den Ausdruck „Plastizität des Gehirns“, um die „Formbarkeit des Gehirns unter dem Einfluss des Umfelds, sowohl des inneren (Ernährung, Hormone) als auch des äußeren (familiäre und soziale Umstände)“ zu beschreiben. Alles ist also hauptsächlich nur eine Frage der Erziehung, der Kultur und des sozialen Drucks.

35. http://cordis.europa.eu/news/rcn/30550_en.html.

Genau das hat Annette Jarlégan, die Lektorin für Bildungswissenschaften an der Universität Nancy 2 ist, studiert. Sie zeigt, wie subtil alles vor sich geht, ohne dass es groß auffällt. So ermuntern zum Beispiel Lernhilfen wie gewisse Kinderbücher Jungen, an einem aktiven und öffentlichen Leben teilzunehmen, während diese Bücher passivere Rollen für Mädchen suggerieren, die auf die Privatsphäre (das Heim) beschränkt sind. Sie zitiert mehrere Studien, die zeigen, dass Lehrer Jungen mehr Aufmerksamkeit als Mädchen schenken. Ihre Erwartungen an Jungen sind ebenfalls höher. Die beiden Gruppen bekommen also nicht die gleiche Art von Förderung. Ein und dieselbe Aufgabe wird von Lehrern beider Geschlechter anders benotet, wenn sie mit dem Namen eines Mädchens oder eines Jungen gekennzeichnet ist. Bei wissenschaftlichen Fächern wird das noch deutlicher. All diese kleinen Unterschiede machen das aus, was sie das *versteckte Curriculum* nennt – eine Reihe von Werten, Kompetenzen und Wissen, die sich Schulkinder aneignen, ohne es zu merken. Es scheint auch weder in den offiziellen Lehrplänen auf, noch sind sich die Lehrer oder die Eltern dessen bewusst. „Man findet letztlich zwischen Jungen und Mädchen in der Schule dieselben Stereotype wie zwischen der Arbeiterklasse und der Oberschicht", schreibt Annette Jarlégan. „Mädchen sagt man nach, dass sie ausdauernd und tüchtig sind, und dass sie dank ihres Fleißes Erfolg haben. Genau das Gleiche sagt man auch von Kindern aus niedrigeren Gesellschaftsschichten". Tief in ihrem Herzen wissen Jungen, dass die Welt ihnen gehört. Sie dürfen sich während der Grundschulzeit amüsieren und Unsinn in der Sekundarschule und an der Universität machen, denn es warten Jobs in den besten Branchen auf sie. Die Mädchen, auf sich alleine gestellt, schließen sich aus diesen Bereichen selbst massiv aus[36].

Mädchen erzielen bei einem Rechentest schlechtere Ergebnisse, wenn man ihnen vorher sagt, dass im Allgemeinen Frauen in Mathematik weniger gut sind. Dies nennen die Forscher Steven Spencer, Claude Steele und Diane Quinn den Effekt der „Bedrohung durch Stereotype". Die Resultate von identischen Tests waren im Gegensatz dazu für die Mädchen besser, wenn man ihnen vor dem Test erklärte, dass es keinen Unterschied in der Leistungsfähigkeit zwischen den beiden Geschlechtern gibt. Ebenso erzielen alle Jungen, egal, welchen ethnischen Ursprungs, sowie alle Kinder kaukasischer Abstammung,

36. https://antisexism.wordpress.com/2011/11/19/inequality-between-girls-and- boys-at-school/.

wenn man ihre Herkunft vor einem Test unterstreicht, bessere Ergebnisse. Diesen Effekt nennt man „Leistungssteigerung durch Stereotype". Dies zeigt, dass das soziale Umfeld Auswirkungen auf die Leistung von Mädchen und anderen Minoritäten in der Wissenschaft hat.

Es ist also für Mädchen nicht leicht, eine wissenschaftliche Karriere einzuschlagen, wenn sie alles daran erinnert, dass sie dort nicht hingehören. Diese Botschaft kann von ihrer Familie, der Schule oder den Medien kommen. Schulbücher und Medien sprechen von Wissenschaftlern fast ausschließlich in der männlichen Form, und die verbreiteten Bilder von männlichen Wissenschaftlern untermauern diese Botschaft (Abbildung 9.3). Niemand stellt die Relevanz eines Mannes in der Physik, im Bauingenieurswesen oder in der Mathematik infrage. Jedoch müssen sich viele Frauen die Frage gefallen lassen, was sie in diesen Domänen suchen. Solche Bemerkungen lassen unterschwellig durchblicken, dass sie nicht am richtigen Platz sind. Nur die besten und die ausdauerndsten halten durch. Ohne Unterstützung lassen sich zahlreiche Frauen entmutigen und wenden sich Branchen zu, in denen es nicht immer notwendig ist, gegen den Strom zu schwimmen.

Abbildung 9.3: Das Team von Physikerinnen, die für das Experiment CMS am 8. März 2010 verantwortlich waren.
Quelle: CERN

Diskriminierung bei der Anstellung

Wie Studien des „Observatoire des Discriminations“ in Frankreich[37] und zahlreiche andere auf der ganzen Welt gezeigt haben, gibt es verschiedene Formen von Diskriminierung bei Ausschreibungen, unter anderem bezüglich Geschlecht, Alter, Erscheinungsbild, Behinderung, Rasse oder Herkunft. Darüber hinaus werden Arbeitgeber, egal, ob männlichen oder weiblichen Geschlechts, noch immer von Klischees beeinflusst.

Eine von der Universität Yale in den USA durchgeführte Studie[38] hat gezeigt, wie sowohl Frauen als auch Männer diese Klischees weiterleben lassen. Ein inhaltlich gleicher fiktiver Lebenslauf wurde an 127 Physikprofessoren und -professorinnen geschickt, mit der Bitte, ihn zu evaluieren und zu entscheiden, ob sie die Person als Laborassistenten oder -assistentin anstellen würden. Die Hälfte der Lebensläufe trug den Namen „John“, die andere Hälfte jenen einer Frau, „Jennifer“. Abgesehen von den Namen waren die beiden Lebensläufe identisch. Trotzdem wurde der von John positiver begutachtet, und das sowohl von den Männern als auch von den Frauen. Die potenziellen zukünftigen Arbeitgeber fanden John kompetenter und boten ihm sogar ein höheres Gehalt an, im Mittel 4000 US-Dollar mehr pro Jahr. Diese Art von Studien macht offensichtlich, dass die Auswahl von Kandidaten möglichst auf der Basis anonymer Lebensläufe erfolgen sollte, um diese Art von Diskriminierung zu vermeiden. Dies würde auch jedem helfen, der einen exotischen Namen trägt.

37. Observatoire des Discriminations en France: https://fr.wikipedia.org/wiki/Discrimination_à_l'embauche.

38. http://physicsworld.com/cws/article/news/2012/oct/24/physicists-show-bias-against-female-job-applicants.

Wie man Minderheiten in die Wissenschaft bringt, sie einstellt und auch hält

Hier führe ich eine Reihe von Empfehlungen an, die ursprünglich von einer Gruppe junger Frauen am CERN formuliert und bei einem Treffen des ökonomischen und sozialen Forums (ECOSOC) der Vereinten Nationen im März 2013 präsentiert worden sind. Ich habe sie adaptiert, sodass sie auch für andere Minderheiten gelten. Mehrere dieser Empfehlungen würden auch dazu beitragen, das Arbeitsumfeld in der Wissenschaft zu verbessern und dadurch für alle von Nutzen zu sein.

Um mehr Angehörige Minderheiten in der Wissenschaft zu bringen sollten wir:

- Klischees auf allen Niveaus bekämpfen: das heißt, die Darstellung von Minderheiten in Schulbüchern zu erhöhen und mehr Diversität bei der Formulierung der Aufgaben einzubringen; eine nicht sexistische und multikulturelle Sprechweise in Bezug auf Wissenschaftler zu verwenden; die Sichtbarkeit von Minderheiten in der allgemeinen Wahrnehmung zu erhöhen und ihnen mehr Platz in den Medien zu geben.
- Den jungen Leuten helfen, sich stark mit der Wissenschaft zu identifizieren. Wenn sich Schüler und Schülerinnen in den naturwissenschaftlichen Fächern nicht kompetent fühlen, werden sie auch keine wissenschaftliche Laufbahn einschlagen. Ermutigungen durch Lehrer und Lehrerinnen, durch die Familie sowie Freunde und Freundinnen sind wesentlich, damit Mädchen und Jungen Vertrauen in ihre Kompetenz haben. In den Schulklassen sollte man über wissenschaftliche Neuheiten sprechen, die jungen Leute ermutigen, Fragen zu stellen, und ihnen die Möglichkeit geben, andere Schüler anzuleiten. Das alles sind verschiedenste Beispiele für Aktivitäten, die das Gefühl der Kompetenz stärken können. Diskussionen über die Unterrepräsentation von Frauen und anderen Minderheiten in der Wissenschaft helfen auch den jungen Menschen aus Minderheitengruppen zu verstehen, dass das Problem nicht von ihnen selbst sondern von außen kommt und sozialen Ursprungs ist.
- Jungen Leuten aus Minderheiten Rollenvorbilder und Mentoren anbieten; Personen aus der LGBT^{+}-Community, Frauen, Menschen verschiede-

ner Rassen und Religionen die Gelegenheit geben, vor Jugendgruppen von ihrer wissenschaftlichen Karriere zu erzählen, auf verschiedenen Niveaus; Karrieremessen veranstalten, um das Selbstvertrauen der jungen Leute zu stärken und Gelegenheiten für Diskussionen mit anderen zu schaffen, die mit denselben Fragen konfrontiert sind.

Um mehr Angehörige von Minderheiten in der Wissenschaft anzustellen, sollten wir:

- Anonyme Bewerbungsverfahren anbieten. Geschlecht, Rasse oder Familienstand eines Kandidaten oder einer Kandidatin müssten während des Auswahlprozesses bis zum Einstellungsgespräch verborgen bleiben, um jede voreingenommene Ablehnung zu vermeiden. Die Bewerber und Bewerberinnen hätten so die Gelegenheit, ihre Vorzüge zur Geltung zu bringen. Eine Studie hat nämlich gezeigt, dass Männer wie Frauen bei der Einstellung aufgrund von Geschlecht diskriminieren. Hingegen verdreifachte sich die Zahl der Musikerinnen bei fünf großen Orchestern, seit man die Kandidaten und Kandidatinnen hinter einem Vorhang vorspielen ließ.
- Gerecht aufgeteilte Elternurlaube einrichten. Männer müssten gleiche Elternzeiten wie Frauen bekommen, und die Männer sollten besonders ermutigt werden, sie in Anspruch zu nehmen. Wenn auch junge Väter mit hoher Wahrscheinlichkeit aufgrund einer Elternkarenz dem Beruf fernblieben, wären so die jungen Frauen weniger dem Risiko ausgesetzt, bei Einstellungen diskriminiert zu werden. Dieser Punkt ist auch wichtig, um die jungen Frauen auf dem Arbeitsmarkt zu halten. Die Regeln sollten auch für LGBT^{+}-Paare gelten.
- Partnern oder Partnerinnen helfen, eine Anstellungn zu erlangen. Institutionen sollten Partner oder Partnerinnen beim Einstellungsprozess berücksichtigen. Die Hälfte der Physikerinnen hat einen Partner oder eine Partnerin mit einem ähnlichen Bildungsniveau wie sie selbst, im Gegensatz zu 20 Prozent der Physiker. Die Institutionen müssten Partner und Partnerinnen in den Selektionsprozess einbeziehen. Dies würde es vielen Frauen ermöglichen, eine Anstellung zu finden, und ihr Leben als Paar nicht zu gefährden. Dasselbe trifft auch auf LGBT^{+}-Paare zu.

Für mehr Diversität in der Wissenschaft sollten wir:

- Jungen Leuten am Anfang ihrer Laufbahn „Mentoren" bereitstellen. Diese müssten unabhängig von den Betreuern und Betreuerinnen sein, um Interessenskonflikte zu vermeiden, und sollten von ihrer Institution unterstützt werden. Die Mentoren stellen sicher, dass die Jungen gute Fortschritte machen, ausreichend finanzielle und materielle Unterstützung erhalten, an Konferenzen teilnehmen und Gelegenheit haben, ihre Ergebnisse zu präsentieren. Die Mentoren sollten die jungen Wissenschaftler und Wissenschaftlerinnen sowohl auf beruflichem als auch auf akademischem Niveau beraten. Die Mentoren sollten alle, jedoch insbesondere die Mitglieder von Minderheiten unterstützen.
- Diskussionen über Genderfragen und Diversität bei großen wissenschaftlichen Konferenzen organisieren. Männern fehlt zum Beispiel oft die Information über die besonderen Schwierigkeiten, mit denen Frauen in der Wissenschaft konfrontiert sind, und sie haben wenig Gelegenheit, darüber zu sprechen, auch wenn sie offen für diese Fragen sind. Angehörige der Mehrheit diskriminieren oft unwissentlich Personen aus Minderheitsgruppen, was durch ein Minimum an Ausbildung vermieden werden könnte.
- Spezielle Vorträge für Angehörige von Minderheitengruppen organisieren, bei denen sich die jungen Leute der wichtigen Beiträge ähnlicher Personen wie sie bewusst werden können, und sich bestärkt fühlen. Das würde ihnen auch Gelegenheit bieten, Menschen in ähnlicher Situation zu treffen, falls nötig Unterstützung zu finden und gemeinsam über die Schwierigkeiten, mit denen sie konfrontiert sind, zu sprechen. Frauengruppen, LGBT$^+$-Vereine, Verbände von schwarzen Physikern und Physikerinnen usw. sollten unterstützt und gefördert werden.

Werden Frauen gleich behandelt?

Die Anzahl der Frauen, genauer gesagt, ihr Anteil, ist nicht der einzige Indikator, der es erlaubt zu beurteilen, ob Physikerinnen gleich behandelt werden. Eine große Umfrage[39] des Amerikanischen Instituts für Physik (AIP) unter 15000 Physikern und Physikerinnen zum Vergleich der beruflichen Erfahrungen von Männern und Frauen wurde 2012 veröffentlicht. Diese große Zahl der Befragten hat den ungeheuren Vorteil, ein statistisch aussagekräftiges Bild unabhängig von persönlichen Wahrnehmungen zu geben. In der Tabelle 9.2 habe ich einen großen Teil dieser Umfrage zusammengefasst. Die Resultate sprechen für sich.

Die erste Spalte gibt die Kategorien der gestellten Fragen an. Die männlichen und weiblichen Personen, die geantwortet haben, sind in zwei Gruppen unterteilt, je nachdem, ob die Wissenschaftler aus einem mehr oder aus einem weniger entwickelten Land kommen. Für jede Gruppe findet man den Prozentsatz der Frauen und Männer, die mehrere Fragen mit Ja beantwortet haben. Ich präsentiere hier Mittelwerte für die Antworten, nachdem ich diese in breiteren Kategorien zusammengefasst habe.

Tabelle 9.2: Zusammenfassung der Resultate einer Umfrage des Amerikanischen Instituts für Physik (AIP) unter 15000 Physikern und Physikerinnen aus 130 Ländern.

Quelle: Pauline Gagnon, auf Basis von erhobenen Daten des Amerikanischen Instituts für Physik

PROZENTSÄTZE MIT ANTWORT JA	WENIGER ENTWICKELTE LÄNDER		HOCH ENTWICKELTE LÄNDER	
	Frauen	Männer	Frauen	Männer
Zugang zu beruflichen Aktivitäten	50%	62%	50%	58%
Ausreichende Ressourcen	40%	51%	48%	58%
Karriere durch Kinder beeinflusst	58%	50%	53%	41%
Übernahme von häuslichen Tätigkeiten	39%	17%	44%	24%
Weniger Herausforderungen für Eltern	27%	9%	21%	4%

39. http://www.aip.org/statistics/reports/global-survey-physicists.

Die erste Kategorie von Fragen betraf Aktivitäten wie die Teilnahme an Konferenzen, die Präsentation der Arbeiten anlässlich solcher Events oder ob man als Sprecher oder Sprecherin eingeladen wurde, im Ausland geforscht hatte, ob man redaktioneller Beirat einer spezialisierten Zeitschrift oder Mitglied eines wichtigen Komitees war, und ob man Doktoratsstudenten und -studentinnen oder eine Dissertation betreut hatte – kurz gesagt, also die Gesamtheit der Aktivitäten, die es Forschern und Forscherinnen erlauben, ihre Karriere weiterzubringen. 50 Prozent der Physikerinnen im Vergleich zu 60 Prozent der Physiker haben diese Fragen mit Ja beantwortet, egal, ob die Forscher und Forscherinnen aus weniger oder mehr entwickelten Ländern kamen.

Der gleiche Befund gilt für den Zugang zu ausreichenden Ressourcen. Egal, ob es um Büro- oder Laboratoriumsräumlichkeiten geht, um Ausrüstung, um Forschungsgelder und Reisebudget für die Teilnahme an Konferenzen oder um ausreichende Unterstützung durch technisches und administratives Personal: Diese Umfrage zeigt, dass Physikerinnen im Vergleich zu ihren männlichen Kollegen benachteiligt sind. Mehr Frauen als Männer haben geantwortet, dass ihre Karriere durch die Geburt eines Kindes beeinflusst wurde. Die Studie zeigt sogar, dass sich Männer mit Kindern begünstigt vorkommen, im Gegensatz zu Frauen, die sich eher benachteiligt sehen. Dies untermauert die Tatsache, dass Männer als Familienerhalter wahrgenommen werden. Die Frauen kümmern sich verstärkt um den Haushalt und werden weniger oft mit beruflichen Herausforderungen konfrontiert, wenn sie Mütter werden.

Diese Situation, so betrüblich sie auch ist, entwickelt sich dennoch in eine positive Richtung. Immer mehr Frauen übernehmen Posten mit hoher Verantwortung bei den Teilchenphysikexperimenten. Man kann zum Beispiel den Fall von Persis Drell anführen, die von 2007 bis 2012 das Laboratorium SLAC in Kalifornien leitete. Fabiola Gianotti (Abbildung 9.4), die von 2009 bis 2013 an der Spitze der 5 000 Personen starken ATLAS-Kollaboration stand, wurde im Januar 2016 CERN-Generaldirektorin. Sie wurde so die erste Frau, an der Spitze des größten Laboratoriums der Teilchenphysik, und die jüngste Person, die jemals diese Verantwortung übernommen hat. Young-Kee Kim war von 2006 bis 2013 ebenfalls stellvertretende Direktorin des Fermilab-Laboratoriums in der Nähe von Chicago. Aber noch bemerkenswerter ist die wesentliche Rolle, die immer mehr Frauen in allen Teilchenphysikkollaborationen spielen, indem sie am täglichen Betrieb dieser Experimente teilnehmen und auf allen Niveaus Beiträge liefern.

Abbildung 9.4: Fabiola Gianotti, ehemalige Sprecherin der ATLAS-Kollaboration während der Präsentation der Entdeckung des Higgs-Bosons am 4. Juli 2012. Dr. Gianotti wurde vom CERN-Rat zur Generaldirektorin des CERN ab Januar 2016 gewählt.
Quelle: CERN

Die LGBT⁺-Community

Statistische Untersuchungen und andere Studien erlauben es, Probleme zu identifizieren und Lösungen zu finden. Leider gibt es nicht genug Informationen über andere unterrepräsentierte Gruppen in der Physik im Allgemeinen und am CERN im Besonderen, sei es hinsichtlich Personen mit einer Behinderung oder verschiedener Rasse oder Religionen, oder in Bezug auf Mitglieder der LGBT⁺-Community. Für Letztere gibt es seit 2010 einen dynamischen und aktiven LGBT⁺-Club (Abbildungen 9.5 und 9.6), auch wenn seine Anerkennung durch CERN in seinen Anfängen auf gewisse Widerstände stieß.

Die Gemeinschaft der Physiker und Physikerinnen ist jedoch normalerweise offen, wenn auch manchmal über diese Themen wenig informiert. Bedauerlicherweise werden trotzdem regelmäßig Plakate der LGBT⁺-Gruppe abgenommen oder mutwillig beschädigt. Diese Engstirnigkeit gewisser Personen hat zur Folge, dass die Gruppe isoliert wird anstatt sich zu entfalten. Mehrere Angestellte des CERN wagen es noch immer nicht, sich öffentlich als LGBT⁺-Mitglied zu deklarieren, da sie fürchten, in ihrem Arbeitsumfeld

Abbildung 9.5: Einige Mitglieder der LGBT⁺-Gruppe des CERN anlässlich der Dreharbeiten für ein Video mit dem Titel „Es wird besser", das sich an junge Menschen sexueller Minderheiten richtet. Ich bin in der Mitte der ersten Reihe zu sehen.

Quelle: Yury Gavrikov

Abbildung 9.6 Einige Mitglieder, Freunde und Freundinnen der LGBT⁺-Gruppe des CERN beim Besuch der ATLAS-Kaverne.

Quelle: Yury Gavrikov

ausgegrenzt oder schief angesehen zu werden. Trotz allem nehmen ungefähr 60 Personen an den Aktivitäten der LGBT⁺-Gruppe teil.

Die Wissenschaftler und Wissenschaftlerinnen der diversen CERN-Experimente stellen ihre Ergebnisse bei internationalen Konferenzen vor. Diese Veranstaltungen sind wesentlich, um über die neuesten Entwicklungen auf dem Laufenden zu bleiben und sich einen Namen zu machen. Es ist deshalb besonders wichtig, dass diese Treffen in Ländern stattfinden, in denen die physische Unversehrtheit und die Sicherheit von LGBT⁺- Mitgliedern nicht bedroht sind.

Die LGBT⁺-Wissenschaftler und -Wissenschaftlerinnen sind im Zusammenhang mit ihrer Arbeit mit vielerlei Schwierigkeiten konfrontiert. Die Institute der verschiedenen Länder entsenden Mitglieder ihres Personals oft für viele Jahre zum CERN. Für die Mitglieder der LGBT⁺-Community muss sichergestellt sein, dass ihre Partner ein Visum für die Dauer ihres Aufenthalts bekommen. Wenn das nicht der Fall ist, sind die auferlegten Opfer enorm, sowohl vom emotionellen als auch vom finanziellen Standpunkt aus betrachtet. Dies beeinflusst unausweichlich die Leistungsfähigkeit der betroffenen Personen. Der Großteil der Institute und CERN zahlen auch eine Zulage für Paare und Familien. Diese Entschädigungen müssen allen angeboten werden, nicht nur aufgrund einer Ehe, da dieses Privileg Partnern gleichen Geschlechts nur in einigen wenigen Ländern vorbehalten ist. Auch wenn die beiden Gastländer des CERN, Frankreich und die Schweiz, Verbindungen zwischen gleichgeschlechtlichen Partnern anerkennen, ist die Situation anderer Staatsbürger weiterhin komplexer.

Das größte Problem bleibt jedoch die Homophobie und die Akzeptanz im Allgemeinen. Es ist schwierig, sich in seiner Arbeitsgruppe gut zu integrieren, wenn man bei der simplen Erwähnung seines Partners oder seiner Partnerin Unbehagen empfindet oder wenn man bei der Bewerbung Diskriminierung fürchtet. Dieser letzte Punkt ist besonders wichtig, denn eine große Anzahl von Forschern und Forscherinnen am CERN besitzt keine Langzeitverträge. Glücklicherweise entwickeln sich die Mentalitäten wie überall weiter. Eine der wirksamsten Waffen gegen Homophobie ist es sich bei der Arbeit zu outen. Personen, deren hohe professionelle Wertschätzung etabliert ist, können somit Jüngere stark unterstützen. Wenn sich niemand versteckt, heißt das, dass es nichts zu verstecken gibt. Da die Homophobie oft von der Angst vor dem Anderssein und dem Unbekannten kommt, erlaubt es ein Outing, diese Befürchtungen zu zerstreuen.

Diversität in Bezug auf Rasse

Und wie steht es am CERN mit der Diversität in Bezug auf Rasse? Die Abbildungen 9.7 und 9.8 vermitteln einen Eindruck. Ich habe die Wissenschaftler und Wissenschaftlerinnen des CERN gemäß ihrer Nationalität in fünf große Regionen eingeteilt, die den fünf Kontinenten entsprechen. Am 1. September 2014 kamen 72 Prozent der User aus Europa. Es gab auch mehr Wissenschaftler aus asiatischen Ländern (13 Prozent) als aus Nordamerika (11 Prozent). Südamerika schlug mit 2 Prozent zu Buche, während Afrika magere 0,7 Prozent beisteuerte (Abbildung 9.9). Die Prozentsätze in den Diagrammen geben den Anteil der Frauen in jeder Region an.

Natürlich wurde CERN von europäischen Staaten gegründet, und seine Mitgliedsländer sind bis heute im Wesentlichen europäische Länder (außer Israel). Daher dominieren Bürger und Bürgerinnen dieses Kontinents. CERN übernimmt jedoch immer mehr eine internationale Führungsrolle in der Teilchenphysik. Man sieht im Übrigen auf diesen beiden Diagrammen, dass die Öffnung des CERN für andere Länder und die begonnenen Bemühungen, mehr Physiker und Physikerinnen aus anderen Kontinenten anzuwerben, beginnen Früchte zu tragen. Die jüngsten in Europa, in Asien und in Nordamerika getroffenen Entscheidungen, Ressourcen zusammenzulegen und die Teilchenphysik zu einer koordinierten internationalen Unternehmung zu machen, gehen ebenfalls in diese Richtung.

Über sein Sommerprogramm bietet CERN jungen Menschen aller Nationalitäten auch die Möglichkeit, an diversen Forschungsarbeiten des Laboratoriums und gleichzeitig an einer Reihe von Lehrveranstaltungen teilzunehmen. Die Anzahl der zur Verfügung stehenden Plätze für Angehörige von Nichtmitgliedsländern ist jedoch beschränkt. Weiters kann man auch das Fehlen von Rollenvorbildern bedauern. Zum Beispiel wurden zwischen 2010 und 2013 nur 14 Prozent der Kurse von Frauen abgehalten, obwohl 33 Prozent der Teilnehmer Frauen waren. Die anderen Minderheiten waren ebenfalls unterrepräsentiert.

Basierend auf den CERN-Usern, die heute jünger als 35 Jahre alt sind, illustriert Abbildung 9.8 die Tendenz für die kommenden Jahre. Sie zeigt, dass sich die Zusammensetzung der Wissenschaftler ändert. Man kann die Hypothese aufstellen, dass man weniger Europäer und mehr Asiaten in den nächsten Jahren finden wird. Der Anteil von Afrikanern und Afrikanerinnen wird sich ebenso erhöhen, da die Hälfte junge Menschen sind.

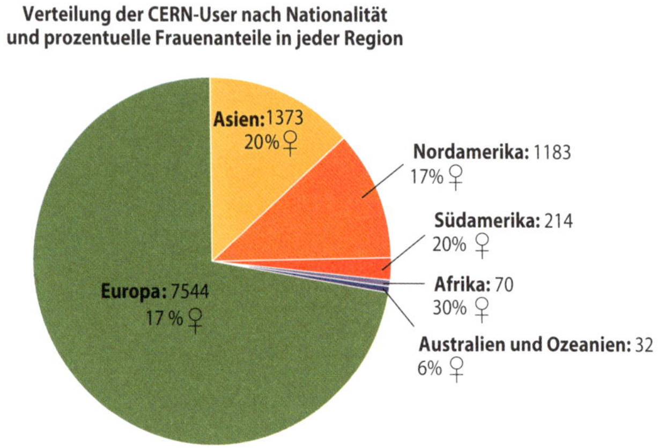

Abbildung 9.7: Verteilung der CERN-User nach Staatszugehörigkeit, und Prozentsatz an Frauen in jeder Region.

Quelle: Pauline Gagnon, auf der Basis von CERN-Daten vom 1. September 2014

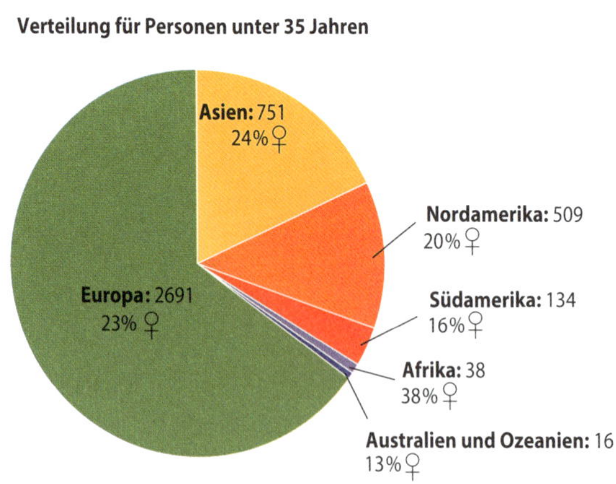

Abbildung 9.8: Verteilung der CERN-User unter 35 Jahren, entsprechend Abbildung 9.7.

Quelle: Pauline Gagnon, auf der Basis von CERN-Daten vom 1. September 2014

Abbildung 9.9: Zur Verbesserung der Qualität der höheren Bildung in Afrika und zur Erleichterung des Zugangs für eine größere Zahl von Studenten und Studentinnen mitbegründete der Physiker Kétévi Assamagan von ATLAS (Dritter von rechts) die African School of Fundamental Physics (ASP). Man sieht ihn hier mit einigen der 56 Personen, die daran im Jahr 2014 in Dakar in Senegal teilgenommen haben.

Quelle: ASP 2014

Die Frauen und der Nobelpreis für Physik

Die Geschichte hat es nicht gut mit den Frauen in der Wissenschaft gemeint, und die Zuerkennung der Nobelpreise macht hier keine Ausnahme. Marie Curie, Maria Göppert-Mayer und Donna Strickland sind bis heute die einzigen Frauen, die einen Nobelpreis für Physik erhalten haben. Madame Curie ist auch die einzige Person, die zwei Nobelpreise in zwei verschiedenen Disziplinen bekommen hat, nämlich in Physik und in Chemie. Es gibt leider zwei tragische Fälle, in denen die Frauen ungerechterweise übergangen worden waren, sowie einige andere, die umstrittener sind. Es folgen hier einige Beispiele.

Die Geschichte von Lise Meitner ist vermutlich einer der frappierendsten Fälle von Ungerechtigkeit. Sie war eine österreichische Physikerin jüdischer Herkunft, die 1878 in Österreich geboren wurde. 1906 erlangte sie ihr Physikdoktorat an der Universität Wien. Da zu dieser Zeit in Österreich

Frauen keine akademischen Posten bekleiden durften, ging sie 1907 nach Berlin und begann eine Zusammenarbeit mit dem Chemiker Otto Hahn, die 30 Jahre andauerte. 1917 wurde sie zur Leiterin eines physikalischen Laboratoriums ernannt. Diese Stelle hatte sie bis Juli 1938 inne.Da sie Jüdin war, musste sie dann ins Exil nach Schweden gehen.

Trotz allem konnte sie Otto Hahn im November 1938 heimlich treffen, um mit ihm die Weiterführung ihrer Experimente zu besprechen. Otto Hahn führte sie mit einem anderen Mitarbeiter durch, und sie publizierten ihre Ergebnisse wenig später. Jedoch durfte unter dem Naziregime der Name Lise Meitners in dem Artikel nicht aufscheinen. Dies führte dazu, dass das Nobelkomitee den Nobelpreis für Chemie Otto Hahn 1944 alleine zusprach. Kurz nach der Entdeckung der Kernspaltung wurden sich mehrere Wissenschaftler ihrer militärischen Verwendbarkeit bewusst. Als Lise Meitner eingeladen wurde, am Manhattanprojekt in Los Alamos mitzuarbeiten, das zum Bau der Atombombe führen sollte, weigerte sie sich, indem sie sagte, sie wolle nichts mit einer Bombe zu tun haben. Ihre Beiträge sind trotzdem von der wissenschaftlichen Gemeinschaft anerkannt. Die höchste Auszeichnung des Ausschusses für Kernphysik der Europäischen Physikalischen Gesellschaft (EPS) trägt heute ihren Namen: die Lise-Meitner-Medaille.

In jüngerer Zeit wurde auch Jocelyn Bell-Burnell vom Nobelkomitee ignoriert. Sie wurde 1943 in Nordirland geboren und erlangte 1969 ein Doktorat der Universität Cambridge in Astronomie. Bell-Burnell arbeitete am Bau eines Radioteleskops zum Studium von Quasaren mit, jenen sehr energiereichen Objekten, die Radiowellen und sichtbares Licht aussenden. Die Astronomin bemerkte, dass das Radiosignal pulsierte und beschloss – trotz des mangelnden Interesses ihres Dissertationsbetreuers Antony Hewish – die Quelle dieser Pulsation tiefgehender zu untersuchen. Er fand, dass sie ihre Zeit vergeudete und es sich zweifellos um Interferenzen oder eine Störung aus einer Quelle aus Menschenhand handelte.

Dank ihres Durchhaltevermögens entdeckte sie immerhin die Existenz der *Pulsare* zu entdecken – Neutronensterne, die pulsierende Signale aussenden. Trotz allem bekamen für diese Entdeckung 1974 nur Antony Hewish und Martin Reyl, ein weiteres Mitglied ihres Teams, den Nobelpreis für Physik, was bei zahlreichen Astronomen und Astronominnen Empörung auslöste. Die Tatsache dass sie noch Studentin war, könnte ein entscheidender Faktor gegen sie gewesen sein. Wenn dies tatsächlich zutraf, hat sich die Haltung des Nobelkomitees in dieser Hinsicht inzwischen geändert. 2010 bekamen nämlich Konstantin Novoselov und sein Dissertationsbetreuer André Geim beide gemeinsam für ihre Entdeckung des Graphen den Nobelpreis für Physik.

Der Fall von Mileva Marić Einstein, der ersten Gattin Albert Einsteins, ist viel kontroversieller, denn es gibt nur Indizien. Seit den 1960er-Jahren gab es nach der Veröffentlichung der ersten Biografien von Mileva und Albert Zweifel. Diese Bücher stützen sich auf mehrere Zeugenaussagen nahestehender Personen, denn es gab damals wenige oder gar keine schriftlichen Dokumente aus der Feder von Albert Einstein oder Mileva Marić.

Seitdem hat ihr Sohn Hans Albert eine Schachtel entdeckt, die seiner Mutter gehörte und die einen Teil der Korrespondenz zwischen seinen Eltern enthielt. Das gesamte Material wurde 1987 veröffentlicht, und es kamen zahlreiche Dinge zum Vorschein, die nahelegen, dass zwischen den Eheleuten eine wissenschaftliche Zusammenarbeit bestand. 2006 wurden dann die Archive mit den persönlichen Dokumenten von Albert Einstein der Periode zwischen 1921 und 1955, die an der Hebräischen Universität Jerusalem lagern, für die Forscher und Forscherinnen geöffnet. Das Paar soll gemeinsam an verschiedenen Themen gearbeitet haben, inklusive der Relativitätstheorie und dem photoelektrischen Effekt. Diese beiden Arbeiten brachten Albert Einstein alleine den Nobelpreis für Physik 1921 ein. Der 1919 aufgesetzte Scheidungsvertrag legte jedoch fest, dass Einstein das gesamte Preisgeld Mileva übergeben müsste, falls er den Nobelpreis später tatsächlich erhalten würde. Er sollte den Ruhm haben, sie das Geld.

Aufgrund der Kontroverse um die wissenschaftlichen Beiträge von Mileva Marić Einstein zu den Arbeiten ihres Mannes verweise ich Sie auf den Anhang am Ende des Buches, in dem ich die wichtigsten Fakten und einige Meinungen gesammelt habe, die es Ihnen erlauben werden, Ihre eigenen Schlussfolgerungen zu ziehen.

Die Mentalitäten haben sich seit dieser Zeit weiterentwickelt. Man kann nur hoffen, dass sich solche Fälle nicht nochmals zutragen werden.

Merkzettel

Wir sind noch weit entfernt von einer wirklichen Diversität oder von der Gleichheit zwischen Mann und Frau in der Teilchenphysik, obwohl sich die Lage im positiven Sinne entwickelt. Wenn dieser Trend anhält, sollte ein besseres Gleichgewicht in allen Bereichen ungefähr 2798 erreicht sein... Es gibt jedoch sehr wohl kleine, leicht herbeizuführende Veränderungen, die es erlauben werden, eine größere Anzahl vielfältigster Personen in die Wissenschaft zu bringen und sie zu halten. Denn Diversität ist synonym mit Kreativität, und die Wissenschaft kann durch sie nur gewinnen. Durch seine Stellung als wissenschaftliches Exzellenzzentrum hat CERN die Möglichkeit und die moralische Verpflichtung, ein Beispiel auf allen Ebenen zu setzen.

KAPITEL 10

Was könnten die nächsten großen Entdeckungen sein?

Ich bin weder Hellseherin noch besonders begabt für langfristige Vorhersagen, aber ich erwarte mir wie die meisten Physiker und Physikerinnen schnelle und sogar eventuell revolutionäre Entwicklungen in den nächsten zehn oder zwanzig Jahren. Die Geschichte hat gezeigt, dass es jedes Mal, wenn Beschleunigerenergien erhöht wurden, spektakuläre Fortschritte gab.

Schon die erste Datennahmeperiode, bezeichnet mit *Run I*, am großen Hadronbeschleuniger (LHC) war mit der Entdeckung des Higgs-Bosons von Erfolg gekrönt, obwohl die Maschine bei niedrigerer Energie (8 TeV) als ursprünglich geplant arbeitete. Seit der Wiederaufnahme des Betriebs Anfang 2015 mit höherer Energie (13 TeV) und höherer Intensität sind hohe Erwartungen durchaus berechtigt. Was könnte also in den nächsten Jahren am ehesten entdeckt werden?

Schon beim Jahresabschlussseminar im Dezember 2015 präsentierten die Kollaborationen CMS und ATLAS beide eine Handvoll mysteriöser Ereignisse, die auf ein neues Boson mit einer Masse von etwa 750 GeV, also sechsmal der Masse des Higgs-Bosons, hindeuten könnten. Aufgrund von Komplikationen, die mit der Wiederaufnahme des LHC-Betriebs bei höherer Energie zusammenhingen, war der bei 13 TeV genommene Datensatz 2015 fünf- bis siebenmal kleiner als der 2012 von ATLAS und CMS bei 8 TeV aufgezeichnete. Das erklärt die äußerste Vorsicht, mit der die Experimentatoren und Experimentatorinnen diese Resultate vorgestellt haben. Kleine Datenmengen ziehen nämlich immer große statistische Schwankungen nach sich. Theoretiker und Theoretikerinnen, die seit Jahrzehnten ungeduldig auf die ersten Anzeichen für eine neue Physik gewartet hatten, sprangen jedoch sofort auf den Zug auf. Bis Ende August 2016, waren 554 theoretische Artikel erschienen, die ebenso viele mögliche Interpretationen für das neue Teilchen vorschlugen, obwohl es noch nicht einmal wirklich entdeckt war. Der Effekt verschwand jedoch im Sommer 2016, als mehr Daten zur Verfügung standen und somit klar wurde, dass es sich um eine statistische Fluktuation gehandelt hatte.

Die ganze Aufregung zeigt deutlich, wie sehr die Physiker und Physikerinnen eine größere Entdeckung in den nächsten Jahren herbeisehnen. Es hätte sich leicht so abspielen können wie beim Higgs-Boson. Dessen Entdeckung wurde offiziell im Juli 2012, nachdem genügend Daten vorlagen, bekanntgegeben, es hatte aber bereits ein Jahr vorher Zeichen seiner Existenz verraten. Anfang 2016 gab es aber noch keine ausreichenden Datenmengen, um eine präzise Aussage treffen zu können. Wenn zu wenige Daten vorliegen, ist es so, wie wenn wir versuchen zu erraten, ob ein Zug kommt, wenn wir an einem nebeligen Tag weit in die Ferne schauen. Wir müssen warten, bis sich der Zug nähert, um zu sehen, ob die diffuse, kaum sichtbare Form am Horizont der ersehnte Zug oder nur eine Fata Morgana ist.

Was sind also die wahrscheinlichsten Entdeckungen der kommenden Jahre?

1. Vorhersage: Entdeckung der Supersymmetrie

Die am ehesten erwartete Entdeckung ist wahrscheinlich jene der Supersymmetrie. Eine ganze Reihe von Möglichkeiten hat sich mit der Wiederaufnahme des Betriebs des LHCs eröffnet, da dieser jetzt mehr Kollisionen und solche mit höherer Energie liefert. Mehr Kollisionen bedeutet, dass die Experimente mehr Daten aufzeichnen können, was die Chancen erhöht, seltenere Phänomene zu entdecken. Der Betrieb bei höherer Energie hat zwei Hauptvorteile. Erstens erhöht sich die Wahrscheinlichkeit, schwerere Teilchen zu erzeugen und somit neue Teilchen zu finden. Zweites kann man bei höherer Energie eine größere Zahl von supersymmetrischen Teilchen erzeugen, falls sie überhaupt existieren. Man gewinnt also an zwei Fronten, einerseits durch die Vergrößerung der Datenmenge und andererseits durch die Erhöhung des Entdeckungspotenzials.

Der erste technische Stopp 2013 bis 2014 diente nicht nur dazu, nach drei Jahren Betrieb größere Wartungsarbeiten durchzuführen, sondern auch um ein gewaltiges Konsolidierungsprogramm auf die Beine zu stellen, dessen Details Sie Abbildung 10.1 entnehmen können. So kann der LHC seine „Reisegeschwindigkeit" erreichen und mit nominaler Energie und nominaler Luminosität arbeiten, das heißt mit der ursprünglich vorgesehenen Intensität der Strahlen. Die *Luminosität* gibt die Anzahl der Protonen an, die man in den Strahlen pro Quadratzentimeter und pro Sekunde findet. Je dichter die Strahlen sind, desto höher ist die Wahrscheinlichkeit, dass Kollisionen stattfinden.

Die Strategie des LHC für die nächsten 20 Jahre

Während der ersten Datennahmeperiode (*Run I* genannt) zeichneten die Experimente CMS und ATLAS je 25 fb^{-1} an Daten bei Energien von 7 und 8 TeV auf, wobei das inverse Femtobarn die Einheit für die akkumulierte Datenmenge ist. Dies entspricht ungefähr 2,5 Millionenmilliarden von Ereignissen[40]. Der LHC nahm seinen Betrieb im Frühling 2015 mit höherer Energie für eine zweite Datennahmeperiode (genannt *Run II*) nach einem längeren technischen Stopp (bezeichnet als Long Shutdown, abgekürzt LS1) wieder auf (Abbildung 10.1). Bis Dezember 2015 war das von ATLAS und CMS aufgezeichnete Datenvolumen sehr bescheiden, kaum einige inverse Femtobarn bei 13 TeV Energie. Run II dauerte bis Ende 2018 und lieferte etwa sechsmal so viele Daten wie Run I, also 150 fb^{-1}. Die weitere Strategie besteht darin, Datennahme- und Wartungsperioden während der nächsten 20 Jahre abzuwechseln. Der Datensatz sollte zwischen 2021 und 2023 im Run III auf 300 fb^{-1} anwachsen und am Ende von Run IV um das Jahr 2037 schließlich 3000 fb^{-1} erreichen. Es werden also genug Daten für alle Ansprüche vorhanden sein.

Warum lässt man den Beschleuniger nicht ständig in Betrieb, sodass möglichst viele Ereignisse aufgezeichnet werden? Man hat vielmehr die Strategie gewählt, die Maschine ungefähr drei Jahre lang ohne Unterbrechung laufen zu lassen und danach einen längeren technischen Stopp von etwa zwei Jahren vorzusehen, um dabei jedes Mal die Leistung des Beschleunigers zu vergrößern und die unvermeidlichen Wartungsarbeiten durchzuführen. Die Experimente nützen ebenfalls die Gelegenheit, beschädigte Subdetektoren zu ersetzen oder, wenn möglich, zu reparieren oder überhaupt bessere Detektoren zu installieren.

Jede Pause gibt auch den Experimentatoren und Experimentatorinnen die Gelegenheit, die Analyse der während der vorhergehenden Betriebsperiode gewonnenen Daten zu vervollständigen und die nötigen Vorbe-

40. Wie wir im Kapitel 3 gesehen haben, entspricht ein Ereignis einem Bild, das der Detektor bei einer Kollision von zwei Protonen im LHC aufgezeichnet hat. Ein Ereignis ist also quasi ein Foto, das der Detektor gemacht hat. Es zeigt, welchen Weg alle Fragmente der Teilchen genommen haben, die aus der bei diesen Kollisionen frei werdenden Energie entstanden sind.

Abbildung 10.1: Ein Teil der Technikerbelegschaft, die an der Konsolidierung des LHC während des ersten langen technischen Stopps 2013 – 2014 mitgearbeitet hat, nachdem 1695 Abschnitte des Beschleunigers geöffnet worden waren. Diese aufwendigen Arbeiten erlaubten es dem Beschleuniger, 2015 eine Energie von 13 TeV zu erreichen, also fast das Doppelte der Energie von 8 TeV im Jahr 2012.
Quelle: CERN

reitungen für die nächste Etappe zu treffen. Man muss zum Beispiel eine unglaubliche Anzahl von Ereignissen simulieren, die den neuen Betriebsbedingungen entsprechen und es erlauben, die Auswahlkriterien für die verschiedenen Analysen festzulegen.

Von 2010 bis 2012 lief der Beschleuniger bei etwa 75 Prozent der geplanten Luminosität und bei niedrigerer Energie, nämlich 8 TeV statt 14 TeV. Diese Leistungsverringerung war notwendig, um einen zweiten Zwischenfall wie jenen zu vermeiden, der den Beschleuniger nur zehn Tage nach seinem Start 2008 stark beschädigte und eine Betriebsunterbrechung von zwei Jahren zur Folge hatte. Der erste längere technische Stopp diente dann hauptsächlich dazu, die Verbindungen zwischen den supraleitenden Magneten (Grund des Störfalls 2008) zu verstärken (Abbildung 10.2), wodurch die Maschine ab 2015 bei einer Energie von 13 TeV betrieben werden konnte. Zwei weitere längere technische Stopps sind auch in den kommenden Jahren geplant, um die Energie des Beschleunigers weiter zu erhöhen und mehr Daten zu produzieren.

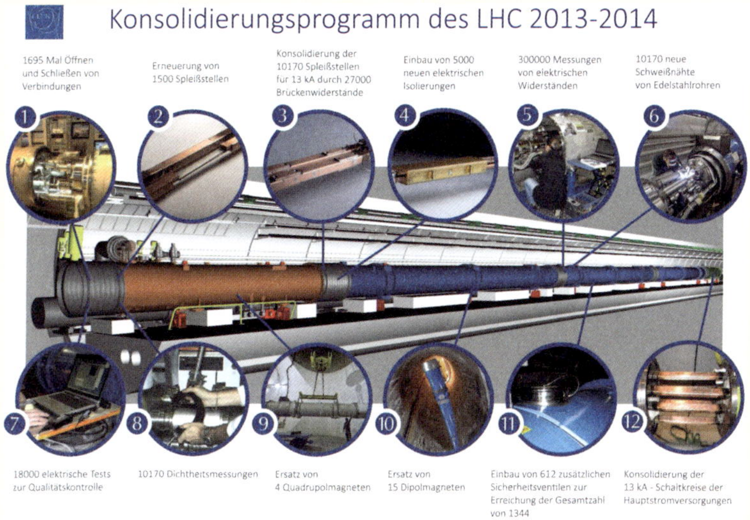

Abbildung 10.2: Details der wichtigsten Arbeiten des LHC-Konsolidierungsprogramms 2013 bis 2014.
Quelle: CERN

Wenn die Supersymmetrie tatsächlich die neue Physik ist, also die Physik der Phänomene, die über das Standardmodell hinausgehen, kann man sich am Ende des LHC-Programms während der vierten und vermutlich letzten Betriebsperiode, *Run IV* (siehe Infobox), beruhigt zurücklehnen. Diese letzte Phase, genannt HL-LHC (High Luminosity LHC) sollte etwa von 2027 bis 2037 dauern. Wie wir im Kapitel 6 gesehen haben, schlossen die Experimente ATLAS und CMS bereits viele Möglichkeiten für die Massen der verschiedenen supersymmetrischen Teilchen aus, indem sie Hunderte Szenarien studierten. Wenn sie existieren und nicht zu schwer sind, könnten wir bald nicht nur verschiedene Szenarien ausschließen, sondern über die Entdeckung der ersten supersymmetrischen Teilchen jubeln.

Falls nichts entdeckt wird, wird man trotzdem die Genugtuung haben, überall, wo es möglich war, gesucht zu haben. Die Abbildungen 10.3 und 10.4 zeigen, was in den nächsten 20 Jahren ausgeschlossen werden könnte, wenn kein einziges supersymmetrisches Teilchen gefunden wird. Diese Vorhersagen stützen sich auf existierende Ausschlussgrenzen für die verschiedenen SUSY-Teilchen, wie sie von der CMS-Kollaboration bestimmt wurden, unter der Annahme, dass die Leistungsfähigkeit der Detektoren in der Zukunft ähnlich wie heute sein wird. Die Extrapolationen stimmen auch mit den Ergebnissen detaillierterer Simulationen überein. Das ATLAS-Experiment sollte ähnliche Resultate erzielen und somit eine unabhängige Bestätigung liefern.

Die vertikale Achse der beiden Diagramme zeigt die mögliche Masse des leichtesten supersymmetrischen Teilchens (im Allgemeinen, das leichteste *Neutralino*) – jenes Teilchens, das die Eigenschaften der dunklen Materie hat. Die horizontale Achse zeigt die Masse eines anderen, schwereren supersymmetrischen Teilchens, das am LHC erzeugt werden könnte und in das leichteste supersymmetrische Teilchen zerfallen müsste.

Drei Szenarien werden in Betracht gezogen, je nachdem, ob das leichteste Teilchen vom Zerfall eines *Stop* (rote Linie), eines *Sleptons* (blaue Linie) oder eines *Charginos* (schwarze Linie) herrührt. Die Bereiche unterhalb der Linien sind für diese drei Teilchen bereits ausgeschlossen. Nur Werte im gelben Bereich sind überhaupt erlaubt, denn das leichteste Teilchen muss per Definition leichter als das betrachtete zerfallende Teilchen sein. Diese Diagramme wurden unter der Annahme generiert, dass die untersuchten Teilchen (*Stop, Slepton, Chargino* oder *Neutralino*) immer so zerfallen, dass das leichteste SUSY-Teilchen erzeugt wird.

Abbildung 10.3 zeigt, was bereits während der ersten Datennahmeperiode (Run I), die im Dezember 2012 endete, erreicht worden war. Die rote Kurve zeigt, dass ein Stop mit einer Masse bis zu 600 GeV (die fünffache Masse des Higgs-Bosons) bereits ausgeschlossen worden war, wenn das leichteste supersymmetrische Teilchen eine geringere Masse als 250 GeV hat. Die blauen und schwarzen Linien zeigen die ausgeschlossenen Bereiche für Sleptonen und Charginos.

Die strichlierten Linien in Abbildung 10.4 zeigen, welche Bereiche bis zum Ende der letzten Datennahmeperiode (Run IV), also in etwa 20 Jahren ausgeschlossen sein werden, wenn man ungefähr 150 mal mehr Daten bei nahezu doppelter Energie im Vergleich zur ersten Betriebsperiode zur Verfügung hat. Wenn SUSY bis dahin noch nicht entdeckt ist, werden somit viel

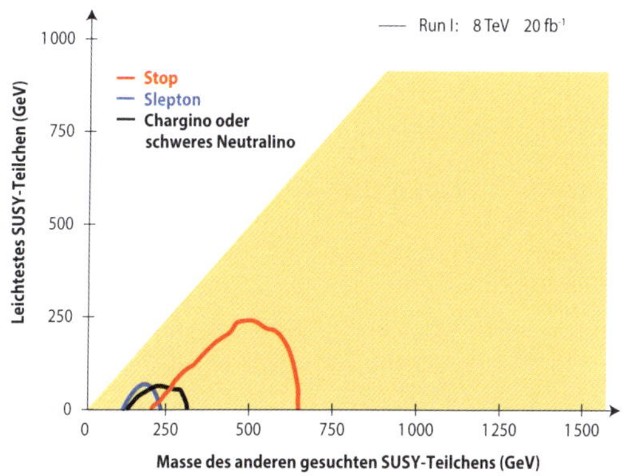

Abbildung 10.3: Bereits ausgeschlossene Massenwerte für das leichteste supersymmetrische Teilchen nach Analyse aller Daten bei 8 TeV, die bis 2012 vom CMS-Experiment aufgezeichnet worden waren. Drei verschiedene Szenarien wurden angenommen, je nachdem, welches der supersymmetrischen Teilchen sich als das leichteste herausstellte: das *Stop*, das *Slepton*, das *Chargino*, oder das *Neutralino*.

Quelle: Oliver Buchmüller

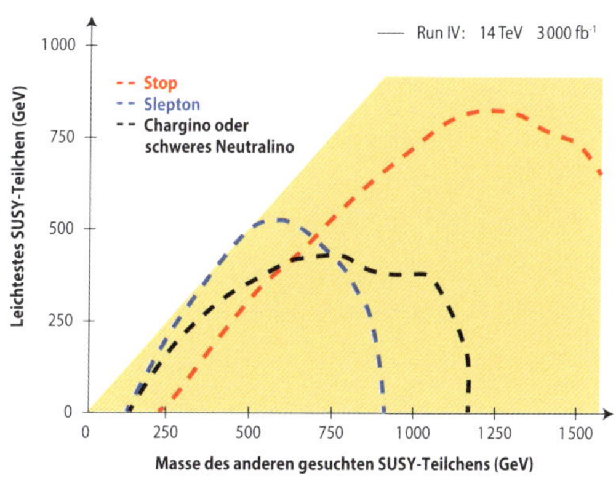

Abbildung 10.4: Vorhersage des CMS-Experiments, welche Massenwerte für das leichteste supersymmetrische Teilchen nach Analyse aller Daten bei 13 oder 14 TeV bis Ende des LHC-Betriebs circa 2037 ausgeschlossen sein werden. Drei verschiedene Szenarien wurden angenommen, je nachdem, welches der supersymmetrischen Teilchen sich als das leichteste herausstellte: das *Stop*, das *Slepton*, das *Chargino*, oder das *Neutralino*.

Quelle: Oliver Buchmüller

größere Bereiche möglicher Massenwerte für diese Art von supersymmetrischen Teilchen ausgeschlossen sein. Die Theoretiker und Theoretikerinnen werden viel mehr Information haben, um ihre Theorien einzugrenzen. Dies wird es ihnen erlauben, ihre Forschungen in die richtige Richtung zu lenken.

2. Vorhersage: Genaues Verständnis des Higgs-Bosons

Der enorme Zuwachs an experimentellen Daten wird die Genauigkeit der durchgeführten Messungen erhöhen. Es wird dann viel leichter sein, alle Eigenschaften des Higgs-Bosons bis in die kleinsten Details zu studieren und zu prüfen, ob seine Eigenschaften mit den theoretischen Voraussagen übereinstimmen oder ob man viel mehr beginnt, Abweichungen von den Vorhersagen des Standardmodells zu beobachten. Die aktuellen Messungen in den verschiedenen Erzeugungs- und Zerfallskanälen des Higgs-Bosons haben eine Unsicherheit von 25 bis 30 Prozent. Diese Unsicherheit wird auf etwa 5 Prozent am Ende der letzten Datennahmeperiode im Jahr 2037 sinken. Man wird dann also viel mehr über dieses kleine Boson wissen als heute.

Bei höherer Energie steigt die Wahrscheinlichkeit, dass schwerere Higgs-Bosonen, wie sie die Supersymmetrie vorhersagt, erzeugt werden. Schon jetzt sollten genügend Ereignisse zur Verfügung stehen, um festzustellen, ob es sie gibt oder nicht. Man kann dann für viele SUSY-Modelle die Existenz von Higgs-Bosonen mit einer Masse bis 1000 GeV (oder ein 1 TeV) ausschließen, was also der achtfachen Masse des bis jetzt gefundenen Higgs-Bosons entspricht. Dies wird es ermöglichen, Modelle, die supersymmetrische Higgs-Bosonen mit Massen unter 1 TeV vorhersagen, einzuschränken oder auszuschließen. Mit anderen Worten: Das Bild wird immer klarer werden.

Tabelle 10.1 fasst die Betriebsparameter des LHCs für die verschiedenen Datennahmeperioden zusammen und gibt einen Eindruck, was bis 2035 erreicht werden kann.

Alle diese Ereignisse werden extrem nützlich sein, denn es sind noch immer unzählige Fragen über das 2012 entdeckte Higgs-Boson unbeantwortet. Ist es ein zusammengesetztes Teilchen oder ein fundamentales? Ist es das einzige Higgs-Boson oder gibt es weitere? Ist es das erste supersymmetrische Teilchen, das entdeckt wurde? Ist es für den Unterschied zwischen Materie und Antimaterie verantwortlich? Hat es die Phase der Inflation des Universums ausgelöst? All diese Fragen benötigen zur Beantwortung eine riesige Anzahl von

Tabelle 10.1: Aktuelle und zukünftige Datennahmeparameter des LHCs. Das inverse Femtobarn (fb^{-1}) ist eine Einheit zur Messung des von den Experimenten aufgezeichneten Datenvolumens. Die Zahlenwerte in den letzten beiden Reihen gelten pro Experiment.

	RUN I	RUN II	RUN III	RUN IV
Datennahmeperiode	2010 – 2013	2015 – 2018	2021 – 2023	2027 – 2037
Gespeicherte Daten (fb^{-1})	25	150	300	3000
Kollisionsenergie (TeV)	7–8	13	14	14
Anzahl der erzeugten Higgs-Bosonen	660 000	6 Millionen	17 Millionen	170 Millionen
Anzahl der aufgezeichneten Higgs-Bosonen	2500	15 000	45 000	450 000

Higgs-Bosonen. Nur wenn man genügend davon hat, wird man eine Chance haben, einige davon zu beantworten.

3. Vorhersage: Die erste Abweichung vom Standardmodell

Alle vom Standardmodell vorhergesagten Teilchen wurden gefunden. Die Entdeckung eines neuen Bosons oder jedes anderen neuen Teilchens würde sofort bedeuten, dass es eine Theorie geben muss, die über das Standardmodell hinausgeht. Man könnte das auch auf indirektere Art und Weise herausfinden, indem man einen von den Vorhersagen des Standardmodells leicht abweichenden Wert eines bestimmten Parameters misst. Genau deshalb interessieren sich die drei LHC-Experimente CMS, ATLAS und LHCb, das darauf spezialisiert ist, alle für Präzisionsmessungen von schweren Quarks wie das *b*-Quark. Die Forscher und Forscherinnen richten ihre Aufmerksamkeit besonders auf den Unterschied zwischen Materie und Antimaterie. Durch das Studium der *b*-Quarks und ihrer Spiegelteilchen, der *b*-Antiquarks, versuchen sie zu verstehen, warum die Antimaterie praktisch aus dem Universum verschwunden ist, obwohl alle im Laboratorium erzielten Resultate darauf schließen lassen, dass zum Zeitpunkt des Urknalls beide zu gleichen Teilen erzeugt worden sein müssten. Eine der vielversprechendsten Methoden, jedwede Anomalie aufzuspüren, ist die Untersuchung der seltensten Zerfälle. Selbst kleinste Abweichungen würden so sichtbar werden. Bis dato haben sich aber die Vorhersagen des Standardmodells als exakt herausgestellt, für bestimmte Messungen bis auf die 9. Kommastelle genau. Dazu mussten Milliarden von Ereignissen untersucht werden.

Die enormen Datenmengen der kommenden Jahre werden es erlauben, Untersuchungen mit bisher noch nie erreichter Genauigkeit durchzuführen. Früher oder später müsste es gelingen, eine Bresche ins Standardmodell zu schlagen. Die Entdeckung einer solchen Abweichung würde die Theoretiker und Theoretikerinnen auf die richtige Spur bringen und es erlauben zu verstehen, wie die neue Physik aussieht. Es geht nämlich nichts über experimentelle Evidenz, um die Theorien in die richtige Richtung zu lenken.

4. Vorhersage: Licht in die dunkle Materie

Die Suche nach direkten Beweisen für die Existenz der dunklen Materie ist zweifellos eines der Gebiete, das in der nächsten Dekade einen großen Aufschwung nehmen wird. Allein ihre Entdeckung würde die Teilchenphysik und die Kosmologie völlig revolutionieren. In nur drei Jahrzehnten der Suche ist es Forschern und Forscherinnen gelungen, die Grenzwerte für die Wahrscheinlichkeit von Wechselwirkungen zwischen WIMPs, den hypothetischen Teilchen der dunklen Materie, und normaler Materie auf 100 000 mal kleinere Werte zu bringen als jene, die vor 30 Jahren bekannt waren.

Man sieht auch immer mehr, dass sich große Kollaborationen für die Suche nach dunkler Materie bilden. Diese Zusammenarbeit erlaubt es, sowohl finanzielle als auch wissenschaftliche Ressourcen zu vereinen, sodass es heute mehrere solcher Experimente gibt. Weitere, viel leistungsfähigere und größere Detektoren befinden sich zurzeit in Kanada, in den USA und in Italien in Bau. Diese als Detektoren der zweiten Generation bezeichneten Anlagen ermöglichen dank einer spektakulär verbesserten Unterdrückung des Untergrunds die Entdeckung von noch leichteren WIMPs. Insbesondere wird das sich in zwei Kilometern unter der Erde im Bergwerk Vale Creighton in der Nähe von Sudbury im Norden von Ontario in Kanada befindende Laboratorium SNOLAB vergrößert. Dort baut ein internationales Team den SuperCDMS-Detektor auf, der bald seinen Betrieb aufnehmen soll. Dieser Detektor wird in einem Bereich der noch nicht erforscht wurde (linke obere Ecke in Abbildung 10.5), ultraleichte WIMPs entdecken können.

Die Grafik ist eine vervollständigte Version von Abbildung 5.20, die selbst schon komplex genug ist. Zugegebenermaßen ist ein noch verworreneres Diagramm kaum vorstellbar, aber trotz allem kann man relativ leicht das Wesentliche herauslesen. Die vertikale Achse ist ein Maß für die Wahrscheinlichkeit

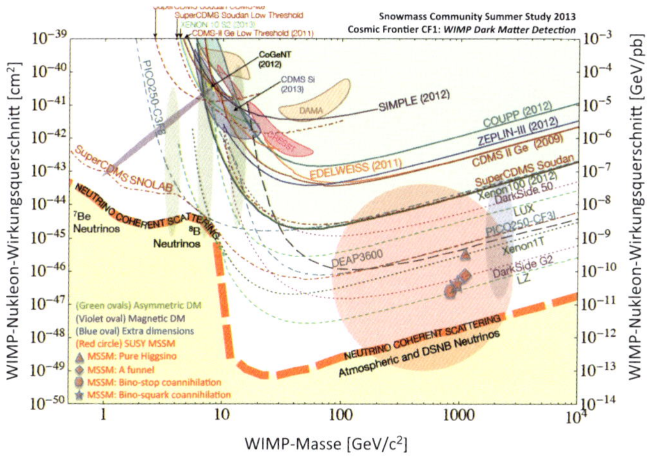

Abbildung 10.5: Die Grafik zeigt die Gesamtheit der möglichen Werte für die Wahrscheinlichkeit, dass ein Teilchen der dunklen Materie mit der normalen Materie wechselwirkt. Alle Bereiche oberhalb der verschiedenen strichlierten Linien sollten bis in etwa zehn Jahren von den laufenden oder sich in Bau befindlichen Experimenten, die direkt nach dunkler Materie suchen, ausgeschlossen werden. Der grüne Bereich oberhalb der durchgehenden grünen Linie ist bereits ausgeschlossen. Falls die Natur es nicht gut mit uns meint und die dunkle Materie nur sehr selten mit normaler Materie wechselwirkt (der ganze untere Bereich der Grafik), oder falls die Masse der dunklen Materie sehr gering ist (der ganze linke Bereich der Grafik), wird es nicht möglich sein, die dunkle Materie mit den existierenden experimentellen Techniken zu entdecken. Die dick strichlierte orange Linie begrenzt den Bereich, in dem der von Neutrinos kommende Untergrund das Signal der dunklen Materie vollständig überdeckt. Der Bereich unterhalb der strichlierten Linien bleibt ebenfalls unzugänglich.

Quelle: Snowmass Community Summer Study 2013

einer Wechselwirkung zwischen einem Teilchen dunkler Materie und einem Teilchen normaler Materie[41]. Die horizontale Achse zeigt die Massenwerte in GeV für verschiedene Teilchen dunkler Materie.

Neue strichlierte Linien wurden hinzugefügt. Jede stellt den experimentellen Grenzwert dar, den verschiedene Experimente in den nächsten Jahren

41. Genauer gesagt gibt die vertikale Achse den *Wirkungsquerschnitt* an, der in Quadratzentimetern gemessen wird. Er stellt die scheinbare Angriffsfläche der Nukleonen (Protonen oder Neutronen des Atomkerns) dar, die sich einem WIMP entgegensetzt. Er ist das Äquivalent der Größe oder der Oberfläche einer Zielscheibe, welche die WIMPs anvisieren. Je kleiner sie ist, desto schwieriger ist es, sie zu treffen.

erreichen wollen. Alle Werte oberhalb dieser Kurven werden also ausgeschlossen sein. Bis 2020 wird mehr oder weniger der gesamte Raum zwischen dem schon ausgeschlossenen Bereich (der grüne Teil, oben rechts) und der gelben Zone im unteren Teil der Grafik, wo der Untergrund von Neutrinos dominiert ist, abgedeckt sein. Der rosa Kreis und die grünen, blauen und lila Ovale grenzen die Bereiche ein, die verschiedenen Hypothesen für die dunkle Materie (DM) entsprechen.

Wenn man bis dahin noch immer keine Teilchen der dunklen Materie gefunden hat, muss man nach neuen Methoden suchen. Der Neutrinountergrund macht nämlich die Suche nach den Teilchen der dunklen Materie in Form von WIMPs mit den bestehenden Techniken unmöglich. Einige mögliche Wege, diese Einschränkung zu überwinden, werden schon untersucht. Wenn es zum Beispiel gelingt, die Richtung der Quelle der Teilchen, die auf den Detektor treffen, zu berücksichtigen, könnte man die von der Sonne kommenden Neutrinos eliminieren.

Gute Nachrichten könnten nicht nur aus dem Unterirdischen kommen. Ein wenn auch indirekter Beweis könnte in ein paar Jahren von der internationalen Raumstation ISS kommen, auf der sich das Experiment AMS-02 befindet. Das zugehörige Team wird dann die Sammlung und Analyse seiner Daten abgeschlossen haben. Werden sie ausreichen, die Herkunft der Positronen in den kosmischen Strahlen erklären zu können? Könnte AMS-02 bestimmen, ob die Positronen von konventionellen astronomischen Quellen wie Pulsaren stammen oder aber beweisen, dass es sich um die ersten Zeichen einer Wechselwirkung zwischen Teilchen dunkler Materie und normaler Materie handelt? Ich wage zu hoffen, dass man es spätestens in ein paar Jahren wissen wird, obwohl bestimmte Theoretiker zweifeln, dass es AMS-02 gelingt, solange die beiden Hypothesen schwer zu unterscheiden sind. Auf längere Sicht wird der LHC mit 150 mal mehr Daten weiterhin nach den Teilchen der dunklen Materie in Higgs-Boson-Zerfällen suchen, entweder in Form des leichtesten supersymmetrischen Teilchens oder zahlreicher anderer Möglichkeiten.

Die mittel- und langfristige Zukunft

In den letzten Jahren konnte man in allen Ländern einen radikalen Wechsel im Zugang zur Teilchenphysik beobachten. Jeder Staat hat begriffen, dass es heute für ein einzelnes Land unmöglich ist, sich mit so hochentwickelten Forschungswerkzeugen wie den notwendigen Detektoren und Beschleunigern auszurüsten. Internationale Zusammenarbeit ist deshalb zur Norm geworden, denn kein Land hat genügend personelle, technische und finanzielle Ressourcen, um solche Megaprojekte auf die Beine zu stellen. CERN lädt übrigens weiterhin neue Länder ein, an seinen Forschungen teilzunehmen.

Die Teilchenphysik ist also ein Symbol für internationale Kooperation geworden. Studien für mehrere neue Beschleunigerprojekte sind schon in Arbeit (Abbildung 10.6). Sie werden den LHC ablösen, wenn er 2037 vermutlich stillgelegt wird. Keine der infrage kommenden Optionen wurde noch definitiv ausgewählt, aber alle Länder sind sich einig, miteinander im Rahmen von internationalen Kollaborationen zu arbeiten.

Abbildung 10.6: Der Compact Linear Collider (CLIC) des CERN, der als LHC-Nachfolger dienen könnte, wird zurzeit entwickelt. CLIC könnte dank eines Primärstrahls mit niedriger Energie, aber starker Intensität hochenergetische Elektron-Positron-Kollisionen liefern.
Quelle: CERN

Was ist also das Ungewöhnlichste, was man von diesen Detektoren und Beschleunigern erwarten kann? Die Entdeckung eines neuen Teilchens, das die Natur der „neuen Physik" verraten wird? Die Bestätigung einer theoretischen Hypothese wie der Supersymmetrie oder die Entdeckung der Teilchen der dunklen Materie? Etwas Unerwartetes? Eine komplette Überraschung? Es ist nicht wichtig, ob das, was man findet, vorhergesehen war oder nicht. Die Chancen für neue Entdeckungen sind momentan enorm hoch, so wie es jedes Mal der Fall war, wenn die Energie eines Beschleunigers erhöht wurde. Dieses unmittelbare Bevorstehen von Neuem ist so unheimlich aufregend, und die Atmosphäre ist gespannt, denn man ist kurz davor, unbekanntes Territorium zu betreten. Das ist es, was die Tausenden in der Teilchenphysik arbeitenden Physiker und Physikerinnen heute motiviert. Die Menschheit wird sich eines Abends ein bisschen weniger ignorant schlafen legen können.

Merkzettel

Die Forschung am Large Hadron Collider steht erst am Anfang. Im Laufe der kommenden 20 Jahre wird er genügend Daten geliefert haben, um enorme Fortschritte in der Teilchenphysik zu ermöglichen. Neue Teilchen oder Anomalien könnten bald entdeckt werden und so endlich die Natur dieser neuen Physik offenbaren, die über das Standardmodell hinausgeht und auf die wir schon so lange warten. Wenn supersymmetrische Teilchen existieren, stehen die Chancen gut, sie zu entdecken. Wenn das nicht der Fall ist, wird man viel solidere experimentelle Daten zur Verfügung haben, um bessere theoretische Hypothesen für die neue Physik aufstellen zu können. Man wird schließlich vielleicht wissen, ob es nur ein Higgs-Boson ist, ob es eine Verbindung zwischen der normalen Materie und der dunklen Materie herstellt, und ob es supersymmetrisch ist oder nicht.

In zehn Jahren wird man auch viel mehr über die dunkle Materie wissen, denn zahlreiche Experimente befinden sich in Betrieb oder in Bau. Man könnte sogar die ungeheure Genugtuung erleben, die ersten Teilchen der dunklen Materie nachzuweisen. Und, wer weiß, vielleicht könnte man etwas völlig Unerwartetes entdecken. Eines ist gewiss: Mit der Erhöhung der Leistung des LHCs und dem Bau von Detektoren der neuen Generation sind die Chancen auf Entdeckungen im Zusammenhang mit der dunken Materie enorm. Die Menschheit könnte sich bald eines Abends ein bisschen schlauer schlafen legen.

Epilog

Quelle: © Particle Zoo

APPENDIX A

Frauenanteil der 101 am CERN vertretenen Nationalitäten

CERN-USERS NACH NATIONALITÄT	% FRAUEN	% FRAUEN UNTER 35 JAHREN	% PERSONEN UNTER 35 JAHREN	GESAMTANZAHL DER PERSONEN AM CERN
Afghanistan	0%	0%	100%	1
Albanien	50%	100%	50%	2
Algerien	20%	0%	20%	5
Argentinien	31%	29%	44%	16
Armenien	23%	31%	59%	22
Aserbaidschan	0%	0%	43%	7
Australien	7%	13%	59%	27
Ägypten	42%	73%	58%	19
Bangladesch	0%	0%	67%	3
Belgien	25%	25%	54%	109
Bolivien	33%	33%	100%	3
Bosnien	0%	0%	100%	1
Brasilien	20%	12%	54%	111
Bulgarien	22%	44%	22%	74
Chile	21%	25%	86%	14
China	22%	23%	72%	302
Dänemark	9%	21%	36%	53
Deutschland	14%	19%	47%	1095
Ecuador	0%	0%	75%	4
El Salvador	0%	0%	0%	1
Estland	20%	27%	73%	15
Finnland	19%	21%	30%	79

CERN-USERS NACH NATIONALITÄT	% FRAUEN	% FRAUEN UNTER 35 JAHREN	% PERSONEN UNTER 35 JAHREN	GESAMTANZAHL DER PERSONEN AM CERN
Frankreich	17%	25%	26%	731
FYROM	100%	100%	100%	1
Georgien	19%	13%	41%	37
Gibraltar	0%	0%	100%	1
Griechenland	28%	32%	38%	152
Großbritannien	12%	17%	46%	633
Indien	23%	26%	52%	214
Indonesien	0%	0%	29%	7
Iran	32%	41%	61%	28
Irak	0%	0%	100%	1
Irland	14%	13%	73%	22
Island	0%	0%	25%	4
Israel	15%	29%	33%	52
Italien	23%	31%	29%	1666
Japan	7%	8%	47%	253
Jordanien	0%	0%	100%	1
Kamerun	0%	0%	100%	1
Kanada	16%	22%	48%	141
Kap Verde	0%	0%	100%	1
Kasachstan	100%	100%	100%	1
Katar	0%	0%	100%	1
Kenia	50%	100%	50%	2
Kolumbien	6%	4%	77%	35
Kroatien	28%	32%	53%	36
Kuba	50%	57%	70%	10
Lettland	0%	0%	100%	1
Libanon	42%	42%	100%	12
Libyen	100%	100%	100%	1

CERN-USERS NACH NATIONALITÄT	% FRAUEN	% FRAUEN UNTER 35 JAHREN	% PERSONEN UNTER 35 JAHREN	GESAMTANZAHL DER PERSONEN AM CERN
Litauen	10%	8%	62%	21
Luxemburg	25%	50%	50%	4
Madagaskar	0%	0%	33%	3
Malaysia	20%	20%	67%	15
Marokko	27%	25%	36%	11
Mauritius	0%	0%	100%	1
Mexiko	19%	28%	58%	69
Montenegro	0%	0%	0%	3
Myanmar	0%	0%	0%	2
Nepal	33%	50%	67%	6
Niederlande	10%	28%	25%	144
Neuseeland	0%	0%	0%	5
Nordkorea	0%	0%	0%	1
Norwegen	29%	33%	41%	59
Österreich	11%	15%	33%	81
Pakistan	12%	10%	49%	43
Palästina	40%	50%	80%	5
Peru	0%	0%	75%	8
Philippinen	0%	0%	100%	1
Polen	19%	16%	39%	247
Portugal	20%	21%	45%	104
Rumänien	26%	30%	36%	121
Russland	11%	18%	22%	951
Saudi-Arabien	100%	0%	0%	2
Schweden	24%	36%	39%	71
Schweiz	14%	18%	31%	177
Senegal	0%	0%	0%	1
Serbien	38%	47%	43%	40

CERN-USERS NACH NATIONALITÄT	% FRAUEN	% FRAUEN UNTER 35 JAHREN	% PERSONEN UNTER 35 JAHREN	GESAMTANZAHL DER PERSONEN AM CERN
Singapur	33%	33%	100%	3
Sint Maarten	50%	0%	0%	2
Slowakei	17%	21%	51%	102
Slowenien	20%	50%	30%	20
Spanien	24%	31%	38%	323
Sri Lanka	25%	0%	50%	4
Südafrika	28%	44%	50%	18
Südkorea	19%	23%	49%	115
Syrien	100%	100%	100%	1
Taiwan	20%	16%	54%	46
Thailand	33%	38%	67%	12
Tschechien	9%	10%	51%	216
Tunesien	50%	50%	100%	4
Türkei	33%	40%	59%	159
Ukraine	10%	14%	58%	60
Ungarn	12%	22%	34%	67
USA	14%	18%	41%	973
Usbekistan	20%	0%	20%	5
Venezuela	40%	44%	90%	10
Vietnam	36%	40%	91%	11
Weißrussland	8%	8%	30%	40
Zimbabwe	33%	33%	100%	3
Zypern	17%	13%	89%	18

Quelle: Pauline Gagnon, nach CERN-Daten vom 1. September 2014

APPENDIX B

Die Rolle von Mileva Marić Einstein

Das Time Magazine wählte Einstein 1999 zur Person des Jahrhunderts. Einsteins wissenschaftliche Leistungen, insbesondere seine Veröffentlichungen des Jahres 1905, haben immer schon Fragen aufgeworfen. Die Wissenschaftler und Wissenschaftlerinnen wundern sich seit Jahrzehnten, dass eine Einzelperson so viele Artikel als Alleinautor hatte publizieren können. Währenddessen haben Biografen seiner ersten Frau, der Mathematikerin und Physikerin Mileva Marić, zahlreiche Beweise für deren wissenschaftliche Beiträge zu den Arbeiten ihres Mannes geliefert, die aber den meisten unbekannt sind. Welche Rolle spielte die Zusammenarbeit bei den Errungenschaften Einsteins? Die Frage ist besonders wichtig, zumal gemeinschaftliche Arbeit in der Wissenschaft heute eine wesentliche Rolle einnimmt. Im Falle Albert Einsteins ist es aufgrund des Fehlens von unwiderlegbaren Beweisen und der Tatsache, dass die direkt involvierten Personen nicht mehr am Leben sind, schwierig, zu einem unstrittigen Schluss zu kommen. Es sind jedoch noch mehrere Zeugenaussagen und Dokumente vorhanden. Sie erlauben es, einen Einblick in die Beiträge von Mileva Marić zu gewinnen, obwohl über die Schlussfolgerung bei weitem kein Konsens besteht. Aber wie wir sehen werden, rührt ihr tragisches Schicksal nicht nur vom Fehlverhalten ihres Mannes her, sondern trägt auch den unauslöschlichen Stempel ihrer Zeit. Meine Absicht ist es nicht, einen berühmten Mann herabzuwürdigen, sondern vielmehr die möglichen Beiträge seiner Frau durch Analyse von Fakten auf der Basis von existierenden Dokumenten und dem sozialen Kontext der Epoche zu durchleuchten.

Bis vor ganz kurzer Zeit hatten Historiker und Historikerinnen nur Zugang zu einem Teil der persönlichen Dokumente Einsteins, nämlich jenen, die den Zeitraum 1879 bis 1921 umfassten. Im Jahr 2006 wurden dann schließlich die Archive der Hebräischen Universität Jerusalem mit den persönlichen Dokumenten Einsteins aus den Jahren 1921 bis 1955 für Forschungszwecke geöffnet.

Dadurch konnte Radmila Milentijević, Professorin für Geschichte an der *City University of New York*, ein wesentlich vollständigeres Porträt[42] von Mileva Marić zeichnen und zahlreiche Schleier hinsichtlich der Rolle, die sie gespielt hat, lüften, und zwar sowohl im persönlichen als auch im wissenschaftlichen Leben Albert Einsteins.

Schon vorher waren einige Werke Mileva Marić gewidmet worden, darunter die erste Biografie[43], verfasst von Desanka Trbuhović-Gjurić und 1969 veröffentlicht. Sie wurde 1999 neu aufgelegt, um die Liebesbriefe von Albert und Mileva miteinzubeziehen, die Ende der 1980er-Jahre veröffentlicht worden waren. Dieses Buch stützt sich meist auf Zeugenaussagen von Personen, die Mileva Marić kannten. Milentijević hatte Zugang zu allen persönlichen Dokumenten von Albert Einstein und Mileva Marić, wodurch ihr Buch ein vollständigeres Bild gibt. Darüberhinaus konnte sie von den Arbeiten zahlreicher Forscher und Forscherinnen vor ihr profitieren, wie zum Beispiel von Dord Krstić, einem Professor an der Universität Laibach, der ein hervorragendes Buch[44] schrieb, das auf zahlreichen Interviews von Milevas Verwandten und Freunden beruht, die er über Jahrzehnte führte. Die folgenden Seiten sind eine Zusammenfassung von Milentijevićs Buch, aus dem ich verschiedene Passagen, Fakten und Zitate anderer Autoren entnommen habe. Weiters wurden Informationen aus anderen Quellen hinzugefügt.

Fakten und Zeugenaussagen

Das Buch von Radmila Milentijević skizziert das gemeinsame Leben von Albert und Mileva von ihrer ersten Begegnung bis zum Tod Milevas 1948. Mileva Marić (Abbildung B.1) stammte aus Serbien und war 21 Jahre alt, als sie Albert Einstein 1896 am Polytechnikum (heute Eidgenössische Technische Hoch-

42. Radmila Milentijević, *Mileva Marić Einstein – Leben mit Albert Einstein*. Die englische Fassung erschien 2015 bei United World Press. Alle Zitate stammen aus der französischen Fassung (die vor der englischen Fassung erschien), *Mileva Marić Einstein – Vivre avec Albert Einstein*, Éditions de l'Age d'Homme, 2013.
43. Desanka Trbuhović-Gjurić, U senci *Alberta Ajnstajna* (*Im Schatten Albert Einsteins*), Biografie von Mileva Marić, 1969 in serbischer Sprache veröffentlicht, 1985 ins Deutsche übersetzt und 1999 neu aufgelegt. Die deutsche Ausgabe wurde 1991 ins Französische übersetzt. Alle folgenden Zitate beziehen sich auf die französische Fassung, *Mileva Einstein, Une vie*, Editions des femmes.
44. Dord Krstić, *Mileva & Albert Einstein: Their Love and Scientific Collaboration*, Didakta, Radovljica, Slowenien, 2004.

Abbildung B.1: Mileva Marić als Studentin an Polytechnikum Zürich 1897.
Quelle: Wikipedia

schule, ETH) in Zürich kennenlernte, wo sie beide Physik studierten. Er war Deutscher und drei Jahre jünger als sie. Von 1899 an wuchs eine tiefe Leidenschaft zwischen den beiden, genährt durch Liebe und gemeinsame Interessen. Sie teilten alles: Liebe, Studium, Forschung und Musik. Ihre Zusammenarbeit begann kurz nach ihrer ersten Begegnung, wie es verschiedene persönliche Dokumente und zahlreiche Zeugenaussagen belegen. Das Albert Einstein Museum in Bern besitzt Alberts Notizhefte mit Vorlesungsmitschriften. Ganze Abschnitte sind von Milevas Hand geschrieben. Ein Teil ihrer Korrespondenz von 1897 bis 1903 existiert noch heute. Mileva hat alle 43 Briefe aufbewahrt, die ihr Albert geschrieben hat. Der Großteil der von ihr selbst geschriebenen Briefe ging allerdings verloren oder wurde vernichtet. Nur elf haben überlebt.

Vom Anfang ihrer Beziehung an schrieb Albert regelmäßig in seinen Briefen von der Freude, die er durch die Arbeit mit Mileva empfand. Sie leitete ihn bei seiner Lektüre an und brachte ein wenig Ordnung in sein Leben, indem sie ihm half, sein Bohème-Temperament zu zähmen. Milentijević hebt hervor, dass die Korrespondenz Einsteins mit Ausdrücken wie „unsere neuen Studien", „unsere Forschungen", „unsere Ansichten", „unsere Theorie", „unser Artikel", „unsere Arbeit über die relative Bewegung"[45] gespickt ist.

Mileva und Albert studierten zusammen und bekamen während ihres Studiums an der Universität ähnliche Noten. Jedoch fiel Mileva im Jahr 1900 bei der mündlichen Abschlussprüfung für das Diplom durch. War es aus Mangel an Kompetenz oder aufgrund der Vorurteile gegenüber Frauen zu dieser Zeit? Die Schweiz war damals eines der wenigen Länder, die Frauen an Universitäten zuließen. Einstein bestand diese Prüfung, fand aber im Gegensatz zu drei früheren Kommilitonen keine akademische Anstellung, wie er es nach seinem Studium erhofft hatte. Er war zwei Jahre mittellos und lebte gelegentlich wieder bei seiner Familie, während Mileva in Zürich blieb. Das Paar fragte sich in seinen Briefen, ob eine mögliche Antipathie eines von Einsteins Lehrern hinter diesen Schwierigkeiten, einen ersten Posten zu finden, stecken könnte.

In einem Brief an ihre Freundin Helene Savić vom 20. Dezember 1900 erwähnt Mileva Marić ihre Zusammenarbeit mit Einstein und zitiert eine wissenschaftliche Arbeit über „Die Theorie der Flüssigkeiten", die im März 1901 veröffentlicht wurde: *„Wir haben sie auch privatim dem Boltzmann eingeschickt, und möchten gerne wissen, was er darüber meint, hoffentlich schreibt er uns."* [46] Obwohl der Kommentar vermuten lässt, dass sie beide daran gearbeitet haben, wurde der besagte Artikel nur unter dem Namen Einsteins veröffentlicht.

Milentijević kommentiert: *„Man muss daraus schließen, dass obwohl der Artikel die Frucht einer Kollaboration war, Mileva und Albert übereinkamen, dass er nur unter Alberts Namen erscheinen sollte. Aus welchem Grund? Albert hatte keine Arbeit. Seine Persönlichkeit und sein Verhalten am Polytechnikum schmälerten ernstlich seine Chancen, eine Stelle zu erlangen. Die einzige Mög-*

45. Milentijević, Seite 13.
46. Milan Popović, In *Albert's Shadow, the Life and Letters of Mileva Marić, Einstein's First Wife*, The Johns Hopkins University Press, Baltimore & London, Book, 2003, Brief von Mileva Marić an Helene Savić vom 20. Dezember 1900, Seite 69. Boltzman war ein berühmter Physiker jener Zeit.

lichkeit, dieses Problem für Albert zu lösen, war zu zeigen, dass er ein respektierter Wissenschaftler war und seine Reputation innerhalb der universitären Gemeinschaft zu festigen. Er brauchte dafür Milevas Hilfe."[47]

Einstein bezeugt selbst klar ihre Zusammenarbeit und die Beteiligung Milevas an der Relativitätstheorie in einem Brief vom 27. März 1901. Er schrieb an Mileva: „*Wie glücklich und stolz werde ich sein, wenn wir beide zusammen unsere Arbeit über die Relativbewegung siegreich zu Ende geführt haben! Wenn ich so andere Leute sehe, dann kommt mir´s so recht, was an dir ist!*"[48] Dieses Zitat, von Einsteins Hand geschrieben, ist der direkte Beweis, dass sie zusammen an der Relativitätstheorie gearbeitet haben.

Im Mai 1901 nahm das Schicksal Milevas jedoch eine entscheidende Wendung. Als Folge einer Liebeseskapade mit Albert nach Como wurde sie schwanger. Einstein wollte sie nicht heiraten, solange er keine Arbeit hatte und nicht für den Unterhalt der Familie aufkommen konnte. Drei Monate später, schwanger und unter dem zusätzlichen Druck einer ungewissen Zukunft, fiel sie wieder bei ihrer mündlichen Prüfung durch. Am 28. Dezember 1901 schrieb Albert an Mileva: „*Bis Du mein liebes Weiberl bist, wollen wir recht eifrig zusammen wissenschaftlich arbeiten, dass wir keine alten Philistersleut werden, gellst.*"[49]

Im Herbst 1901 kehrte Mileva nach Serbien in ihr Elternhaus zurück. Im Oktober 1901 fuhr sie kurz in die Schweiz, um Albert zu überreden sie zu heiraten, aber vergeblich. Ende Januar 1902 bringt sie eine kleine Tochter namens Liserl zur Welt. Mit gebrochenem Herzen ließ sie das Kind in Serbien zurück und kam alleine für zwei kurze Aufenthalte in die Schweiz, um Albert zu besuchen. Am 1. Juli 1902 erlangte Einstein schließlich dank der Intervention des Vaters seines Freundes Marcel Grossmann eine Stelle am Patentamt in Bern. Sie heirateten im Januar 1903, holten aber niemals ihre Tochter zurück. War es Einstein, der es nicht wollte, aus Furcht dass dieses uneheliche Kind seiner Karriere schaden könnte? Das Risiko existierte sehr wohl zur damaligen Zeit. Diese Meinung äußerte zumindest Dennis Overbye, wissenschaftlicher

47. Milentijević, Seite 77.
48. *The Collected Papers of Albert Einstein*, Princeton University Press, 1987–2006, Dokument 94, Seiten 160–161.
49. *The Collected Papers of Albert Einstein*, Dokument 131, Seiten 189–190.

Korrespondent der *New York Times* und Biograf Einsteins. Overbye schreibt: *„Wie in einer griechischen Tragödie war der Preis für ihr gemeinsames Leben das Opfer ihres Kindes. Mileva war eine zu intelligente und wohlüberlegte Frau, um sich dieser Ironie des Schicksals in dem Moment, in dem sie sich anschickte, ihr Glück für Alberts Karriere aufs Spiel zu setzen, nicht bewusst zu sein."*[50]. Die Spur Liserls wurde nie mehr gefunden. Milentijević glaubt, dass sie wahrscheinlich im September 1903 zur Adoption freigegeben wurde.

Dord Krstić schrieb, dass der Bruder Milevas, Miloš Marić Jr., während seines Medizinstudiums eine Zeit in Paris und Bern verbrachte. 1905 hatte *„Miloš, der bei der Familie Einstein wohnte, die Gelegenheit, aus der Nähe zu sehen, wie Mileva und Albert genau lebten und zusammenarbeiteten."*[51]. Albert widmete sich ihren Forschungen nach der Arbeit, und Mileva nach den Tätigkeiten im Haushalt. Sie betreute auch den ersten Sohn, Hans Albert, der 1904 geboren wurde. Krstić schreibt weiter, dass Miloš seiner Familie und seinen Freunden und Freundinnen erzählte, dass sie sehr hart arbeiteten. *„Er beschrieb, wie das junge Paar abends und nachts, als in der Stadt Ruhe einkehrte, sich beim Lichte einer Karbidlampe zu Tisch setzte und an physikalischen Problemen arbeitete."* Miloš junior erzählte, wie sie rechneten, schrieben, lasen und diskutierten[52]. Der Autor Dord Krstić erläutert, dass er diese Geschichte aus erster Hand von zwei nahen Verwandten Milevas gehört hatte, zuerst im Mai 1955 von Sidonija Gajin, und später 1961 von Sofija Golubović.

Um die Richtigkeit der Zeugenaussage von Miloš zu untermauern, zeichnet Krstić sorgfältig ein detailliertes Porträt von Milevas Bruder, einem angesehenen Arzt, um dessen Verlässlichkeit zu belegen. Krstić zitiert Arbeitskollegen von Miloš Marić, die ihn als einen Mann von großer Integrität beschreiben, der sich peinlich genau an die Fakten hielt, anstatt sich auf seine eigene Meinung zu verlassen[53].

Kurz nach dem Besuch von Miloš Marić im Jahr 1905 veröffentlichte Albert Einstein nicht nur seinen Artikel über die Relativitätstheorie, sondern auch vier

50. Dennis Overbye, *Einstein in Love*, Penguin Books, New York, 2000, Seite 91 (von Milentijević zitiert).
51. Krstić, Seite 105.
52. Krstić, Seite 105.
53. Krstić, Seiten 214–222.

weitere wissenschaftliche Arbeiten, unter anderem seine Dissertation. Einer dieser Artikel betraf den photoelektrischen Effekt, eine Arbeit, für die er 1921 den Nobelpreis erhielt. Man kann nur über diese phänomenale Schaffenskraft eines Mannes staunen, der eine Vollzeitstelle am Patentamt hatte. Man bezeichnet deshalb 1905 als Einsteins Wunderjahr. Es war bei Weitem die schöpferischste Zeit seiner Karriere.

Milentijević zitiert auch Peter Michelmore, Autor einer Biografie Einsteins, der mit ihm oft Kontakt hatte. Dieser berichtet, dass nach fünf Wochen Arbeit an der Fertigstellung des Artikels „Zur Elektrodynamik bewegter Körper", der die Grundzüge der Relativitätstheorie darlegt, *„Einstein zwei Wochen im Bett verbrachte, während Mileva den Artikel unermüdlich zur Korrektur las und dann einreichte"*[54]. Anschließend fuhren sie nach Serbien auf Urlaub, um die Familie Marić zu besuchen. Bei dieser Gelegenheit soll Mileva zu ihrem Vater gesagt haben: *„Vor kurzem haben wir ein sehr bedeutendes Werk vollendet, das meinen Mann weltberühmt machen wird."*[55].

Krstić merkt in seinem Buch an, dass ihm dieser Ausspruch von Milevas Cousine, Sofija Galić Golubović, 1961 zugetragen wurde. Sie war anwesend, als Mileva ihrem Vater dies anvertraute. Zwei weitere Personen, Simonija Gajin und Zarko Marić, überlieferten ihm 1955 und 1961 unabhängig voneinander den gleichen Satz, nachdem sie ihn selbst von Milevas Vater gehört hatten[56].

Milevas Bruder lud regelmäßig junge Intellektuelle zu sich ein. An einem dieser Abende soll Albert Einstein deklariert haben: *„Ich brauche meine Frau. Sie löst für mich alle mathematischen Probleme"*, was von Mileva bestätigt wurde[57]. Mit Jahresende 1912 hat jedoch anscheinend der Mathematiker Marcel Grossmann diese Rolle übernommen. Grossmann und Einstein zeichneten 1913 gemeinsam einen ersten Artikel über die allgemeine Relativitätstheorie. Im Jahr 1915 zeichnete Albert Einstein dann alleine die zweite Veröffentlichung über die allgemeine Relativität.

---

54. Peter Michelmore, *Einstein: Profile of the Man*, Dodd, Mead & Company, New York, 1962, Seite 46 (von Milentijević zitiert). Auch von Trbuhović-Gjurić auf Seite 103 erwähnt.
55. Krstić, Seite 115; Trbuhović-Gjurić, Seite 105.
56. Krstić, Seite 115.
57. Trbuhović-Gjurić, Seiten 105–106.

Trbuhović-Gjurić zitiert auch Dr. Ljubomir-Bata Dumić, der über seine Erinnerungen an den Aufenthalt der Familie Einstein in Serbien 1905 schreibt: *„Wir sahen zu Mileva wie zu einer Gottheit empor, so sehr imponierten uns ihr mathematisches Wissen und ihre Genialität. Relativ leichte mathematische Probleme konnte sie sofort im Kopf lösen, und jene, die Spezialisten mehrere Wochen kosten würden, erledigte sie in zwei Tagen. Und immer fand sie ihren eigenen, originellen Weg – den schnellsten. Wir wussten, dass sie [Albert] zu dem, was er war, gemacht hatte, dass sie die Urheberin seines Ruhmes war. Sie löste für ihn alle mathematischen Probleme, besonders jene, die die Relativitätstheorie betrafen. Die verblüffende Mathematikerin, die sie war, riss uns hin.“*[58].

Milevas Vater wollte bei seinem ersten Besuch in der Schweiz dem jungen Paar 100 000 Franken schenken, um sie finanziell zu unterstützen. Albert verweigerte das Geld und antwortete ihm: *„Ich habe Ihre Tochter nicht wegen des Geldes geheiratet, sondern weil ich sie liebe, weil ich sie brauche, weil wir beide eins sind. Alles, was ich gemacht und erreicht habe, verdanke ich Mileva. Sie ist meine geniale Inspiratorin, der Engel, der mich vor allen Sünden bewahrt, in meinem Leben und noch viel mehr in der Wissenschaft. Ohne sie hätte ich mein Werk niemals begonnen und niemals vollendet.“*[59].

Dord Krstić erwähnt nur den ersten Satz, während Trbuhović-Gjurić den ganzen Absatz zitiert, allerdings ohne Quellenangabe. Viele Autoren, darunter Desanka Trbuhović-Gjurić, berichten auch, dass Mileva 1908 mit Paul Habicht, dem Bruder eines Schülers von Einstein, an der Konstruktion eines hochempfindlichen Voltmeters arbeitete, das Spannungen von der Größenordnung eines Zehntausendstel Volt messen konnte. Diese Arbeit nahm viel Zeit in Anspruch, denn Mileva hatte zahlreiche andere Verpflichtungen und versuchte ständig, das Gerät zu verbessern. Ein Patent wurde unter dem Namen Einstein-Habicht angemeldet. Trbuhović-Gjurić betont, dass Mileva bei experimentellen Arbeiten im Laboratorium hervorragend war. *„Als sie beide zufrieden waren, überließen sie es Albert als Patentexperten, das Gerät zu beschreiben.“*[60]. Sie berichtet auch, dass Mileva auf die Frage des Bruders von Paul Habicht über den Grund,

58. Trbuhović-Gjurić, Seite 106.
59. Trbuhović-Gjurić, Seite 107.
60. Trbuhović-Gjurić, Seite 95.

warum ihr Name nicht auf dem Patent aufschien, ihm mit einem Wortspiel antwortete: „*Warum? Wir beide sind nur ein Stein.*"[61].

Für die Historikerin Radmila Milentijević ist es klar, dass sich Mileva als Frau ihrer Epoche bewusst im Hintergrund gehalten hat, um ihrem Mann den Erfolg zu ermöglichen. Er bedurfte ihrer Hilfe besonders, als er nach Abschluss seines Studiums keine akademische Stellung wie die drei anderen Studenten seines Jahrgangs erhalten hatte. Und klarerweise waren sie für Mileva nur eins. Trotzdem äußerte Mileva ein Jahr später, am 3. September 1909, ihre ersten Befürchtungen gegenüber ihrer Freundin Helene Savić: „*Er zählt jetzt zu den ersten Physikern deutscher Zunge, und es wird ihm furchtbar viel der Hof gemacht. Ich bin sehr glücklich über seine Erfolge, denn er hat sie wirklich verdient, nur hoffe und wünsche ich, es möge der Ruhm keinen nachteiligen Einfluss auf seinen menschlichen Teil ausüben.*"[62].

Ein oft zitiertes, aber in meinen Augen schwaches Argument liefert die folgende Anekdote. Der Physiker Abram Fedorovich Joffe, Assistent von Wilhelm Röntgen und Mitglied des Redaktionskomitees der deutschen Zeitschrift *Annalen der Physik*, in welcher der erste Artikel über die Relativitätstheorie veröffentlicht worden war, schrieb[63] in einem Nachruf auf Einstein 1955, dass er das Originalmanuskript dieses ersten Artikels über die spezielle Relativitätstheorie gesehen hatte und dieses mit dem Doppelnamen Einstein-Marity gezeichnet war. *Marity* ist die ungarische Schreibweise von Milevas Familiennamen, so wie er auf ihrer Heiratsurkunde aufscheint. Joffe erklärte damals, dass Einstein den Namen seiner Gattin dem seinigen hinzugefügt hätte, wie es in der Schweiz üblich war. Allerdings gab es keine Tradition dieser Art, und nur Mileva benutzte diesen gemeinsamen Namen.

Laut dem Physiker Evan Harris Walker[64] hätte Joffe diese Geschichte unmöglich erfinden können. Falls er es trotzdem getan hätte, hätte er eher den Namen Marić in Form von МАРИТЧ (das phonetische Äquivalent von Marić, ausgesprochen Maritsch) und nicht von МАРИТИ (Marity) ins Russische

61. Krstić, Seite 115; Trbuhović-Gjurić, Seite 95.
62. Popović, Brief von Mileva Marić an Helene Savić vom 3. September 1909, Seite 98.
63. A.F. Joffe, *Reminiscences of Albert Einstein*, erschienen in *Uspekhi Fizicheskikh Nauk*, Vol. 57, Nr. 2, Oktober 1955, Seite 187 (von Milentijević zitiert).
64. Evan Harris Walker, *Ms. Einstein*, unveröffentlichter Artikel, nachgedruckt von The Walker Cancer Institute Society, http://simson.net/ref/1995/MsEinstein.pdf.

übersetzt, was genau der ungarischen Version ihres offiziellen Namens in der Schweiz entspricht. Walker schloss daraus, dass Joffe sehr wohl das mit diesem Namen gezeichnete Manuskript gesehen hatte. Das Originalmanuskript ist seitdem allerdings aus den Archiven der *Annalen der Physik* verschwunden. 1943 schrieb Einstein den Artikel über die Relativität noch einmal eigenhändig für eine Versteigerung zugunsten eines wohltätigen Vereins ab und vermerkte auf der Kopie, dass er das Original nach der Veröffentlichung weggeworfen hatte.

In der 1919 geschlossenen Scheidungsvereinbarung akzeptierte Einstein zusätzlich zur Zahlung von Unterhalt, dass das gesamte Geld eines zukünftigen Nobelpreises Mileva zukommen würde, falls er ihn wirklich bekäme. Sie erhielt dann tatsächlich den vollständigen Betrag, wenn auch mit Verspätung und nach mehreren Aufforderungen, was aus der Korrespondenz zwischen ihnen hervorgeht. 1925 versuchte Einstein in seinem Testament festzulegen, dass dieses Geld das Erbe seiner beiden Söhne, Hans Albert und Eduard, ausmachen würde. Mileva widersetzte sich dieser Verfügung und bestand darauf, dass dieses Geld ihr zustünde.

Sie beabsichtigte deshalb, Beweise für ihre wissenschaftlichen Beiträge zu liefern. Einstein machte sie in einem Brief vom 24. Oktober 1925, der von Milentjević zitiert wird, lächerlich: *„Meine Heiterkeit aber hast Du entfesselt, indem Du mir mit Deinen Memoiren drohst. Überlegst Du Dir denn gar nicht, dass keine Katze sich um ein solches Geschreibsel kümmern würde, wenn der Mann, mit dem Du es zu tun hast, nicht zufällig etwas besonderes geleistet hätte? Wenn man eine Null ist, so ist nichts dagegen einzuwenden, aber man soll schön bescheiden sein und das Maul halten. Dies rate ich Dir.“*[65].

Was wurde aus Mileva?

Nach dem Erscheinen all der Veröffentlichungen des Jahres 1905 stieg der Bekanntheitsgrad Albers Einsteins rasant. Er bekam schließlich eine akademische Stelle, zuerst in Zürich, dann in Prag. Er und seine Familie kehrten 1914 nach Zürich zurück (Abbildung B.2 zeigt das Paar kurz vor dieser Zeit) und gingen im selben Jahr nach Berlin, wo er eine Beziehung mit seiner Cousine Elsa Einstein begonnen hatte. Am Boden zerstört lässt sich Mileva mit ihren

65. Albert-Einstein-Archiv, Hebräische Universität Jerusalem. Brief Einsteins an Marić vom 24. Oktober 1925, AEA 75–364 (von Milentijević auf den Seiten 142–143 zitiert).

Abbildung B.2: Mileva Marić Einstein und Albert Einstein 1912.
Quelle: Wikipedia

beiden Söhnen wieder in Zürich nieder. Albert verlangte die Scheidung, die 1919 ausgesprochen wurde, und heiratete seine Cousine.

Mileva überlebte dank Mathematik- und Klavierstunden, die sie gab, um den von Albert bezahlten Unterhalt aufzubessern. Dieser beglich die fälligen oder versprochenen Beträge oft mit Verspätung. Ihr Sohn Hans Albert schrieb ihm mehrmals, um ihn an die schwierigen Bedingungen, in denen sie lebten, zu erinnern. Mit dem Nobelpreisgeld kaufte Mileva zwei Liegenschaften und lebte von den Mieteinkünften. Der 1910 geborene jüngere Sohn Eduard litt an Schizophrenie und wurde ab 1932 zeitweise in Nervenheilanstalten behandelt. Einstein sah ihn nach 1933 nicht mehr, nachdem er in die USA ausgewandert war, blieb aber mit Mileva sein ganzes Leben in Kontakt.

Trotz gravierender gesundheitlicher Probleme und der Schwierigkeiten im Zusammenhang mit dem Krieg widmete Mileva ihre ganze Energie und ihre Einkünfte ihrem kranken Sohn. 1932 bat sie Albert um ein Empfehlungsschreiben, das ihr helfen sollte, eine Stelle als Lehrerin an einem Mädchengymnasium zu erlangen, um für sie selbst und Eduard sorgen zu können. Albert lehnte ab, indem er dazu meinte, dass er *„In dieser Zeit großer Arbeitslosigkeit stellt man ältere Leute nicht an, und es wäre nicht recht von mir, solches zu fordern, zumal es viele gibt, die es nötiger haben und arbeitsfähiger sind."*[66].

Als sie sich aufgrund der Behandlungskosten ihres Sohnes verschuldet, drohen ihre Gläubiger, sie zu delogieren. Albert willigt ein, ihr Haus zurückzukaufen, damit sie und ihr Sohn nicht auf die Straße gesetzt würden. 1947, kurz vor ihrem Tod, kommt ihr ein Formfehler zugute, sodass sie es verkaufen kann, obwohl Albert der Eigentümer war. Sie bringt das ganze Geld im Namen Eduards in Sicherheit, um zu gewährleisten, dass ihr Sohn nach ihrem Tod weiterhin die nötigen Behandlungen erhalten würde. Sie starb 1948 in Zürich.

Verschiedene Meinungen

John Stachel[67], der erste Herausgeber der *Collected Papers of Albert Einstein*, in denen die ersten um die Jahrhundertwende geschriebenen Briefe von Albert und Mileva veröffentlicht wurden, weist darauf hin, dass in den von Mileva Marić aufbewahrten Briefen ihre eigenen Forschungsarbeiten wenig oder gar nicht zur Sprache kommen. Der Physiker Evan Harris Walker schrieb jedoch in einem Artikel mit dem Titel „Ms. Einstein": *„Ich finde Passagen in 13 der 43 [von Einstein an Mileva] geschriebenen Briefe, in denen ihre [Milevas] Forschungen oder ihre Zusammenarbeit erwähnt werden"*[68].

Radmila Milentijević bezog sich auf weitere Äußerungen von Stachel in seinem Artikel über Kreative Paare in der Wissenschaft[69], indem sie schrieb: *„Stachel schrieb die Verwendung der Worte ‚wir' und ‚unsere Arbeit' [in Einsteins Briefen an Marić] den starken Emotionen zu, die die Physik bei ihm auslöste und zu deren Teilung mit Marić er sich verpflichtet fühlte."* Weiters schreibt Stachel *„Einige Erwähnungen einer gemeinsamen Arbeit wurden*

66. Brief A. Einsteins an M. Marić vom 4. Juni 1932, Albert-Einstein-Archiv, Hebräische Universität Jerusalem, AEA 75-672 (von Milentijević auf Seite 379 zitiert).
67. *The Collected Papers of Albert Einstein,* Princeton University Press, 1987–2006.
68. Walker, *Ms. Einstein*, Seite 7.
69. John Stachel, *Albert Einstein and Mileva Marić. A Collaboration That Failed to Develop, in Creative Couples in the Sciences*, herausgegeben von Helena Mary Pycior, Nancy G. Slack und Pnina G. Abir-Am, Rutgers University Press, 1996, Seiten 207, 209, 216 (von Milentijević zitiert).

zu einer Zeit gemacht, als das Paar Beziehungsschwierigkeiten hatte, in der Absicht, sie seiner Liebe und Hingabe zu versichern". Milentijević, hingegen, die das Leben des Paares bis zum Tod Milevas nachgezeichnet hat, weist dieses Argument zurück, indem sie unterstreicht, dass *„Albert nichts von einem Altruisten hatte."*[70].

In einem anderen, im Februar 1989 in der Zeitschrift der Amerikanischen Physikalischen Gesellschaft (ABS) *Physics Today* erschienenen Artikel schloss Evan Harris Walker: *„Seine größten Errungenschaften erzielte Einstein während der gemeinsamen Jahre. Seine Physik war durchdrungen von kühnen Konzepten wie der Aufgabe der Absolutheit von Raum und Zeit, der Gravitation als einfache Krümmung der Raum-Zeit, oder Photonen als reell existierende Energiepakete und nicht nur als mathematische Hilfsgrößen, wie Max Planck vermutete. Und sein Werk war erfüllt von den unmittelbaren Folgen der neuesten und detailliertesten Erkenntnisse der aktuellen Physik. Nach dem Ende der Ehe mit Mileva wurde seine Physik jedoch konservativ. Er fügte die kosmologische Konstante seinen Gleichungen hinzu, damit sie ein Universum beschrieben, wie man es sich allgemein vorstellte, und als Folge davon verpasste er die Gelegenheit, den Urknall vorherzusagen. Weit davon entfernt, an der Spitze der Avantgarde in der Physik zu stehen, wurde er zum Einzelgänger, der sich der aufkommenden Quantentheorie widersetzte."*[71]

1929 erklärte eine Freundin von Mileva, Milana Stefanović, in einem der serbischen Zeitschrift Politika gegebenen Interview: Mileva *„war die meistberechtigte Person, über die Theorie [der Relativität] von Einstein zu sprechen, denn sie hat mit ihm an ihr gearbeitet; vor fünf oder sechs Jahren hat sie mit mir schmerzerfüllt darüber gesprochen. Vielleicht tat es ihr weh, sich an die glücklichen Stunden zu erinnern, vielleicht wollte sie auch dem Ruhm ihres ehemaligen Mannes keinen Schaden zufügen."*[72]. In einem Brief an ihre Freundin Helene Savić erläuterte Mileva ihre Sicht der Dinge: *„Ich wollte vermeiden, in solche Zeitungsartikel involviert zu sein, aber ich glaube, es hat Milana Freude gemacht und sie dachte vielleicht, dass ich auch erfreut sein würde und dass*

70. Milentijević, Seite 142.
71. Evan Harris Walker, *Did Einstein Espouse his Spouse's Ideas*, und eine Widerlegung von John Stachel, *Physics Today*, Vol. 42, Nr. 29, Seite 9 (1989).
72. Trbuhović-Gjurić, Seite 106.

es auf eine Art und Weise mir helfen könnte, gewisse Rechte gegenüber Einstein in den Augen der Öffentlichkeit zu erlangen."[73]

Radmila Milentijević beendet ihr Buch[74] mit einem Zitat von Elizabeth Roboz Einstein, der zweiten Frau von Hans Albert, dem ältesten Sohn von Albert und Mileva. Elizabeth erzählt, wie traurig ihr Mann war, wenn er sich an seine Mutter erinnerte. „*Die Tatsache, dass ihr Name auf den Veröffentlichungen Alberts nicht aufschien, dass ihre Ehe ein brutales Ende genommen hat, und die Krankheit ihres Sohnes hatten verheerende Auswirkungen auf ihr Leben gehabt.*"[75]

Mileva Marić hatte ihre Gründe, lieber zu schweigen. Als erste, die das Potenzial Alberts erkannte, schrieb sie 1922 ihrer Freundin Helene Savić: „*Auch meine nächsten Freunde haben gewöhnlich noch eine Bewunderung für seine wissenschaftlich Leistungen die sie auch in das persönliche übertragen. Du allein musst mich am besten verstehen und begreifen da Du sagen konntest: Ich mag ihn nicht mehr... Ich habe das Bedürfnis Dich dafür zu umarmen und kann es nicht begreifen, warum ich damals nicht Geistesgegenwart hatte, es zu thun ...*"[76]

Meine Meinung

Nachdem ich zahlreiche Mileva Marić gewidmete Bücher und Artikel gelesen hatte, insbesondere die Biografien von Desanka Trbuhović-Gjurić und Radmila Milentijević, den Briefwechsel von Albert und Mileva am Anfang ihrer Beziehung und die Korrespondenz von Mileva Marić mit ihrer Freundin Helene Sarvić (herausgegeben von Milan Popović), und nachdem ich das sehr gut recherchierte Buch von Dord Krstić zu Rate gezogen habe, zweifle ich persönlich nicht an ihrer Zusammenarbeit. Diese Schlussfolgerung ist jedoch nur möglich, wenn mehrere im Einklang stehende Fakten kombiniert werden. Sie beruht nicht auf einem einzigen, unwiderlegbaren Beweisstück. Das beste Indiz stammt von Albert Einstein selbst, als er sich in seinem Brief vom

73. Popović, Brief von Mileva Marić an Helene Savić vom 13. Juni 1929, Seite 158.
74. Milentijević, Seite 479.
75. Elizabeth Roboz Einstein, *Hans Albert Einstein: Reminiscences of His Life and Our Life Together*, Universität Iowa, 1991, Seite 3 (von Milentijević auf Seite 479 zitiert).
76. Popović, Brief von Mileva Marić an Helene Savić, Zürich 1922, Seiten 132–133.

21. März 1901, den ich vorhin zitiert habe, auf ihre gemeinsame Forschung an der Relativitätstheorie bezog.

Ich bin sicher, dass die Zeit und die Umstände dafür verantwortlich waren, dass sich Mileva im Hintergrund halten musste. Und darüber hinaus war sie in Albert über alles verliebt und vertraute ihm gänzlich. Mileva war es wichtig, ihn zu unterstützen, koste es, was es wolle, und war glücklich, wenn sie zu seinem Erfolg beitragen konnte. Indem sie sich damit abfand, dass ihre Arbeiten mit ihm als Alleinautor veröffentlicht wurden, ermöglichte sie es ihm, auf Kosten ihrer eigenen Karriere Sichtbarkeit zu erlangen und seiner genialen Begabung eine Zukunft zu geben. Ohne Anstellung hätte Albert Mileva nicht geheiratet. Als dieser Teufelskreis mit beiderseitigem Einverständnis seinen Lauf nahm, wer hätte ihn durchbrechen können? Albert Einstein hätte alles verloren: seine Professorenstelle, seine Berühmtheit, seinen Namen. Je mehr er sich Zeit ließ, die Fakten richtigzustellen, desto mehr hatte er zu verlieren. Sein Ruhm, den er auf Kosten Milevas erlangt hatte, hat ziemlich sicher ihren ursprünglichen Teamgeist zerstört. Elf Jahre nach ihrer Trennung, 1925, nachdem sich ihre Beziehung verändert hatte und es in Milevas Augen klar war, dass sie nicht länger *„ein Stein"* waren wie am Anfang ihrer Beziehung, versuchte sie einzufordern, was ihr zustand. Alberts Reaktion war so brutal, dass sie vermutlich beschloss, für immer zu schweigen. Dies würde erklären, warum sich Mileva weigerte, ihren Anteil am Ruhm zu beanspruchen, sogar als ihre Freundin Milana Sefanović sie dazu drängte, indem sie im Jahr 1929 darüber mit der Presse sprach.

Welcher der beiden was beigetragen hat, wird wohl immer ein Geheimnis bleiben. Aber alles scheint darauf hinzudeuten, dass nur durch gemeinsame Arbeit derart kreative Ideen entstehen konnten. Diese Art von gegenseitigem Austausch kennen alle Wissenschaftler und Wissenschaftlerinnen der großen Kollaborationen in der Teilchenphysik sehr gut. Es kommt sicher vor, dass eine Einzelperson eine brillante Idee hat, jedoch bringt nur die Diskussion mit den Kollegen solche Ideen weiter. Nach den heute geltenden Kriterien wäre Mileva Marić als Mitautorin dieser Theorien anerkannt gewesen. Der geschichtliche Hintergrund und die Umstände haben es anders gewollt.

Index